· 图解畜禽科学养殖技术丛书 ·

CAISE TUJIE
KEXUE YANGYA JISHU

科学养鸭技术

刁有祥　陈浩　主编

化学工业出版社

·北京·

近年来，养鸭业新技术、新成果不断涌现，为适应当前养鸭业的发展需要，我们编写了《彩色图解科学养鸭技术》，本书全面介绍了当前我国养鸭业现状和发展趋势、鸭的品种特性与品种选择、鸭的营养与饲料科学配制、鸭场的建设与科学饲养设备、肉鸭科学饲养方法、蛋鸭科学饲养方法、鸭病防治方法，突出在品种选择、饲料配制、饲喂方法、防病治病等方面如何提高养殖效益和有效控制成本的科学方法。本书内容丰富，图文并茂，书中与文字介绍相对应的图片均为笔者在养鸭一线实地亲手拍摄，极具直观性、参考性和学习价值，有较强的科学性、实用性和可操作性等，是广大养鸭场（户）、鸭病防治人员、基层兽医、相关专业院校师生重要的学习用书。

图书在版编目（CIP）数据

彩色图解科学养鸭技术/刁有祥，陈浩主编. —北京：化学工业出版社，2019.3（2024.12重印）
（图解畜禽科学养殖技术丛书）
ISBN 978-7-122-33746-7

Ⅰ．①彩…　Ⅱ．①刁…　②陈…　Ⅲ．①鸭-饲养管理-图解　Ⅳ．①S834-64

中国版本图书馆 CIP 数据核字（2019）第 010238 号

责任编辑：漆艳萍　邵桂林

责任校对：王鹏飞　　　　　　　　　　装帧设计：韩　飞

出版发行：化学工业出版社（北京市东城区青年湖南街13号　邮政编码100011）
印　　装：涿州市般润文化传播有限公司
850mm×1168mm　1/32　印张11¼　字数282千字　2024年12月北京第1版第4次印刷

购书咨询：010-64518888　　　　　　售后服务：010-64518899
网　　　址：http://www.cip.com.cn
凡购买本书，如有缺损质量问题，本社销售中心负责调换。

定　　价：69.80元　　　　　　　　　　版权所有　违者必究

编写人员名单

主　　编　刁有祥　陈　浩

副 主 编　梁振华　王兆山　刁有江　唐　熠

编写人员　刁有祥　刁有江　陈　浩　郝东敏

　　　　　耿艳红　颜　敏　梁振华　王兆山

　　　　　唐　熠　许凤明　马洪星　张元瑞

　　　　　张　英

前　言

　　我国是世界上第一养鸭大国，根据国家水禽产业技术体系统计，目前，我国年出栏商品肉鸭35亿只，肉鸭饲养量约占世界饲养总量的75%，年产鸭肉超过600万吨，肉鸭总产值740亿元；蛋鸭年存栏3亿只，年产鸭蛋400万吨，约占我国禽蛋总产量的20.3%，鸭蛋总产值410亿元。我国羽绒每年产量约36.7万吨，鸭绒约占75%，羽绒制品每年为国家创汇13.4亿多美元，约占世界羽绒品出口量的55%。鸭产品远销欧盟、东南亚、日本、韩国等国家和地区，养鸭业已经成为我国农村增加经济收入的重要支柱产业。当前我国养鸭业正在向生态环保、资源节约方向发展，技术缺乏依然是制约养鸭业发展的主要瓶颈，为满足养鸭场的技术需求，我们编写了《彩色图解科学养鸭技术》。该书对养鸭过程中的关键技术配以大量实物彩色图片，图文并茂，科学全面，直观易懂，结构清晰。系统介绍了我国鸭的品种、鸭的生物学特性、营养需要与饲料配合、种鸭、蛋鸭、商品肉鸭的饲养管理、鸭病防治。具有内容丰富，科学性、实用性和可操作性强等特点，是广大养鸭场（户）、鸭病防治人员，基层兽医、相关专业院校师生重要的学习用书。

　　本书在编写过程中，得到了国家重点研发计划项目和国家水禽产业技术体系的大力帮助，扬州大学陈国宏教授提供了部分图片，书中个别图片由其他作者提供，在编写过程中参考了已发表的资料，在此一并致谢。由于笔者水平有限，书中疏漏之处在所难免，恳请广大读者批评指正。

编　者

2018年12月

目 录

CONTENTS

第一章　养鸭业现状和发展趋势

第二章　鸭的品种特性与品种选择

第三章　鸭的营养与饲料科学配制

第四章　鸭场的建设与科学饲养设备

第五章　肉鸭科学饲养方法

第六章　蛋鸭科学饲养方法

第七章　鸭病防治方法

第一章
养鸭业现状和发展趋势

第一节 我国养鸭业现状

近年来，随着我国经济的飞速发展，畜牧业现代化和集约化程度不断提高。据国家水禽产业体系统计，2017年我国肉鸭出栏量为31亿只，鸭肉产量709.5万吨，其中肉鸭鸭肉产量685.1万吨，蛋鸭鸭肉产量24.4万吨；鸭肉占禽肉比例30.51%，鸭肉、鸭蛋、鸭绒等产品年总产值高达1000亿元。据FAO不完全统计，我国年肉鸭出栏量维持在30亿只左右，蛋鸭存栏量为3亿多只，鸭养殖量占全球的74.2%，高居世界首位。养鸭业已逐渐成为我国的特色产业和农村经济发展的支柱产业之一。

一、我国养鸭业的发展优势

1.鸭品种资源丰富

我国是世界上鸭品种资源最丰富的国家。生态条件各异的环境形成许多特色的地方优良的鸭品种，其中有36个地方品种鸭被《中国畜禽遗传资源志——家禽志》收录，这些遗传资源是珍贵的生物种质资源，是长期自然选择和人工培育共同作用的结果，对我国乃至世界畜牧业的发展具有较大影响。国家水禽种质资源基因库于2006年在江苏泰州建成并运行，对我国水禽品种保种、育种和开发等工作具有重要的战略意义。通过长期培育以及近年来的不断引进，目前我国拥有几十种优良鸭品种，其中肉用型品种主要有北京鸭、樱桃谷鸭、枫叶鸭、狄高鸭、番鸭、天府肉鸭等，蛋用型主要有绍兴鸭、金定鸭、连城白鸭等，肉蛋兼用型主要有高邮鸭、建昌鸭、巢湖鸭、桂西鸭等。近年来，多个研究院所和企业等相继培育出一些专门化的品种和配套系。一些地方品种保种单位和科研院所共同联合，开展了品种选育和品系纯化工作，主要集中在饲料转化效率、生长发育速度、体形外貌、繁殖性能、瘦肉率等方面的标准化选育。中国农业科学院畜牧兽医研究所选育出Z型北京鸭配套系，专门化生产高饲料转化效率与瘦肉率、低皮脂率、肉质好、抗病力强的商品鸭，适应了消费市场需求，打破了肉鸭品种国外垄断的局面。苏邮1号、国绍1号等蛋鸭配套系的选育和改良，填补了我国蛋鸭新品种（配套系）培育的空白，并通过了国家畜禽遗传资源委员会品种审定。两个品种蛋鸭的饲养量占全国蛋鸭饲养量的一半以上，具有较强的市场竞争力。此外，利用分子标记辅助育种模型指导和完善当前鸭的良种选育工作也逐渐开展，获得了与抗病性、肌肉形成、脂肪沉积等方面相关的一系列关键基因。

2. 饲养方式多样化

我国幅员辽阔，地理气候差异显著，消费习惯不一，造成了南方鸭、北方鸭的多种养殖模式共存的局面，长江流域地区则兼有南方水养和北方旱养的模式。东南沿海地区以养殖麻鸭、番鸭和半番鸭为主，麻鸭常采用鸭-鱼混养、稻-鸭共作、水面养鸭的养殖模式，番鸭和半番鸭多采用地面平养、高床架养和笼养的养殖模式。北方地区以养殖白羽肉鸭为主，种鸭对生产环境和饲养管理要求较高，多采用厚垫料或发酵床饲养模式；

根据地区经济水平和养殖理念不同，商品肉鸭在欠发达地区多采用粗放型饲养模式，如塑料大棚、上网下床等；经济较发达地区多建设标准化鸭舍，利用发酵床、多层笼养等环境友好型饲养模式。随着养鸭业集约化程度的提高，为建设节约型社会，必须淘汰落后的饲养模式，发展绿色生态、环境友好型的养鸭模式。

3. 养殖规模区域格局化

我国鸭的饲养区主要分布在华北、东南沿海、长江中下游地区等省市。这些地区气候宜人、土地肥沃、物产富饶、水资源丰富，适合养鸭业发展。据统计，山东、四川、安徽、江苏、福建、湖北、河南、江西、河北等省份的鸭饲养量占全国的80%以上，其中仅山东省快大型肉鸭的年出栏量达13亿只以上，福建省是番鸭和半番鸭的主产区，浙江、福建和湖北是我国蛋鸭生产、加工的主产区。

4. 产业化程度不断提高

近年来，养鸭业竞争异常激烈，由于生产成本、市场风险和养殖效益等因素，落后的中小型企业逐渐被淘汰，形成了几十个生产—加工—销售一体化的龙头企业，如新希望六和集团、益客集团、华英集团、安徽强英鸭业、广西桂柳牧业、北京金星鸭业、南京桂花鸭和广东温氏等。龙头企业的快速发展，加快了集约化、产业化进程，提升了各个企业的市场竞争力，带动了区域经济的发展，对调整农村农业产业结构、促进农民增收起到了良好的效果。

5. 企业经营模式多元化

为了提高企业的市场竞争力，适应我国畜牧业绿色发展趋势，要研究成本控制、管理优化和废弃物循环利用等可以提高经济效益的多个环节。企业多以"公司＋农户"形式进行生产经营，此外还有"合作社＋农户""公司＋合作社＋农户"等多种方式。企业与农民之间以协议的形式进行养殖承包，提供先进的饲养管理、饲料、鸭苗等，改变过去管理粗放、药物滥用的现象，形成科学、有序的生产经营模式。为了实现生态型、高效性、低碳型、循环型的现代化养鸭业，龙头企业积极探索"农牧业纵横一体化"的经营模式。"肉鸭—沼气—水产养殖—有机蔬菜""稻鸭共养""肉鸭—肥料—果树"等种养结合的模式，有利于资源循环和节约利用；提高农牧产品的价值，拓宽了农民增收渠道；低碳减排，解决了畜禽粪污对环境的影响。通过提高农牧业的科技含量，实现了农业增收方式的转变。

6. 疫病防控技术保障

鸭病防治技术取得了巨大进步。针对当前鸭病的流行情况，国内学者开展了坦布苏病毒、呼肠孤病毒、鸭瘟、鸭病毒性肝炎、禽流感、新城疫、鸭短喙侏儒综合征、传染性浆膜炎、大肠杆菌病等研究，取得了较大的进展，防制措施不断完善。随着养鸭规模化程度的不断发展，对疾病的防治越来越受到重视。

7. 科技人才队伍不断壮大

国内有30多所农业大学、100多所大中专职业院校，每年为国家培养大批畜牧兽医专业人才，为养鸭业发展提供了有力的人才保障。从事鸭业生产的企业不断从有关学校、科研单位引进专业人才，定期邀请专家组织技术人员培训班，积极推动产学研结合模式，不断提高人才培养质量。国家及多个省份农业主管部门组织成立了现代农业产业技术体系，将生产企业、科研院所和高校等紧密结合，逐步构建了上下贯通的产学研相结合的体系，真正实现农科教大联合、产学研大协作，同时广泛吸引社会力量参与，推动形成人才工作的强大合力，切实夯实现代农业建设的人才基础。通过近十年的努力，已经打造出一支集保种育种、饲料与营养、疫病防制、环境控制、食品加工、羽绒制品、产业经济、生产经营等鸭产业化经营各方面科技人才队伍，为养鸭业的发展提供了人才保障。

8. 加工产业链延伸和完善

我国是世界上最大的鸭产品消费国，除少量鸭以活禽上市以外，大部分经屠宰加工后进入消费市场。为了提高经济效益，龙头企业纷纷对鸭产品进行精深加工及调料品、熟制产品的开发，并成功推出了系列产品。湖北周黑鸭集团研制的鸭产品休闲卤制品，上市后深受广大消费者喜爱，其系列产品畅销湖北，辐射全国；湖北神丹公司以市场为导向，将"健康蛋"概念引入中国，开发了碘蛋、锌蛋等系列，打造了蛋品专家形象。华英集团开发了常规的冻品、调理和休闲系列产品，也进行了出口标准的鸭胸制品和羽绒产品的开发生产，获得了"世界鸭王"的美誉。吉林正方农牧进行了鸭肥肝填饲技术和深加工工艺研究，优质的鸭肥肝产品获得消费者青睐。对鸭产业链的延伸和完善，提高了产品附加值，优化了产业结构和经济增长点，积极推进了产品的转型升级。

9. 信息化建设初见成效

近年来，我国水禽业信息化建设已经取得实质性进展，在生产经营、生态监测预警、产品质量安全监管等信息化建设中均有所突破。中国畜牧业信息网、国家种畜禽生产经营许可证管理系统等网站的建设，为生产经营者提供了优质鸭地方品种、引入品种、培育品种、种禽场等信息。一些龙头企业及大型养殖场对于生产经营信息十分重视，配备有专门的数据采集员、数据分析师，直接为生产经营决策提供参考。此外，产品质量安全追溯系统、市场信息交流平台、专家人才信息库和信息服务体系逐渐构建，有助于对养鸭业数据进行有效的挖掘和分析，对整个行业发展做出比较科学准确的预测。为推进我国畜牧业信息化转型升级，加快我国畜牧业信息化建设的规范化、科学化提供参考。

二、我国养鸭业发展面临的问题和不足

1. 良种繁育体系不能满足产业化生产

我国的肉鸭品种系列包括北京鸭、番鸭和多个肉蛋兼用型品种。以北京鸭为亲本的培育品种包括Z型北京鸭、樱桃谷鸭、枫叶鸭等，虽然其生长速度、饲料转化率和瘦肉率等生产性能

指标优良，沉积脂肪能力强、胸腿肉率低、皮脂率高，过肥，适宜制作烤鸭或分割鸭，但是不适宜制作酱鸭、板鸭等。体重在2～2.5千克的优质中型肉鸭在我国肉鸭市场上具有广阔的前景。随着养鸭业的快速发展，饲养密度过大，疾病发生和流行日益严重，因此，培育肉质优良、抗病力强的肉鸭品系十分重要。我国的蛋鸭品种资源丰富，繁殖性能高。如绍兴鸭500日龄的产蛋量能够达到330枚，金定鸭能达到280枚。但是，这些品种鸭性成熟晚、饲料转化效率低、抗病力弱。我国蛋鸭市场更需要育成期短、性成熟早、产蛋量高、饲料消耗少、抗病力强的蛋鸭新品系。我国其他蛋鸭品种的品种选育、品系选育和配套系杂交利用缺乏系统研究，个体生产性能差异大，遗传稳定性较差，遗传潜力尚未得到充分发挥。因此，青壳蛋鸭品种选育、早熟高产抗逆蛋鸭新品系（种）选育及其健康养殖技术研究工作将促进我国蛋鸭业快速发展。此外，由于鹅的育肥技术较鸭的育肥技术复杂而繁殖力又比鸭低得多，当前世界上肥肝生产以鸭肥肝为主导，因此，稳定生产高质量鸭肥肝的半番鸭繁育体系十分重要。父母代番鸭品种饲养数代后生产性能下降，需再次引进，因此，选育高产优质专门化番鸭品系是鸭肥肝生产的关键。

2. 饲养管理技术落后

虽然我国养鸭业不断发展，集约化程度不断提高，但我国养鸭仍然以粗放型饲养方式为主，主要采用成本低的开放式大棚生产模式，饲养条件落后，饲养环境恶劣，肉鸭大棚分散饲养量占全国总饲养量的60%左右。蛋鸭以传统的水面放牧和半放牧为主，疾病交叉感染严重，药物使用频繁，产品卫生得不到保障。不注重日常管理，如进出鸭舍没有任何消毒措施；养殖人员互串鸭舍现象普遍；粪便清理不及时，空舍期鸭舍和饲用器具等不消毒，直接进行雏鸭育雏；育雏时温度、湿度和通风换气控制不佳等，造成育雏期鸭苗生长缓慢，死淘率增加，影响了鸭的生产性能。有些养殖场为了追求更高的经济效益，通过增加饲养密度等方式提高放养量，结果导致生长速度缓慢，体质瘦弱，死淘率增加，得不偿失。

3. 饲料营养与产品安全体系不健全

我国加强了对肉鸭、蛋鸭生理生化、营养、饲养及饲料配制技术的研究，但尚欠深入；我国已制定了北京鸭饲养标准，但尚未制定蛋鸭的饲养标准；饲料配制缺乏科学依据，资源浪费严重。国内企业配制水禽日粮仅参考美国NRC1994年制定的家禽营养需要量标准或依据经验配制。但是美国NRC推荐的鸭饲养标准数据来源于鸡饲养标准，误差较大，不适用于鸭实际生产。因此，亟须深入研究蛋鸭的营养需求和饲料配比。饲养动物是人类肉食的主要来源，饲料安全性与人类健康密切相关。我国虽然已经制定了相关的标准、饲养技术规范和兽医防疫准则等，但仍需进一步完善我国的有关标准和法规，并严格执行，确保食品安全，让消费者放心。

4. 疫病防控意识和技术落后

疫病对我国养鸭业的危害十分严重，严重制约着养鸭业的健康发展。一方面疫病威胁家禽健康、影响生产性能并造成巨大经济损失；另一方面带来食品安全隐患，威胁人类健康。与鸡相比，鸭的抗病能力较强，鸭的饲养方式较为粗放，不利于鸭疫病的预防与控制。我国养鸭从业者的疫病防控意识薄弱，养殖过程中存在侥幸心理，"重治轻防"问题比较突出，陷入疫病防控的误区。动物患病或病死后，不按照规定进行无害化处理，随意丢弃和掩埋的陋习仍然存在，一方面造成疫病的扩散，为疫病的流行埋下隐患；另一方面也污染土壤、河流等环境，严重影响人们的生产与生活。目前我国水禽用疫苗与猪、鸡用疫苗相比，种类不全，覆盖面窄，不能满足当前水禽规模化生产需求。养鸭产业中不断有新病出现和老病新发现象，如鸭呼肠孤病毒引起北京鸭脾坏死，坦布苏病毒造成蛋（种）鸭产蛋严重下降，鹅细小病毒引发多品种商品鸭短喙侏儒综合征等，多种病原混合感染情况加剧，加大了养鸭业的疫病防控难度。

我国养鸭业每年因疫病造成的直接经济损失高达20亿元。此外，因疫病造成的生产性能下降、兽医卫生开支加大、产品质量下降及其他经济损失难以估量。因此，需要建立科学的家禽疾病防控体系，树立以"预防为主，防重于治"的方针，控制传染源，切断传播途径。为了阻断病原微生物（细菌、病毒、真菌、寄生虫等）的侵入，应在科学免疫的基础上，提高鸭的生活环境质量、卫生水平、饲料品质和饮水安全；加强对设施、工具的清洁和消毒；及时无害化处理粪便、垫料和废弃物。

5. 环境污染状况严重

当前我国养鸭业仍以粗放型饲养为主，由于粪污处理不当等造成了严重的环境污染，制约着养鸭业的绿色健康发展。养鸭场对环境的污染主要包括三个方面。粪尿污染是鸭场污染最严重的环节，鸭场废弃物以鸭粪数量最多，其主要污染成分包括粪渣、胺类、尿酸、尿素、亚硝酸盐等，还含有一些病原微生物和动物机体代谢的有害物质，对鸭场周边的土壤、水域，甚至地下水均有不同程度的污染。生产和生活污水也对鸭场及周边环境污染严重，如清洗禽舍、饲喂工具等污水，职工盥洗、饮食等生活污水，这些污水往往与粪尿混合排放，对养鸭场和周围环境污染加剧。鸭舍及周边地区空气质量较差，主要由于粪尿中的硫化物、氨气等有害气体和锅炉燃煤、雏鸭绒毛和鸭群运动产生的灰尘等细微颗粒等的污染。此外，患病或病死鸭的处理不当会变成重要的传染源，威胁鸭场的正常生产；畜禽粪便中的病原微生物和寄生虫卵及滋生的大量蚊蝇，使环境中的病原种类增多，导致人畜共患病发生概率增大；养殖过程中使用的各种抗菌药物大部分随着代谢排出体外，污染土壤、鱼塘等，导致蔬菜、水果、粮食、饲料等食物链污染，也可能诱发超级细菌的产生，引发公共卫生安全隐患。

6. 专业人才队伍仍需壮大

我国不断加强育种、孵化、养殖和深加工等鸭产业各环节的人才队伍建设，但仍存在一些问题，制约着养鸭业的现代产业化发展。从业者文化水平偏低，据不完全统计，初中以下文化程度从业者占一半以上，受过畜牧兽医专业教育的人才不足20%。多数从业者是依靠养殖经验、科技书籍、示范请教等学习方式，掌握的知识有限，对养鸭业生产中的关键技术难题很难解决。年龄结构不合理，50岁以上的养殖人员占50%左右，平均年龄偏大，人才队伍断层现象明显。在育种和疾病防控方面，仍然是以各单位的博士和硕士人员队伍为主，一线普遍缺乏高水平技术人才，建立多种人才聘用方案，将科研与生产更加紧密结合起来，达到人尽其用，提高养鸭业的科技含量，在市场竞争中立于不败之地。

7. 生产和市场信息系统不够健全

现阶段，我国农业信息化已经融入农业产业各个领域中，在加快转变农业发展方式、建设现代农业中起着重要的推动作用。但是我国水禽行业的信息化建设刚刚起步，行业统计数据匮乏，水禽企业难于获取市场预警信息，缺少科学客观的数据作为支持，不能及时、准确判断市场供求关系的变化和市场风险，行业又缺乏市场准入机制，进出市场随意性非常大，导致市场行情大起大落，增加了企业经营风险。信息化、电子信息网络的应用实现了水禽产品网上交易、直接配送，使生产加工厂家与消费者直接对接，减少了产品营销的中间环节，降低了交易成本，使产品卖得更远、更好，代表了营销、消费和贸易服务发展的新潮流。探索线上线下一体化模式，开展"互联网+"水禽养殖加工销售，推广网络平台已成为水禽企业发展的新趋势。为了保障食品安全，企业自身也要加强信息化建设。一些大型企业开始自建生产基地，建立产品质量可追溯体系，在产品生产和市场供应的整个过程中对产品各种相关信息进行记录并存储，以便在出现产品质量问题时能够快速准确地查询到出问题的原料或加工、运输环节，必要时进行产品召回，实施有针对性的惩罚措施，由此来提高产品质量水平。因此，建设养鸭行业信息体系，注重业内信息的收集与交流，为用户提供信息交流的平台，增强宏观调控和规划的准确性，是当前养鸭业需要解决的要务。

8. 融资困难和抗风险能力低

我国畜牧业发展进入了关键转型期，淘汰落后产能，扩大生产经营规模，保障动物源性食品安全，进行生态养殖模式探索等，所有企业面临巨大的资金压力。近年来，我国经济实力整体下滑，畜牧养殖业起伏较大，金融机构对畜禽养殖企业的贷款更加谨慎，贷款门槛高、额度小、周期短、融资难已成为企业进一步发展的最大瓶颈。畜牧产业受市场波动、疾病等因素影响，自身抗风险能力弱，效益比较低，市场主体投资热情不高；因抵押物门槛高，贷款融资十分困难；而民间借贷成本之高，也打击了水禽企业进一步扩张的积极性。大型龙头企业积极上市，通过发行股票等方式进行融资，一方面解决了企业融资瓶颈，更重要的是引进了现代企业管理制度、先进的技术和经营理念，企业实现了裂变式发展。疾病和市场波动是导致养鸭业风险存在的两个重要因素，提高疾病防控意识，开发和拓展产品市场，是降低养殖风险的有效手段。

第二节　我国养鸭业的发展趋势

随着我国经济的快速发展，我国社会主要矛盾已经转化为人民日益增长的美好生活需要和不平衡不充分的发展之间的矛盾。随着人们对食品质量安全的关注度不断提高，绿色、安全、健康的肉蛋产品越来越受到消费者的喜爱。为了满足消费市场需求，养鸭业应及时进行产业升级转型，严格控制生产经营活动，提供消费者满意的优质产品，从而提高经济效益，加快推进畜牧业供给侧结构改革，实现农村农民致富增收。

1. 建立健全良种繁育体系

以提高国产品种质量和市场占有率为主攻方向，坚持走

"以企业为主体"的商业化育种道路，推进"产、学、研、推"育种协作机制创新，整合和利用产业资源。以肉鸭、蛋鸭的良种繁育基地为龙头，以国内地方优良品种为主体，利用引进优良品种生产优势，建设国家级和地区性的保种场、育种场和繁殖场，形成以核心育种场为龙头的包括良种选育、扩繁推广和育种技术支撑在内的良种繁育体系。合理有序地开发地方鸭品种资源，加强育种技术研发，全面提升我国蛋鸭和肉鸭种业的发展水平，促进产业可持续健康发展；遴选国内优秀的种禽企业成为国家级核心育种场，负责新品种培育与已有品种的选育提高。加强半番鸭配套系的生产研究，选育专门化生产优质半番鸭的繁育群。对核心育种场进行政策资金扶持，保障保种育种工作的顺利实施。

2. 加快全产业链生产布局

由于市场波动风险不断加剧，传统的单一环节生产布局已难以抵御风险，而全产业链经营方式可利用上下游多元化的产品结构调整有效规避市场风险，在很大程度上保障了企业盈利能力。鸭全产业链包括种鸭饲养、雏鸭孵化、商品鸭饲养、饲料生产、兽药研发、屠宰和食品加工等，通过控股或互持股份的方式进行经营或合营，将1只商品鸭利润从2元左右提高至近10元，实现了企业的合作共赢。此外，消费者对水禽产品质量要求越来越高，全产业链布局下的一体化经营能够在很大程度上控制产品质量，也有助于推进养殖标准化，顺应了当前市场和养殖的新要求。可见，全产业链化和一体化经营是水禽发展的新趋势。

3. 大力推进生态养殖模式

未来水禽养殖向生态环保、资源节约方向发展是必然趋势。积极探索并推进生态养殖模式，发展绿色生态循环畜牧业，让生产和生态不断地融合，合理利用畜禽养殖废弃物，提高经济效益，最终实现生态效益共发展。稻鸭共生模式、肉鸭网上平养、蛋鸭笼养、水禽旱养等新型生态、环保养殖方式已经较为普遍。"稻-鸭"共作主要在我国南方地区推广，利用鸭采食稻田内田螺、害虫，粪便作为肥料促进稻田生长，产品为绿色有机的大米和鸭，获得良好的经济价值。但无法形成规模化，养殖品种和季节受到限制，不适于全年性规模化生产。在规模化生产的前提下，目前正在积极探索种养结合、发酵床养鸭、肉鸭笼养等新技术，并在小范围内逐步推广使用，进一步降低了养殖废弃物的排放，提高了粪污等综合利用。种养结合多采用沼气池或发酵池等粪污处理设施。将鸭粪进行干湿分离，污水净化后可用于禽舍的清洗，节约水资源；粪渣收集后可通过发酵等工艺，制成有机肥料，用于农作物、果蔬等的生产。发酵床多与网上养殖结合，采用"上网下床"的方式，定期对发酵床进行翻耙，一方面可以抑制有害微生物的滋长及降低其代谢废物的排放，减少了疫病发生；另一方面也可以降低舍内有害气体浓度，改善肉鸭生长环境。肉鸭笼养是投资较高的一种高效养鸭模式，充分利用鸭舍空间，增加养殖密度，机械化程度增加，节约劳动力成本，进一步降低料肉比，智能化调节肉鸭生长条件，实现生产的标准化控制。在不同养殖模式下，都要统筹兼顾畜禽养殖与生态环境保护。在场址选择、设施设备、粪污处理利用等重点环节，加速传统养殖方式向生态环保、资源循环利用转型，实现环境改善和产业增效目标。

4. 产学研多方面有机结合

"产、学、研"实现有机结合，能够将科研院所、高校的技术、人才、信息优势与企业的技术、人才、信息需要紧密联系在一起。既能壮大企业的科技力量，加快技术创新和成果转化，促进产业升级，又能为科研和教学单位提供资金支持，为科技人员提供施展才干的舞台。如采用分子生物学与传统育种相结合的方式，对鸭种质资源和遗传特性进行研究，培育生长快、生产性能高、饲料利用率高、品质优良的新品系；开展配套饲养管理技术研究；根据市场不同需求研发新产品。鼓励企业自建实验室或共建实验室，对鸭舍消毒效果、免疫效果和疫病流行情况等进行监测，建立疫病预警系统，保障正常的养鸭生产经营活动。通过产学研有机结合，增强产业链中各个环节的科技水平，降低生产成本，提高经济效益。建议水禽经营企业充分利用自己的经营实力和社会资源，自觉承担产业技术研发、技术进步的责任，在产业的各个环节进行技术创新，引领产业依靠科技进步获得发展实力和市场竞争力。

5. 进一步完善深加工体系

安全、优质、健康的绿色食品是人们追求的目标。精深加工的方向是进一步挖掘农产品的潜在经济价值。为了提高鸭产品的综合利用和附加值，必须积极开发系列优质特色产品。大型龙头企业在实践中不断改进和创新肉鸭的加工工艺，采用绿色饲料，应用隔位吊挂、无冰式冷水浸泡、臭氧脱毒杀菌、辐射灭菌包装等新技术新工艺，提高鸭肉品质。根据我国各地区人们对鸭烹饪偏好不同，研制地方口味的特色鸭产品，如熏鸭、风干鸭、卤鸭、烤鸭等，满足消费市场需求。利用分割产品制作熟食，进行工厂规模化生产，既能改变多以小作坊、黑工厂制作鸭熟食的现状，也能增加产业收益。当前我国养鸭业还以生产羽绒初级产品为主，羽绒深加工产品（如羽绒被、羽绒服和枕头等）较少，进一步延伸羽绒产业链，获取更高的产品价值。鸭肥肝作为鹅肥肝的替代品，营养价值高，广受国外消费者喜爱，但国内市场仍然以高端餐厅为主，如何将肥肝加工成适应中国人口味的产品，让中等收入群体变成主力消费者，有助于鸭肥肝产业的快速发展。

6. 完善产业市场信息系统

信息化建设包括生产信息化和市场信息化。生产信息化主要是物联网信息系统和产品追溯系统。前者在规模化种鸭场开始使用，以科技化的装备实现鸡舍环境的精准采集和管理，实现农业的科学化监测以及控制。对温度、湿度、风速、二氧化碳、氨气浓度等环境感知系统采集数据，通过对数据的分析实现自动控制风机、湿帘等设备运行，以保持鸡舍内温度、通风最适宜，有害气体浓度最低。减少疾病传播风险，利于种鸭生长和生产。构建鸭产品质量安全可追溯体系，实现鸭从养殖到产品销售整个生产流程的数据信息全采集，包括养殖环节、宰杀环节、物流运输环节、精加工环节等。通过对这些基础数据的整合、处理、存储，建立"广东水禽产品品质安全溯源平台"，通过多种终端设备数据采集接口，将各环节信息数据汇集到该管理平台，加强对鸭生产过程和产品质量安全的全程监管、监测和预警，确保产品质量安全。

我国水禽行业的信息化建设刚刚起步，行业统计数据匮乏，水禽企业难于获取市场预警信息，缺少科学客观的数据作为支持，不能及时、准确判断市场供求关系的变化和市场风险，行业又缺乏市场准入机制，进出市场随意性非常大，导致市场行情大起大落，增加了企业经营风险。因此，我们要大力加强产业的市场信息化建设。搜集整理全国鸭产业链各环节的数据和资料，通过网站和自媒体进行信息共享，指导企业生产；鼓励并引导龙头企业搭建电子商务平台，形成针对食品加工企业、批发市场和消费者终端的电子平台，实时发布市场行情信息和供求信息，减少流通环节费用，为水禽产业发展注入新的动力。

第二章
鸭的品种特性与品种选择

目前国内外研究人员主要围绕提高生产性能开展鸭品种选育工作。根据鸭经济用途可分为肉用型、肉蛋兼用型、蛋用型和肝用型四种类型。本章按照经济用途对各品种（系）鸭进行分类介绍。

第一节　肉用型鸭品种

世界上著名的肉鸭品种包括樱桃谷鸭、北京鸭、奥白星鸭、枫叶鸭、南特鸭、天府肉鸭等，这些品种均由我国北京鸭选育或杂交培育而成。

一、樱桃谷鸭

该品种是一种商业品种，是我国也是世界上养殖量最多的肉鸭品种。

1. 培育和分布

该品种由英国的樱桃谷公司引进的北京鸭和埃里斯博里鸭

为亲本，经杂交培育而成的商业品种。该品种共有10个品系，其中白羽系为L3、L2、M1、M2、S1和S2；杂色羽系有CL3、CM1、CS3和CS4。经品系配套育成的X-11型杂交鸭在世界各地广泛饲养。中国于1980年首次引进一个三系杂交的商品代L2，现在河南、四川、河北、山东等省和南京市都有它的祖代鸭场，向全国各地推出樱桃谷公司的新产品Super M3超级大型肉鸭。

2. 外貌特征

外形与北京鸭相似，白羽，头大额宽，鼻脊较高，颈粗短，背宽而长。从肩到尾倾斜，胸部宽而深，胸肌发达，腿短粗。喙橙黄色，胫、蹼都是橘红色。翅强健且紧贴躯干（图2-1）。

图2-1 樱桃谷鸭种鸭群
（刁有祥 摄）

3. 生活习性

樱桃谷鸭喜水中寻食、嬉戏、求偶及交配，只有在休息和产蛋的时候才回到陆地上来。对气候的适应性较强，在中国的南方和北方均能很好地生活。冬季温度在0℃左右时，还能在水中活动，到-10℃的低温，仍能继续产蛋。无论是游泳、放牧或休息，总是喜欢合群生活。食性广、耐粗饲、易饲养，食管容积大，能容纳较多较大的食物。肌胃发达，可借沙粒较快地磨碎食物。嗅觉、味觉发达，对饲料的香味要求不高，适口性差的饲料也能吃。樱桃谷鸭神经反应灵敏。但这种鸭性急胆小，稍有惊扰，则呱呱大叫，相互拥挤践踏，影响产蛋，甚至造成伤残。无就巢性，樱桃谷鸭经人类长期驯化、选育，丧失了就巢的本能。

4. 生产性能

以SM3品系为例介绍樱桃谷鸭的生产性能。樱桃谷公司以繁殖单位向国外出售种鸭（30只公鸭和110只繁殖母鸭为一个繁殖单位），在40周的产蛋期可生产约1.5万只肉鸭苗。樱桃谷鸭开产日龄为180～190天。种蛋受精率90%以上。父母代母鸭第一年产蛋量为210～220枚，可提供初生雏160只左右；平均蛋重90克左右。父母代公鸭成年体重4～4.25千克，母鸭3～3.2千克。商品代49日龄活重3～3.5千克；料肉比（2.4～2.8）：1。全净膛率72.55%，半净膛率85.55%，瘦肉率26%～30%，皮脂率28%～31%。商品代肉鸭料肉比为2.3：1，38日龄即可上市销售。

二、北京鸭

1. 培育和分布

北京鸭是现代肉鸭生产的主要品种，也是世界著名的肉用鸭品种。原产于我国北京市郊区，现分布于全国各地和世界各国。该品种具有生长快、繁殖率高、适应性强、肉质好、肥肝性能好的特点，在国际养鸭业中占有重要地位，许多国家引用北京鸭来改良当地鸭种，培育了许多高产品系，对世界养鸭业的发展具有重大贡献。目前，中国农业科学院北京畜牧兽医研究所和北京金星鸭业有限公司分别拥有国家级北京鸭保种场，依托各自丰富的种质资源，经过持续选育，育成了烤制型和分割型两个方向的北京鸭配套系，并且Z型北京鸭、南口1号北京鸭一直被列入农业农村部主推品种，已推广至全国各地。

2. 外貌特征

羽色特征：北京鸭初生雏鸭的绒毛为金黄色，随年龄增长而羽色变浅并换羽，成年鸭的羽毛为白色。胫、喙和脚蹼特征：北京鸭皮肤白色，喙扁平，上下腭边缘呈锯齿状角质化突起，颜色为橙黄色，喙豆为肉粉色，胫和脚蹼为橙黄色或橘红色，母鸭开产后喙、胫和脚蹼颜色逐渐变浅，喙上出现黑色斑点，随产蛋增加，斑点增多，颜色变深。头、颈、体形特征：北京鸭体形硕大丰满，体躯呈长方形，前部昂起，与地面呈

30°～40°角，背宽平，胸部丰满，两翅紧缩。头部卵圆形无冠和髯，颈粗，长度适中，眼明亮，虹彩呈蓝灰色。尾短，尾脂腺发达，腿短粗，第2、第3、第4趾间有蹼。性别特征：北京鸭公鸭尾部带有3～4根卷起的性羽，母鸭腹部丰满，前躯仰角加大。母鸭叫声洪亮，公鸭叫声沙哑（图2-2、图2-3）。

图2-2　北京鸭（左为种公鸭，右为种母鸭）（陈瑶 摄）　图2-3　北京鸭（雏鸭）（陈瑶 摄）

3. 生产性能

父母代种鸭生产性能：北京鸭平均开产体重母鸭为3.25千克、公鸭为3.75千克，26周龄产蛋率50%，年产蛋数290枚，蛋重85～95克；公母鸭比例1：（5～6），种蛋受精率93%以上，受精蛋孵化率92%。

商品代肉鸭（烤制型北京鸭）生产性能：喂鸭6周龄体重3.2千克，料肉比2.2：1，屠宰全净膛率72.8%，皮脂率33.5%；填鸭42～45日龄出栏，出栏体重3.15～3.3千克，填饲期料肉比（4～4.5）：1，全净膛率78%～80%，皮脂率36%。

三、奥白星鸭

该品种属于商业品种，主要在我国山东地区饲养。

1. 培育和分布

该品种由法国奥白星公司采用品系配套方法育成的优良肉

用型鸭。具有生长快、早熟易肥、体形硕大、屠宰率高等特点。主要在山东和四川地区饲养。

2. 外貌特征

雏鸭绒毛金黄色，随日龄增大而逐渐变浅，换羽后全身羽毛白色。喙、胫、蹼均为橙黄色。成年鸭外貌特征与北京鸭相似，头大，颈粗，胸宽，体躯稍长，胫粗短。该鸭性喜干爽，能在陆地上自然交配，适应旱地圈养或网上养殖。

3. 生产性能

奥白星63型父母代种鸭开产周龄为25周，44周产蛋220～240枚，种蛋受精率为93%；商品代42日龄体重3.37千克，料肉比为2.3 ： 1。奥白星76型父母代种鸭开产周龄为25周，42周产蛋250枚，受精率为93%；商品代42日龄体重3.42千克，料肉比为2.12 ： 1。

四、枫叶鸭

1. 培育和分布

是由美国美宝公司培育的商业品种。是一种优良的瘦肉型肉鸭。目前在我国主要由山东肥城市永惠枫叶种鸭公司进行引种、繁育和推广。枫叶鸭具有早期生长快、瘦肉率高、繁殖力强、抗热性能好、毛密而洁白等特点。

2. 外貌特征

枫叶鸭雏鸭绒羽淡黄色，成年鸭全身羽毛白色。枫叶鸭体形较大，体躯前宽后窄，呈倒三角形，体躯倾斜度小，几乎与地面平行。背部宽平，公鸭头大颈粗，脚粗长，母鸭颈细长，脚细短；喙大部分为橙黄色，小部分为肉色，胫和蹼为橘红色。

3. 生产性能

父母代性成熟期为175～185日龄，种鸭25～26周龄开产，平均每只母鸭年产蛋210枚，平均蛋重88克，蛋壳白色。公母配比1 ： 6，种蛋受精率93%，受精蛋孵化率90%。每只母鸭年提供商品代鸭苗160只以上。商品代肉鸭7周龄活重3.25千克，料肉比为（2.6～2.8）：1，半净膛屠宰率84%，全净膛屠宰率75.9%，胸肌率9.11%，腿肌率15.19%。

五、南特鸭

1. 培育和分布

该品种是由法国奥尔维亚集团进行杂交配套育成的优良的肉用型鸭种。具有生长快、饲料报酬率高、易饲养、疫病少等特点。目前该鸭的ST5M和NT6品系在我国山东、四川、湖北等主要养鸭地区均有饲养。

2. 外貌特征

南特鸭外貌与北京鸭相似，身形健壮、羽毛丰满、毛色纯正、眼神明亮、活泼好动。

3. 生产性能

以ST5M品系为例。父母代性成熟期为175～185日龄，种鸭25～26周龄开产，开产时公鸭平均体重4.25千克，母鸭平均体重3.2千克。产蛋周期为50周，每只母鸭可产蛋292～312枚，蛋壳白色。公母配比1：5，种蛋受精率93%，受精蛋孵化率90%。每只母鸭提供商品代鸭苗200只以上。商品代肉鸭7周龄活重3.7千克，料肉比为2.3：1，半净膛屠宰率84%，全净膛屠宰率74.9%，胸肌率9.11%，腿肌率15.04%。

六、天府肉鸭

1. 培育和分布

该品种是由四川农业大学采用建昌鸭与四川麻鸭杂交配套选育而成，具有生长速度快、饲料报酬率高、饲养周期短、适于集约化饲养、经济效益高等优点。天府肉鸭是制作烤鸭、板鸭的上等原料。目前该品种主要集中在我国西南地区饲养。

2. 外貌特征

天府肉鸭体形硕大丰满。羽毛洁白，喙、胫、蹼呈橙黄色，母鸭随着产蛋日龄的增长，颜色逐渐变浅，甚至出现黑斑。初生雏鸭绒毛呈黄色。

3. 生产性能

种鸭开产日龄180～190天（产蛋率达5%），入舍母鸭年产合格种蛋230～250枚，蛋重85～90克，受精率达90%以上，受精蛋孵化率84%～88%，每只母鸭提供健雏数180～190只/年。父母代成年体重公鸭为3.2～3.3千克，母鸭为2.8～2.9千克。商品代肉鸭28日龄活重1.6～1.86千克，料肉比（1.8～2.0）：1；35日龄活重2.2～2.37千克，料肉比（2.2～2.5）：1；49日龄活重3.0～3.2千克，料肉比（2.7～2.9）：1。

第二节　蛋用型鸭品种

蛋用型鸭主要是我国地方品种鸭，如著名的绍兴鸭、金定鸭、攸县麻鸭等优良的地方品种。此外，还包括国外引进优良品种（如康贝尔鸭等）。

一、绍兴鸭

1. 产地分布

简称绍鸭，又称绍兴麻鸭，原产于浙江旧绍兴府所属的绍兴、萧山、诸暨、上虞等县。绍兴麻鸭具有产蛋多、成熟早、体形小、耗料省等特点，是我国著名的高产蛋鸭麻鸭品种。既可直接作为商品蛋鸭良种生产，又可作为选育品种或者配套系优秀的杂交亲本。

2. 外貌特征

绍兴鸭属小型麻鸭，体躯狭长，形似琵琶，头长颈细，腹部略下垂，具有理想的蛋用鸭体形。全身羽毛以褐色麻羽为基调，但颈羽、腹羽、翼羽有一些变化，因而分为带圈白翼梢和红毛绿翼梢两种类型。

带圈白翼梢，颈中部有2～4厘米宽的白色羽圈，主翼羽白色，腹下中后部羽毛白色，及"三白"。虹彩灰蓝色，喙橘黄色，喙豆白色，胫、蹼橘红色，爪白色，皮肤淡黄色。公鸭羽毛以深褐色为基调，头和颈上部墨绿色，性成熟后有光泽，母鸭羽毛以浅褐色母鸭为基色，分布有大小不等的黑色斑点。性情烦躁，适宜于放牧，也可圈养，不宜笼养。

红毛绿翼梢，颈部、腹部和主翼羽无白色羽毛，无"三白"现象，虹彩褐色，喙灰黄色，喙豆黑色，胫、蹼黄褐色，爪黑色，皮肤淡黄色。公鸭羽毛以深褐色为基色，头和颈上部墨绿色，性成熟后有光泽；母鸭以深褐色麻羽为基色，腹部褐麻色，翼羽墨绿色，有光泽，称为镜羽，性情温顺，适宜于圈养。

3. 生产性能

绍兴鸭初生重36～40克，成年体重1.35～1.5千克（公母鸭无明显差异），135～145日龄开产，170天可以达到产蛋高峰期，产蛋率达95%以上，并能保持持续高产，500日龄产蛋量280～310枚，高产群体可达310枚/羽以上，总蛋重达18～19千克，蛋重63～68克，300日龄时蛋重可达67～79克，产蛋期料蛋比2.8：1，产蛋期成活率95%，公母配比夏秋1：20、早春和冬季1：16。种蛋受精率为90%左右。淘汰蛋鸭和出栏公鸭屠宰测定：成年公鸭半净膛率为82.5%，母鸭为84.8%；成年公鸭全净膛率为74.5%，母鸭为74.0%。140～150日龄群体产蛋率可达50%。蛋形指数1.4，壳厚0.354毫米，蛋壳白色、青色。公鸭利用年限1年，母鸭利用年限2年。

4. 相关品系

江南1号和江南2号：由浙江省农业科学院畜牧兽医研究所陈烈先生主持培育的高产蛋鸭配套系，获得浙江省科技进步二等奖。这2个配套系的特点是：产蛋率高，高峰持续时间长，饲料利用率高，成熟较早，生命力强，适合我国农村饲养。

该配套系江南1号雏鸭黄褐色，成年鸭羽毛深褐色，全身布满黑色大斑点。江南2号雏鸭绒毛颜色更深，褐色斑点更多；成年鸭全身羽毛浅褐色，并带有较细而明显的斑点。江南1号母鸭成熟时体重1.6～1.7千克。产蛋率达90%的日龄为210日龄前后。产蛋率达90%以上的高峰期可保持4～5个月。500日龄平均产蛋量305～310个，总蛋重21千克。江南2号母鸭成熟时体重1.6～1.7千克，产蛋率达90%时的日龄为180日龄前后；产蛋率达90%以上的高峰期可保持9个月左右；500日龄产蛋325～330个，总蛋重21.5～22千克。

目前市场上所谓的"江南一号""江南二号"已经不是真正的江南一号、江南二号配套系商品鸭，而是经过多次杂交后的杂交鸭，其生产性能不稳定，抗应激能力差，容易应激掉蛋。希望广大蛋鸭养殖农户注意。

青壳Ⅰ号蛋鸭：由浙江省农业科学院畜牧兽医研究所科技人员在江南2号的基础上，根据消费者对青壳蛋鸭的特殊需求，引进了莆田黑鸭青壳蛋品系，进行杂交配套而成。它的商品代的主要特点是早熟，蛋形较小，全部产青壳蛋，成年鸭羽毛多呈黑色，体重1.4～1.5千克，500日龄产蛋数290～320个，产蛋总重20～22千克。适宜于市场需要青壳蛋的地区推广。

青壳Ⅱ号蛋鸭：由浙江省农业科学院畜牧兽医研究所等单位在绍兴鸭高产系的基础上，应用现代育种最新技术选育而成，是目前国内外综合产蛋性能最优秀的蛋鸭良种。青壳蛋蛋壳厚度和强度优于白壳蛋，可减少蛋品加工及运输过程中的破损，青壳蛋受到绝大多数地区欢迎，价格优势明显。青壳Ⅱ号的体形外貌与带圈白翼梢相近，但体形略大。青壳Ⅱ号青壳率92%，产蛋性能优良，500日龄产蛋329个，总蛋重22.8千克，料蛋比2.62∶1，产蛋高峰期长达250天，其中95%以上高峰产蛋期维持145天，最高产蛋率偶尔可超过100%。适应性广，不仅适合于温暖潮湿的南方地区饲养，而且也适应北方和西部地区寒冷干燥的气候环境；不仅可以地面平养，也可在干旱地区离地笼养。抗应激能力强，产蛋期成活率99%，培育期成活率达97.5%。公鸭肉用性能好，55日龄体重可达1.2千克。

青壳Ⅲ号蛋鸭：由浙江省农业科学院畜牧兽医研究所等单位在青壳Ⅱ号的基础上，利用青壳Ⅱ号父系公鸭与缙云麻鸭母鸭配套生产而成。特点是在青壳Ⅱ号蛋鸭高产、青壳的基础上，改进蛋鸭的体重及开产日龄，青壳Ⅲ号比青壳Ⅱ号体形要小，采食量减少，开产日龄提前15～20天，适合长江流域及长江以南地区广大蛋鸭养殖农户养殖。

二、金定鸭

1. 产地分布

金定鸭原产于福建龙海市紫泥乡金定村，故名金定鸭。分布于福建省厦门市郊区和同安、南安、晋江、惠安、漳州、云宵、绍安等县市。现在河北、山东、辽宁海城等地有较大养殖量。

2. 外貌特征

选育前的金定鸭羽毛颜色有赤麻、赤眉、白眉3种类群，自1958年以来，厦门大学生物系对赤麻类群进行多年的选育，使金定鸭成为产蛋量高、体形外貌一致的优良蛋鸭品种。

金定鸭公鸭体躯较长，胸宽背阔，头颈部羽毛墨绿而有光泽，背部灰褐色，胸部红褐色，腹部灰白色，主尾羽黑褐色，性羽黑色并上翘。喙黄绿色，虹彩褐色，胫、蹼橘红色，爪黑色。母鸭全身披赤褐色麻雀羽，布有大小不等的黑色斑点。背部羽毛从前向后逐渐加深，腹部羽毛颜色较淡，颈部羽毛无黑斑，翼羽深褐色，有镜羽。喙青黑色，虹彩褐色，胫、蹼橘黄色，爪黑色（图2-4）。

图2-4 金定鸭（左为公鸭，右为母鸭）（陈国宏 摄）

3. 生产性能

金定鸭公鸭成年体重1.6～1.8千克，母鸭1.75千克左右。100～120日龄初产，年产蛋260～300个，蛋重72～75克，蛋壳青色比例98%以上，蛋形指数1.45。公母比1∶25。种蛋受精率89%～96%，受精蛋孵化率85%～92%，60日龄存活率96%以上。初生重公鸭为47.6克，母鸭为47.4克；成年公鸭体重为1760克，母鸭为1730克。屠宰测定：成年母鸭半净膛率为79%，全净膛率为72.0%。公鸭利用年限1年，母鸭2年。

4. 相关品系

金定鸭属于麻鸭品种，尾脂腺发达，性成熟较早，以产青壳蛋为主。该鸭种是适应海滩放牧的优良蛋用品种。耐寒耐热性能良好，能够适应我国从南到北的各种气候条件。辽宁省海城市蛋鸭养殖集中，主要养殖品种就是金定鸭，抗寒性能好，经过多年的气候地理适应，金定鸭在东北地区表现出高产、稳产、料蛋比低和经济效益高的特点。在北方寒冷地区，金定鸭有着良好的气候适应性。

福建省农业科学院畜牧兽医研究所近年来培育的金定鸭小型系，母鸭成年体重为1.6千克左右，开产日龄140～150天，年产蛋280～300个。平均蛋重75～78克，蛋壳青色比例96%以上。性情温顺，适合网上养殖、笼上养殖及地面平养，抗应激能力强，高温稳产，除蛋重较大以外，非常适合目前蛋鸭养殖的生产需要，值得在蛋鸭养殖主产省份进行示范推广。

三、攸县麻鸭

1. 产地分布

原产于湖南攸县境内的攸水和沙河流域一带，散布于湖南省的东部、中部和北部，属小型蛋鸭品种。该品种具有体小灵活、成熟早、产蛋较多、适于稻田放牧等特点。

2. 外貌特征

属小型蛋用品种。攸县麻鸭公鸭的头部和颈上部羽色墨绿，有光泽，颈中部有宽1厘米左右的白色羽圈，颈下部和胸部红褐色，腹部灰褐色，尾羽墨绿色。喙青绿色，虹彩黄褐色，胫、

图2-5 攸县麻鸭（左为公鸭，右为母鸭）（陈国宏 摄）

蹼橙黄色，爪黑色。母鸭全身被褐色带黑斑的麻羽，深麻羽者占70%，浅麻羽者占30%，喙黄褐色，胫、蹼橘黄色，爪黑色（图2-5）。

3. 生产性能

初生重为38克，成年体重公鸭为1170克，母鸭为1230克。有着我国体型最小的麻羽蛋鸭品种之称。该品种适合放养及地面平养。90日龄公鸭半净膛率为84.85%，全净膛率为70.66%，85日龄母鸭半净膛率为82.8%，全净膛率为71.6%。100～110日龄开产，年产蛋200～250枚，蛋重为62克。蛋壳白色居多，占90%，壳厚0.36毫米，蛋形指数1.36。公母配种比例1：25，种蛋受精率为94%左右。

四、荆江麻鸭

1. 产地分布

蛋用型品种。主产于湖北省东荆河两岸。荆江鸭因主产于湖北省江汉平原地区的荆江两岸，故称荆江麻鸭，简称荆江鸭。分布以江陵县、监利县和沔阳县为中心产区，洪湖、石首、公安、潜江和荆门等县也有分布。

2. 外貌特征

荆江鸭属麻鸭品种，头清秀，颈细长，肩较狭，体躯稍长，后躯略宽。喙青色，胫、蹼橘黄色。全身羽毛紧密。公鸭头颈部羽色翠绿，有光泽，前胸和背腰部红褐色，尾部淡灰色。母鸭全身羽毛黄褐色，母鸭头颈羽毛多呈泥黄色，背腰部羽毛以泥黄色为底色的麻雀羽，头部的眼上方有一条白色长眉，背部羽毛以褐色为底，上缀黑色条纹（图2-6）。

3. 生产性能

雏鸭初生重39克，成年体重公鸭为1340克，母鸭为1440

图2-6 荆江麻鸭（左为公鸭，右为鸭群）（陈国宏 摄）

克。屠宰测定：公鸭半净膛率为79.6%，全净膛率为72%，母鸭半净膛率为79.9%，全净膛率为72.3%。开产日龄100天左右，年产蛋214枚，蛋重为63.6克，壳色以白色居多，蛋形指数1.4，壳厚0.35毫米。公母配种比例1 ∶（20～25），种蛋受精率为93%左右。

4. 相关品系

湖北省农业科学院畜牧兽医研究所培育的荆江蛋鸭新品系及配套系商品蛋鸭，母鸭成年体重在1.45～1.5千克，适合老鸭淘汰市场的需要，蛋重在68～72克，适合蛋品加工企业的需要，120～130日龄开产，母鸭毛色麻羽为主，有少量白羽、黑羽及花羽，年产蛋300～320个，抗应激能力强，蛋壳青壳率在70%以上，非常受江汉平原地区蛋鸭养殖农户的欢迎，是湖北地区及周边省份湖南、江西、河南等地选择蛋鸭养殖的优良品种之一。

五、三穗鸭

1. 产地分布

主产于贵州东部三穗县。三穗鸭原产于贵州省东部的低山丘陵及河谷地带，以三穗县为中心，分布于镇远、岑巩、天柱、台江、剑河等县。属蛋用型麻鸭品种。三穗鸭具有成熟早、产蛋多，适应丘陵、河谷、盆地水稻产区放牧饲养的特点，且耐粗饲，饲料利用能力强。2002年中心产区存栏10万只。2012年三穗鸭存栏量达到460万只。三穗鸭是我国优良地方蛋系麻鸭品种之一，具有体形小，早熟、产蛋多，适应性和牧饲力强的特点，且肉质细嫩、味美鲜香。

2. 外貌特征

三穗鸭羽毛紧密，紧贴于体，头小、嘴短，眼着生高，虹彩褐色，颈细长，体长背宽，胸宽而突出，胸骨长，腹大而松软，绒羽发达，尾翘，体躯近似船形，行走时与地面约呈50°角。胫细长，胫、蹼为橙红色，爪为黑色，有绿色镜羽。三穗鸭公鸭以绿头公鸭居多，头稍粗大，嘴扁平，嘴呈黑色，颈至胸部羽毛为棕色，背部羽毛黑褐色，腹部羽毛浅褐色，颈部及尾腰部被有墨绿色发光的羽毛，前胸突出，背平而长。腰小尾翘，脚细长。胫、蹼为橙红色，爪为黑色。成年母鸭毛色以深麻色居多，其次浅麻、瓦灰色，少数为白麻、浅黄（图2-7）。

图2-7 三穗鸭（左为公鸭，右为母鸭）（陈国宏 摄）

3. 生产性能

成年公鸭体重（1481±223.88）克，母鸭（1497±197.32）克，母鸭120～140日龄开产，入舍母鸭平均产蛋量246枚，平均蛋重65.95克。种蛋受精率91.6%，受精蛋孵化率81.98%。屠宰测定：成年公鸭半净膛率为69.5%，母鸭半净膛率为73.9%；成年公鸭全净膛率为65.6%，母鸭全净膛率为58.7%。母鸭利用2～3年，公鸭只利用1年。

六、连城白鸭

1. 产地分布

主产福建连城县。连城白鸭是我国优良的地方鸭种，原称白鹜鸭，黑嘴鸭。被评为"唯一药用鸭""鸭中国粹"。据《连城县志》记载，在连城已繁衍栖息百年以上，具有独特的"白羽、乌嘴、黑脚"的外貌特征。生产性能，遗传性能稳定，是我国稀有的种质资源。清朝道光年间即为贡品，2000年列入国家级畜禽品种资源保护名录；被评为"福建省名牌农产品""无公害产品"称号和"中国国际农业博览会名牌产品"，2002年连城白鹜鸭被福建省消费者委员会评为"绿色消费推荐产品"。2013年评为国家地理标志保护产品。

连城白鸭主产于福建省连城县，连城也被命名为"中国连城白鸭之乡"并获得地理标志保护。连城县位于福建省的西部，海拔为1000米左右，属中亚热带农业气候区，气候温暖，雨量充沛，年平均气温20℃，无霜期275天，年平均降水量1710毫米。武夷山脉纵贯全县，境内峰峦绵延，丘陵起伏，溪涧纵横交错。水田、山塘、小河中各种水草和螺、蚌、小鱼虾繁生，为养鸭提供了丰富的天然动植物饲料。农作物以水稻为主，当地群众一向以稻谷作为鸭的主要补充饲料。

保持连城白鸭独有特征的原产地自然生长环境属于中亚热带、冬暖夏凉，农业气候区。年平均气温18.9℃左右。热量充足、雨量充沛、四季分明、季风明显，有清澈的水质来源、优质的山区生态环境，属于红壤土、紫色土、冲积土、水稻土、稀土、膨润土6种土壤类型。

2. 外貌特征

连城白鸭体形狭长，头小，颈细长，前胸浅，腹部不下垂，行动灵活，觅食力强，富于神经质，全身羽毛洁白紧密，公鸭有性羽2～4根。喙黑色。胫、蹼灰黑色或黑红色。因其全身白羽和黑色的脚丫及头部对比鲜明，故当地又称其为"黑丫头"。

3. 生产性能

连城白鸭初生重为40～44克；成年公鸭体重、体斜长、胸宽、胸深、胫长分别为1440克、20.8厘米、6.1厘米、6.4厘米、5.6厘米，成年母鸭分别为1320克、20.6厘米、5.4厘米、6.2厘米、

5.8厘米。

　　母鸭第一产蛋年为220～230个，第二产蛋年为250～280个，第三产蛋年为230个左右。蛋重平均为68克，蛋壳色以白色居多，少数青色，蛋形指数1.46，公母配种比例1：（20～25），种蛋受精率为90%以上。屠宰测定：全净膛率公鸭为70.3%，母鸭为71.7%。连城白鸭的羽色和外貌特征独特，是一个适应山区丘陵放牧饲养的小型蛋用鸭种。

　　连城白鸭不仅肉质鲜嫩，汤味尤其清醇，煨煮时除盐外不用添加任何作料，无腥味，不油腻，且富含人体必需的17种氨基酸和10种微量元素，其中谷氨酸含量高达28.71%，铁、锌含量比普通鸭高1.5倍，胆固醇含量特别低；连城白鸭的最独特之处是它的药用价值，无论食肉还是喝汤，都可达到清热解毒、滋阴补肾、祛痰开窍、宁心安神、开胃健脾的功效，当地民间一直沿用白鸭炖汤治疗小儿麻疹、肝炎、无名低热高烧和痢疾等病症。饲养时间越长，药效越好，长期食用，强身健体，祛病益寿，无论春夏秋冬，都是食补食疗的首选食品。正是由于连城白鸭集膳食与药理功能为一身的优秀品质非常符合现代人的消费需求，20世纪70年代连城白鸭被列入《中国家禽品种志》。2000年农业农村部130号公告，连城白鸭被列入国家级畜禽品种资源保护名录。

七、莆田黑鸭

1. 产地分布
主产于福建莆田市。

2. 外貌特征
　　适应海滩放牧，耐盐性强的小型蛋鸭品种，可与褐色瘤头鸭杂交生产优质半番鸭（骡鸭）。全身羽毛浅黑色，胫、蹼、爪黑色。公鸭有性羽，头颈部羽毛有光泽。莆田黑鸭在选育过程中出现纯白羽品系，成年母鸭体重在1600克左右，蛋壳颜色以白色为主，可以与白羽番鸭杂交生产优质半番鸭（图2-8）。

3. 生产性能

雏鸭初生重为40克，成年体重公鸭为1340克，母鸭为1630克。70日龄屠宰测定：半净膛率为81.9%，全净膛率为75.3%。120日龄左右开产，年产蛋270～290枚，蛋重为70克，蛋壳白色。公母配种比例1：（25～35），种蛋受精率为95%。

图2-8　莆田黑鸭（母）（李昂 摄）

八、台湾褐色菜鸭

1. 产地分布

是台湾的蛋鸭品种，按照产地不同又可分为宜兰种、大林种和屏东种。

2. 外貌特征

公母褐色菜鸭外貌存在一定差异。公鸭头颈部暗褐色，背部灰褐色，前胸呈葡萄栗色，腹部为灰色或褐色。尾部有性羽4根，喙黄绿色、黄色或灰黑色不一，脚橙黄色；母鸭全身淡褐色，头颈部羽毛不呈暗褐色，尾部无性羽，喙和脚部颜色与公鸭相似，蛋壳颜色多为淡青色至深青色（图2-9）。

3. 生产性能

母鸭初产期118天，52周龄可产蛋207枚，72周龄产蛋320枚，蛋均重约70克，料蛋比为3.2：1，成年母鸭体重1.3～1.5千克，成年公鸭平均体重1.5千克。5月龄即可配种，公母比例为1：（30～50），混群后自然交配。种蛋受精率为93%左右，受精蛋孵化率约为82%。

图2-9　台湾褐色菜鸭（左为公鸭，右为母鸭）（陈国宏 摄）

九、建昌鸭

1. 产地分布

主产四川凉山彝族自治州。

2. 外貌特征

属偏肉用型的鸭种。体躯宽阔，头大、颈粗。公鸭头颈上部羽毛墨绿色，有光泽，颈下部多有白色颈圈。尾羽黑色，2～4根性羽，腹部羽毛银灰色。母鸭浅褐麻雀色居多，有少量白羽和白胸黑羽，公鸭头、颈墨绿色。胫、蹼橘红色。

3. 生产性能

初生重为47.3克。成年平均体重公鸭为2410克，母鸭为2035克。6月龄屠宰测定：全净膛率公鸭为72.80%，母鸭为74.08%；半净膛率公鸭为78.95%，母鸭为81.41%。150～180日龄开产，500日龄产蛋144枚，蛋重为72.9克，壳色青色为主，占60%～70%。壳厚0.39毫米，蛋形指数1.37。公母配种比例1：（7～9），种蛋受精率为90%左右。

十、大余鸭

1. 产地分布

主要分布在江西省大余县，以腌制南安板鸭闻名，皮薄肉嫩，骨脆可嚼，腊味香浓，是出口的传统特产。

2. 外貌特征

公鸭头颈背部羽毛红褐色，少数头部有墨绿色羽毛，翼有墨绿色镜羽。母鸭全身褐色，翼有墨绿色镜羽。

3. 生产性能

初生重为42克，成年平均体重公鸭为2147克，母鸭为2108克。屠宰测定：半净膛率公鸭为84.1%，母鸭为84.5%，全净膛率公鸭为74.9%，母鸭为75.3%。205日龄开产，年平均产蛋121.5枚，平均蛋重70.1克，壳白色，厚度约0.52毫米。公母配种比例1：10，种蛋受精率约83%。

十一、山麻鸭

1. 产地分布

产于福建省龙岩市。又称龙岩麻鸭。

2. 外貌特征

小型蛋用型鸭种，开产早。头中等大，颈秀长，胸较浅，躯干呈长方形；公鸭头颈上部羽毛为孔雀绿，有光泽，有白颈圈。前胸羽毛赤棕色。尾羽、性羽为黑色。母鸭羽色有浅麻色、褐麻色、杂麻色三种。胫、蹼橙红色，爪黑色（图2-10）。

3. 生产性能

初生重为45克，成年体重公鸭为1.43千克，母鸭为1.55千克。屠宰测定：半净膛率为72%，全净膛率为70.30%。100日龄开产，年产蛋243枚，蛋重为54.5克，蛋形指数1.3。公母配种比例为1:25，种蛋受精率约75%。

图2-10 山麻鸭（左为公鸭，右为母鸭）（陈国宏 摄）

选育后的山麻鸭纯系年产蛋280～300枚，青壳蛋比例30%；选育后的山麻鸭青壳系年产蛋290～300枚，蛋壳颜色青壳率在92%以上。

十二、微山麻鸭

1. 产地分布

山东省南四湖地区，即南阳湖、独山湖、昭阳湖和微山湖。

2. 外貌特征

小型蛋用麻鸭。体形较小。颈细长，前胸较小，后躯丰满，体躯似船形。羽毛颜色有红麻和青麻两种。母鸭毛色以红麻为多，颈羽及背部羽毛颜色相同，喙豆青色最多，黑灰色次之。公鸭红麻色最多，头颈乌绿色，发蓝色光泽。胫、趾以橘红色为多，少数为橘黄色，爪黑色。

3. 生产性能

初生重为42.3克，成年体重公鸭为2千克，母鸭为1.9千克。屠宰测定：成年公鸭半净膛率为83.87%，全净膛率为70.97%，母鸭半净膛率为82.29%，全净膛率为69.14%。150 ～ 180日龄开产，年产蛋180 ～ 200枚，蛋重平均为80克。蛋壳颜色分青绿色和白色两种，以青绿色为多。蛋形指数1.3 ～ 1.41。公母配种比例1 ：（25 ～ 30），种蛋受精率可达95%。

十三、文登黑鸭

1. 产地分布

主要产于山东省文登区。

2. 外貌特征

全身羽毛以黑色为主，以"白嗉""白翅膀尖"的特征，头方圆形，颈细中等长，全身皮肤浅黄色。公鸭头颈羽毛青绿色，

尾部有3 ～ 4根性羽。蹼黑色或蜡黄色。有部分鸭羽毛呈烟色（图2-11）。

3. 生产性能

成年体重公鸭为1.9千克，母鸭为1.8千克。屠宰测定：公鸭半净膛率为77.02%，全净膛率为71.82%；母鸭

图2-11 文登黑鸭（左为公鸭，右为母鸭）（陈国宏 摄）

半净膛率为72.85%，全净膛率为66%。150日龄开产。年产蛋203 ～ 282枚。蛋重为80克，蛋壳颜色多为淡绿色，约占67%，还有淡棕色和白色，蛋形指数1.28 ～ 1.47。

十四、康贝尔鸭

1. 产地分布

由印度跑鸭与芦安公鸭杂交，其后代母鸭再与公野鸭杂交，

经多代培育而成，育成于英国。康贝尔鸭有3个变种：黑色康贝尔鸭、白色康贝尔鸭和咔叽·康贝尔鸭（即黄褐色康贝尔鸭）。我国引进的是咔叽·康贝尔鸭。

2. 外貌特征

体躯高大，深广而结实。头部秀美，面部丰润，喙中等大，眼大而明亮，颈细长而直，背宽广、平直、长度中等。胸部饱满，腹部发育良好而不下垂。两翼紧贴、两腿中等长、距离较宽。公鸭的头、颈、尾和翼肩部羽毛都是青铜色，其余羽毛为暗褐色，喙蓝色（优越者其颜色越深），胫和蹼为深橘红色。母鸭的羽毛为暗褐色，头颈是稍深的黄褐色，喙绿色或浅黑色，翼黄褐色，脚和蹼近似体躯的颜色。

3. 生产性能

年产蛋量260～300枚，蛋重70克，蛋壳白色。2月龄公鸭体重1820克，母鸭1580克，成年公鸭体重2400克，母鸭2300克；其肉质鲜美，有野鸭肉的香味。母鸭120～140日龄开产，公母鸭配种比例1：（15～20），种蛋受精率85%左右。公鸭利用年限1年，母鸭第一年较好，第二年生产性能明显下降。

第三节 肉蛋兼用型鸭品种

一、高邮鸭

1. 产地分布

又名高邮麻鸭，原产于江苏省高邮，是我国江淮地区良种，是全国三大名鸭之一，属蛋肉兼用型地方优良品种。高邮鸭善潜水、耐粗饲、适应性强、蛋头大、蛋质好。该品种以产双黄蛋而著称。2006年被农业农村部列入《国家级畜禽品种资源保护名录》。相继获得"国家地理标志产品"和"国家地理标志商标"。与绍兴鸭、金定鸭并称为中国三大蛋鸭品种。主产于江苏省高邮、宝应、兴化等县市，分布于江苏省北部京杭运河沿岸的里下河地区。

2. 外貌特征

高邮鸭母鸭全身羽毛褐色，有黑色细小斑点，如麻雀羽；主翼羽蓝黑色；喙豆黑色；虹彩深褐色；胫、蹼灰褐色，爪黑色。公鸭体形较大，背阔肩宽，胸深躯长呈长方形。头颈上半段羽毛为深孔雀绿色，背、腰、胸为褐色芦花毛，臀部黑色，腹部白色。

图2-12 高邮鸭（陈国宏 摄）

喙青绿色，趾、蹼均为橘红色，爪黑色（图2-12）。

3. 生产性能

110 ～ 140日龄开产，年产蛋160枚左右，高产群可达180枚。平均蛋重76克。成年体重公鸭2.3 ～ 2.4千克，母鸭2.6 ～ 2.7千克。放牧条件下70日龄体重达1.5千克左右，较好的饲养条件下70日龄体重可达1.8 ～ 2.0千克。

二、巢湖鸭（巢湖麻鸭）

1. 产地分布

肉蛋兼用鸭种。主要分布在安徽省巢湖周围地区，是著名的"无为熏鸭"的原料，也是加工南安板鸭的原料，放牧性能好，肉质优良。

2. 外貌特征

体形中等大小，公鸭头颈上部墨绿色有光泽，前胸和背腰褐色带黑色条斑，腹部白色。母鸭全身羽毛浅褐色带黑色细花纹，翅有蓝绿色镜羽。喙黄绿色、胫、蹼橘红色，爪黑色（图2-13）。

3. 生产性能

初生重为48.9克，成年体重公鸭为2.42千克，母鸭为2.13千克。屠宰测定：半净膛率为83%，全净膛率为72%以上。

105～144日龄开产，年产蛋160～180枚，平均蛋重为70克左右，蛋形指数1.42，壳色白色居多，青色少。公母配种比例1∶（25～30），种蛋受精率为92%左右。

三、沔阳麻鸭

1. 产地分布

主要分布于湖北省沔阳、荆州等地。目前处于保种状态。

2. 外貌特征

兼用型品种，体形长方形。公鸭头颈上半部和主翼羽为孔雀绿色，有金色光泽，颈下半部和背腰为棕褐色。母鸭全身为斑纹细小的条状麻色。喙青黄色，胫橘黄色，蹼乌爪黑（图2-14）。

图2-13 巢湖麻鸭（左为公鸭，右为母鸭）（陈国宏 摄）

图2-14 沔阳麻鸭（左为公鸭，右为母鸭）（陈国宏 摄）

3. 生产性能

雏鸭初生重48.58克，成年体重公鸭为1693克，母鸭为2088克。屠宰测定：半净膛率成年公鸭为80.74%，母鸭为80.33%，全净膛率公鸭为73.01%，母鸭为75.89%。115～120日龄开产，平均年产蛋162.97枚，蛋重为74～79.58克，壳色白色居多，蛋形指数1.41。公母配种比例1∶（20～25），种蛋受精率约92.65%。

四、临武鸭

1. 产地分布

主要分布于湖南省临武县及周边地区。

2. 外貌特征

兼用型鸭种。体形较大，躯干较长，后躯比前躯发达，呈圆筒状。公鸭头颈上部和下部以棕褐色居多，也有呈绿色者，颈中部有白色颈圈，腹部羽毛为棕褐色。也有灰白色和土黄色。性羽2～3根。母鸭全身麻黄色或土黄色。喙和脚多呈黄褐色或橘黄色。

3. 生产性能

初生重为42.67克，成年体重公鸭为2.5～3千克，母鸭为2～2.5千克。屠宰测定：半净膛率公鸭为85%，母鸭为87%，全净膛率公鸭为75%，母鸭为76%。160日龄开产，年产蛋180～220枚，平均蛋重为67.4克，壳乳白色居多，蛋形指数1.4。公母配种比例1:（20～25），种蛋受精率约83%。

五、中山麻鸭

1. 产地分布

主要分布在珠江三角洲一带。现在养殖数量较少。

2. 外貌特征

兼用型鸭种。公鸭头、喙稍大，体躯深长，头羽花绿色，

颈、背羽褐麻色，颈下有白色颈圈。胸羽浅褐色，腹羽灰麻色，镜羽翠绿色。母鸭全身羽毛以褐麻色为主，颈下有白色颈圈。喙灰黄色，胫、蹼橙黄色（2-15）。

图2-15 中山麻鸭（左为公鸭，右为母鸭）（陈国宏 摄）

3. 生产性能

在群鸭放牧情况下，初生平均体重48.4克，成年体重为1.7千克。屠宰测定：63日龄公鸭半净膛率为84.37%，全净膛率为75.7%，母鸭半净膛率为84.48%，全净膛率为75.37%。130～140日龄开产，年产蛋180～220枚，平均蛋重70克，蛋壳白色，蛋形指数1.5。公母配种比例1:（20～25），种蛋受精率93%。

六、靖西大麻鸭

1. 产地分布

主要分布在广西靖西、德保、那坡等县。

2. 外貌特征

体形硕大，躯干呈长方形，羽色分为深麻型（马鸭）、浅麻型（凤鸭）和黑白型（乌鸭）三种类型。头部羽色分别为乌绿色、细点黑白花，亮绿色，胫、蹼分别为橘红色或褐色、橘黄色、黑褐色（图2-16）。

3. 生产性能

初生重48克，成年体重公鸭为2.7千克，母鸭为2.5千克。屠宰测定：90日龄公鸭半净膛率为84.08%，全净膛率为72.77%，母鸭半净膛率为80.21%，全净膛率为72.16%。130～140日龄开产，平均年产蛋140～150枚，平均蛋重为86.7克。壳色青、白均有，蛋形指数1.4。公母配种比例1∶（10～20），种蛋受精率约95%。

图2-16 靖西大麻鸭（左为公鸭，右为母鸭）（陈国宏 摄）

七、广西小麻鸭

1. 产地分布

主产于广西西江沿岸。

2. 外貌特征

母鸭多为麻花羽，有黄褐麻花和黑麻花两种。公鸭羽色较深，呈棕红色或黑灰色，有的有白颈圈，头及副翼羽上有绿色的镜羽（图2-17）。

图2-17 广西小麻鸭群（陈国宏 摄）

3. 生产性能

成年体重公鸭为 1.41 ～ 1.8 千克，母鸭为 1.37 ～ 1.71 千克。屠宰测定：成年公鸭半净膛率为 80.42%，母鸭为 77.57%，全净膛率公鸭为 71.9%，母鸭为 69.04%。120 ～ 150 日龄开产，年产蛋 160 ～ 220 枚，蛋重为 65 克，蛋壳以白色居多，蛋形指数 1.5。公母配种比例 1：(15 ～ 20)，种蛋受精率为 80% ～ 90%。

八、四川麻鸭

1. 产地分布

主要分布在四川省和重庆市的部分地区。

2. 外貌特征

兼用型鸭种。体格较小，体质坚实紧凑。母鸭羽色以麻褐色居多，体躯、臀部的羽毛均以浅褐色为底，上具黑色斑点。颈下部有白色颈圈。公鸭毛色有"青头公鸭"和"沙头公鸭"两种。青头公鸭的头颈部有部分羽毛为翠绿色。腹部为白色羽毛，前胸为红棕色羽毛。

3. 生产性能

成年公鸭体重为 1.68 ～ 2.1 千克，母鸭为 1.86 ～ 2 千克。屠宰测定：6 月龄公鸭全净膛率为 70.6%，母鸭为 70.56%。母鸭无抱性，年产蛋 120 ～ 150 枚，蛋重约为 72 克，壳多为白色，少数为青色，蛋壳厚 0.4 毫米。公母配种比例 1 : 10，种蛋受精率为 90% 以上。蛋形指数 1.4。

九、建水麻鸭

1. 产地分布

主产于云南建水县及周边地区。

2. 外貌特征

公鸭胸深，体躯长方形，头颈上半段为深孔雀绿色，有的颈部有白环，体羽深褐色，腹羽灰白色，尾羽黑色，翼羽常见黑绿色。母鸭胸腹丰满，全身麻色带黄。喙黄色、胫、蹼橘红色或橘黄色，爪黑。皮肤白色（图2-18）。

图2-18　建水麻鸭（左为公鸭，右为母鸭）（陈国宏 摄）

3. 生产性能

成年体重公鸭为1.58千克，母鸭为1.55千克。30～40日龄仔鸭即可上市。屠宰测定：半净膛率成年公鸭为86.4%，母鸭为82.5%，全净膛率公鸭为78.4%，母鸭为72.9%。150日龄左右开产，年产蛋120～150枚，蛋重平均为72克。壳色有淡绿、绿、白色三种，蛋形指数1.44。公母配种比例1：12，种蛋受精率为70%～92%。

十、汉中麻鸭

1. 产地分布

主产于陕西汉江两岸。

2. 外貌特征

兼用型鸭种。体形较小，羽毛紧凑。毛色麻褐色居多，头清秀，喙呈橙黄色。喙、胫、蹼多为橘红色，少数为乌色，毛色麻褐色，体躯及背部土黄色并有黑褐色斑点。公鸭性羽2～3根，呈墨绿色光泽。

3. 生产性能

初生重为38.7克。300日龄体重公鸭为1172克，母鸭为1157克。成年体重公鸭为1.3千克，母鸭为1.4千克。屠宰测定：半净膛率公鸭为87.71%，母鸭为91.31%，全净膛率公鸭为78.17，母鸭为81.76%。160～180日龄开产，年产蛋220枚，平均蛋重为68克，蛋壳颜色以白色为主，还有青色，蛋形指数1.4。公母配种比例1：（8～10），种蛋受精率约72%。

十一、恩施麻鸭

1. 产地分布

湖北省鄂西南山区，主要分布在来凤县、利川市等地的山区。目前处于保种状态。

2. 外貌特征

适应海拔1200米以上的山区高原气候条件。前躯较浅，后躯宽广，羽毛紧凑，颈较短而粗，公鸭头颈绿黑色，颈有白颈圈，背部、腹部呈青褐色。脚趾黄色尾部有2～4根卷羽上翘。母鸭颈羽与背羽颜色相同，多为麻色。

3. 生产性能

成年体重公鸭1362克，母鸭为1615克。屠宰测定：半净膛率成年公鸭为85%，母鸭为84%，全净膛率公鸭为77%，母鸭为76%。180日龄开产，年产蛋183枚，平均蛋重为65克，蛋形指数1.38，壳多为白色。公母配种比例1∶20，种蛋受精率约81%。

十二、麻旺鸭

1. 产地分布

原产区位于重庆市酉阳土家族苗族自治县麻旺镇而得名，属于小型蛋鸭地方优良品种。

2. 外貌特征

麻旺鸭成年鸭体形小，体形紧凑，颈细长，头目清秀。公鸭头部和颈上部羽毛为墨绿色，有金属光泽，颈中部有白色羽圈，背部羽毛为褐色或黑色，尾羽为黑色，镜羽为墨绿色、褐色；母鸭以浅麻为主，少量深麻。胫、喙呈橘黄色，部分公鸭喙呈青色。爪黑色或黄色。雏鸭绒毛以黄色为主，头顶、背部、翅部和尾部毛根为褐色或浅褐色（图2-19）。

3. 生产性能

雏鸭出壳平均体重不少于35.0克，60日龄公母鸭体重分别不少于740克、800克，

图2-19 麻旺鸭（左为公鸭，右为母鸭）（陈国宏 摄）

成年公、母鸭体重分别不少于1100克、1350克；平均开产为110日龄；平均产蛋不少于240个，蛋壳颜色以玉白色为主，平均蛋重不少于65.3克。屠宰测定在100日龄时屠宰，屠宰率公鸭不少于85.0%、母鸭不少于84.0%，半净膛重公鸭不少于850.0克、母鸭不少于820.0克；公母配比为1∶（20～25），核心群种蛋受精率不少于91.0%，受精蛋孵化率不少于92.0%，雏鸭30日龄成活率不少于92.0%。

第四节　番鸭和半番鸭

一、番鸭

番鸭又叫瘤头鸭、洋鸭、麝鸭、腾鸭，法国称之为蛮鸭；苏联称之为麝香鸭，欧洲称之为火鸡鸭；与一般家鸭同种不同属，属鸭科，栖鸭属。

番鸭原产于中美洲、南美洲热带地区，福建省是全国饲养番鸭最早的省份，据史料记载，270年前，就从南美洲引入了番鸭，经过近300年风土驯化，已经成为优良的瘦肉型鸭地方品种。具有生长快、体重大、瘦肉率高、产肝性能好等特点，同时是半番鸭的最佳父本。目前在我国台湾、福建、广东、江西、广西、浙江、江苏等省份（自治区）均有饲养。

番鸭外貌与家鸭明显不同，在嘴的基部和眼圈周围有红色或黑色的肉瘤，雄者较宽。体形前尖后窄，呈长椭圆形，与地面呈水平状。头大，颈短，嘴甲短而狭，嘴、爪发达；胸部宽阔丰满，尾部瘦长，不似家鸭有肥大的臀部。胸、腿肌肉丰厚。翼羽矫健，长及尾部，尾羽长，向上微微翘起。并能低飞。腿短而粗壮，趾爪硬而尖锐；番鸭羽毛颜色为白色、黑色和黑白花色三种，少数呈银灰色。羽色不同，体形外貌亦有一些差别。白番鸭的羽毛为白色，嘴甲粉红色，头部肉瘤鲜红肥厚，呈链

图2-20 福建黑番鸭
（李昂 摄）

图2-21 福建白番鸭
（李昂 摄 ）

状排列，虹彩浅灰色，脚橙黄色。若头顶有一撮黑毛的，嘴甲、脚则带有黑点。

黑番鸭的羽毛为黑色，带有墨绿色光泽；仅主翼羽或副翼羽中，常有少数的白羽；肉瘤颜色黑里透红，且较单薄；嘴角色红，有黑斑；虹彩浅黄色，脚多黑色（图2-20、图2-21）。

黑白花番鸭的羽毛黑白不等。常见的有背部羽毛为黑色，颈下、翅羽和腹部带有数量不一的白色羽毛；还有全身黑色，间有白羽。嘴甲多为红色带有黑斑点，脚呈暗黄色。

母鸭180～210日龄开产，一般年产蛋80～120枚，高产可达150～160枚，蛋重70～80克。蛋壳玉白色，蛋形指数1.38～1.42。

初生雏鸭重40～42克。成年公鸭体重3500～4000克，母鸭2000～2500克。仔鸭3月龄公鸭重2700～3000克，母鸭重1800～2000克。公鸭全净膛率76.3%，母鸭77%；公鸭胸腿肌占全净膛屠体重的比率29.63%，母鸭29.74%。肌肉蛋白质含量达33%～34%，肉质细嫩，味道鲜美。10～12周龄的瘤头鸭经填饲2～3周，平均产肝可达300～353克，公鸭高于母鸭，料肝比（30～32）∶1。

二、克里莫番鸭

是著名的肉用型番鸭种，杂交后可作为肉肝兼用型。该鸭种为法国克里莫公司育成，在我国多个省市均有饲养。

体形与番鸭相似，公母体格差异较大。有三种羽色，分别

彩色图解科学养鸭技术

为白色的R51、灰色的R31和黑白的R11。都是杂交品种，体格强健，适应性强。

成年公鸭体重4.9～5.1千克，母鸭2.7～3.1千克，母鸭10周龄体重2.2～2.3千克，公鸭11周龄为4～4.2千克，料肉比为2.7：1。商品肉鸭半净膛率82%，全净膛率64%。28周龄开产，年均产蛋160枚左右，受精率为90%，受精蛋孵化率72%。

三、半番鸭

又称骡鸭，是用栖鸭属的公番鸭与河鸭属的母鸭杂交所产生的后代，俗称半番鸭或土番鸭。属于属间杂交，不能繁育后代。其特点是生长快、肉质好、瘦肉多、耐粗饲、饲料利用率高、抗病力强，60日龄体重可达3千克以上，是较为优秀的肉用型鸭。

半番鸭克服了纯番鸭公母体形悬殊、生长周期长的缺陷，表现出较强的杂交优势。具有耐粗易养、生命力强、生长快、体形大、肉质好、营养价值高、适合于填肥生产肥肝等特点。近年来，为适应不同市场需求，骡鸭在羽色选育上已形成了花羽、白羽为主的各类型品种。在国内外的市场上已逐步显示其优势，成为受到世界普遍重视的优质肉用型鸭。

以家鸭作母本，产蛋多，雏鸭成本低，杂交鸭公母生长速度差异不大，12周龄体重可达3.5～4千克。母本最好用北京鸭产蛋率高的品系，繁殖的骡鸭体形大，生长快，其他麻鸭品种也可用作母本。如福建省一般用北京公鸭和金定母鸭交配，生产出的母鸭体形大，产蛋多，再用公番鸭杂交，就可产出体形大的骡鸭了。一般都采用自然交配，每一小群（25～30只）母鸭，放6～8只公番鸭，公母配比1：4左右。大体形的半番鸭可用于鸭肥肝的生产，是优良的肉肝兼用型鸭种。

第三章

鸭的营养与饲料科学配制

鸭具有体温高、代谢旺盛、生长发育快、育肥速度快、产蛋率高等特点。为了维持正常的生命、生长和繁殖，需要不断从饲料中摄取能量、蛋白质、无机盐、维生素等营养物质。因此，了解鸭的营养需求生理特性和生活习性，科学配制日粮饲料，是饲养鸭的重要环节。

第一节　鸭的营养需要

鸭的营养需要包括能量、蛋白质、矿物质、维生素和水分等。

一、能量

能量是鸭生命活动和物质代谢所必需的营养物质。鸭的一切生理活动，包括呼吸、循环、消化、吸收、排泄、神经反射、体温调节、运动以及生产活动等都需要能量。能量主要来源于碳水化合物、脂肪和蛋白质。鸭的能量需求依据鸭的品种、生理发育阶段不同而有所差别，一般来说，肉鸭比同体重的蛋鸭基础代谢产热高，对能量需求更高；育成期公鸭的维持能量高于母鸭，产蛋母鸭的能量需求高于非产蛋母鸭；蛋鸭能量需要一般前期高于后期，后备期和种用期对能量需求也低于生长前期；肉鸭的能量需求水平一直维持在较高水平。一般来说，大型鸭比中小型鸭的基础代谢产热量高，用于维持需要的能量也多。此外，鸭对能量的需求也随饲养区域条件、气候和饲养方式等不同而增减。当低温条件下饲养时，鸭的能量消耗比适宜条件下增加20%～30%。

在鸭总的能量需要中，由碳水化合物提供的能量部分占70%～80%。碳水化合物包括淀粉、糖类和粗纤维，每克碳水化合物在鸭体内平均可转化为17.15千焦热能。一般情况下，雏鸭饲料中粗纤维水平不超过3%，青年鸭和产蛋鸭粗纤维水平不超过6%。除部分能量供给生理活动和生产需求外，大部分能量往往以糖原和脂肪的形式储存。脂肪也是重要的供能物质，每克脂肪可产生39.3千焦能量，日粮中添加1%～2%的油脂可满足其高能量的需求，同时也能够提高能量的利用率和抗热应激能力，还能够促进多种维生素的吸收和利用。此外，亚油酸是鸭生长发育不可或缺的营养成分。亚油酸不足时，雏鸭生长缓慢，易患脂肪肝和呼吸道等疾病，种鸭产蛋量下降，孵化率低。饲料中能量以代谢能水平（ME）表示，单位为兆焦/千克。肉鸭生长多分为育雏和育肥两个阶段。NRC（1994）推荐的北京肉鸭0～2周ME为2.86兆焦/千克，3～7周ME为3.01兆焦/千克；樱桃谷农场肉鸭推荐0～7周内ME为3.08兆焦/千克；半番鸭日粮能量水平不宜过高，0～7周ME为2.90兆焦/千克，有利于半番鸭生长性能和屠宰胴体性能的提高；在长期适宜的营养水平下，在获得最大增重时，天府肉鸭0～2周ME为3.05兆焦/千克，3～7周ME为3.03兆焦/千克。蛋鸭生长和生产过程一般分为育雏期、育成期和产蛋期。蛋鸭育雏期生长快，对营养要求较高。0～4周育雏期蛋鸭ME为2.89兆焦/千克；4～9周育成前期蛋鸭ME为2.73兆焦/千克；9～14周育成后期蛋鸭

ME为2.6兆焦/千克；产蛋期鸭的ME为2.73兆焦/千克。

二、蛋白质

蛋白质是构成生命体的基本物质，是机体最重要的营养物质，是细胞的重要组成成分，也是机体内各种酶、激素、抗体等的基本成分。蛋白质是构成肌肉、神经、皮肤、血液、器官、毛发、喙、角等结构的主要成分，是组织更新、修复的主要原料。在机体营养供给不足时，蛋白质分解供能，维持机体的正常代谢活动。因此，蛋白质在鸭的营养物质中占有特殊重要的地位，是其他营养成分不可替代的，必须通过摄取饲料获得。鸭采食后，饲料中的蛋白质经消化道中蛋白酶水解作用，分解为氨基酸被吸收利用。日粮中粗蛋白质含量过低，氨基酸供应不足，会影响鸭的生长速度，食欲减退，羽毛生长不良，体重不达标；反之，若饲料中粗蛋白质含量过高，利用不完全，增加了饲料成本，严重时导致新陈代谢紊乱，诱发痛风或蛋白质中毒等。

蛋白质由20多种氨基酸构成，可分为必需氨基酸和非必需氨基酸。鸭的必需氨基酸有11种：赖氨酸、蛋氨酸、色氨酸、苯丙氨酸、甘氨酸、亮氨酸、异亮氨酸、缬氨酸、精氨酸、组氨酸和苏氨酸等，这些氨基酸在鸭体内不能合成或少量合成，不能满足机体需要，必须由饲料供给。其中蛋氨酸、赖氨酸和色氨酸在饲料中含量较少，不足以满足鸭生长和生产需求，同时也限制了鸭对其他氨基酸的利用，影响了日粮的利用率，称为限制性氨基酸。生长期鸭对赖氨酸需求旺盛，生长速度越快，强度越高，需要的赖氨酸就越多，因此，赖氨酸被称为生长性氨基酸，也称为第一限制性氨基酸。在肉鸭日粮中占0.8%～1.2%，蛋鸭日粮中占0.9%。蛋氨酸在鸭体内参与多种生理活动，又称为生命性氨基酸，在肉鸭日粮中占0.3%～0.35%，在蛋鸭日粮中占0.3%。非必需氨基酸在体内可以合成，或者可以由其他氨基酸替代，一般不会缺乏。

在保证蛋白质供应的同时，还应注意蛋白质的品质。蛋白质的品质主要由氨基酸的种类和含量决定，如果蛋白质中氨基酸种类齐全，比例与鸭的需求相似，其营养价值就高。鸭对蛋白质、氨基酸的需求受饲养水平、生产力水平、遗传特点、饲养因素等综合影响。提高饲料蛋白质营养价值，可采取多种措施。

（1）配制蛋白质水平适宜的日粮　根据鸭不同生长发育阶段对蛋白质的需求，调整蛋白质水平，避免过高或过低的情况出现。

（2）添加限制性氨基酸　通过添加赖氨酸、蛋氨酸等，提高饲料蛋白质品质。

（3）调节日粮　能量与蛋白质比例维持在适宜水平，比值过高或过低，都会影响饲料和蛋白质的利用率。

（4）消除饲料中抗营养因子的影响　通过加热等方法，降低饲料中影响蛋白酶作用和蛋白质分解的一些因子。

（5）使用添加剂　在饲料中添加一些活性物质如蛋白酶制剂、促生长因子和维生素等，能够改善饲料蛋白质品质，提高其利用率。

三、矿物质

矿物质在动物机体生命活动中具有重要的作用。在鸭体内具有营养生理功能的必需矿物元素达20余种。按照各种矿物质在鸭体内的含量不同，常分为常量元素和微量元素。占鸭体重0.01%以上的矿物元素称为常量元素，包括钙、磷、氯、钠、钾、硫、镁等；占鸭体重0.01%以下的称为微量元素，包括铁、锌、钴、铜、锰、硒、碘等。饲料中矿物元素含量过高或过低都可能导致不良后果。

1. 钙和磷

钙、磷是鸭体中最重要、含量最多的矿物元素，是构成骨骼的主要成分。99%的钙存在于骨骼中，少量存在于血液、淋巴液和其他组织中；骨骼中磷约占鸭体内磷的80%，其余的磷分布于各组织器官和体液中。正常骨骼灰分中含钙约36%，含磷约17%，正常骨骼中钙磷比例约为2：1。雏鸭、青年鸭日粮中钙磷比例以2：1为宜，产蛋鸭日粮中钙、磷比例以6：1为宜。钙是构成骨骼和蛋壳的主要成分，对维持神经兴奋性和肌肉组织的正常生理功能有重要作用，促进血液凝固，是多种酶活性的辅助因子。此外，钙还具有自身营养调节作用。磷不仅参与骨骼的形成，也是血液的重要组成成分，参与碳水化合物和脂肪的代谢过程，促进脂类和脂溶性维生素等营养成分的吸收，维持细胞膜的功能和机体酸碱平衡等。

不同生长发育时期的鸭对钙的需要量有所差异，雏鸭和青年鸭为日粮的0.9%，产蛋鸭为日龄的3%～3.75%；蛋黄中卵磷脂含量较高，因此，产蛋期鸭对磷的需要量也高一些，为日粮的0.5%，雏鸭为0.46%，青年鸭为0.35%。过多或过少，对鸭的健康、生长、产蛋等都有不良影响。鸭对钙、磷的需求量不仅在饲料中添加，还应注意其吸收情况。钙、磷吸收与维生素D密切相关，维生素D具有促进钙、磷吸收的作用。当维生素D缺乏时，虽然饲料中钙、磷比例和含量适当，但可能仍会出现雏鸭软骨症、蛋鸭软壳蛋增多等现象。

当钙、磷缺乏时，雏鸭和产蛋鸭均会出现明显的症状。雏鸭出现软骨症，生长迟缓，喙变软，关节肿大，骨端粗大，腿骨弯曲，行走困难，严重者瘫痪，胸骨呈"S"形弯曲，胸骨下端呈球状膨大；产蛋鸭采食量下降，饲料利用率较低，生长缓慢，常出现异食癖和佝偻病，骨质疏松，易骨折，蛋壳变薄，软壳蛋、畸形蛋增多，产蛋率和孵化率下降。当日粮中钙、磷含量过高时，会影响其他营养和微量元素的吸收，不利于鸭的健康生长。当钙含量较高时，饲料适口性差，影响采食，过多的钙与日粮中脂肪结合形成不溶性的脂肪酸钙，抑制磷、铁、锰、锌等元素的吸收，甚至导致蛋鸭肾脏功能障碍，出现花斑肾，内脏痛风、输尿管结石等症状。日粮中磷含量过高时，会引起骨的重吸收，降低钙、镁的利用率，容易出现骨折、跛行和腹泻等，肋骨软化导致呼吸困难，严重时窒息死亡。

在生产中，常在饲料中添加骨粉、贝壳粉、石灰石粉、羽毛粉、磷酸氢钙等多种动物性或矿石粉末，作为补充钙、磷的主要成分。

2. 氯、钠和钾

主要分布在鸭的体液和软骨组织中，主要作用是维持机体内环境的渗透压、酸碱平衡和水的代谢，维持神经和肌肉兴奋，提高饲料适口性，增进食欲等。由于鸭没有储存钠的能力，极容易缺乏钠。发生食盐缺乏时，鸭食欲减退，采食量下降，生长缓慢，体重减轻，产蛋量下降，且易出现啄羽、啄肛等异食癖。一般植物性饲料中缺乏氯化钠，常添加食盐补充。在鸭日粮中，食盐添加量一般为0.25%～0.5%。如果添加量过高，轻者引起腹泻，甚至导致食盐中毒。鸭对钾的需要量一般占饲料干重的0.2%～0.3%，植物性饲料中富含钾，可满足鸭的需要，一般不需要额外添加。

3. 镁和硫

镁也是鸭体内含量高、分布广的一种矿物元素。其中约70%在骨骼中，其余主要分布在体液、软组织和蛋壳中。镁参与骨骼、蛋壳的形成和蛋白质的代谢过程，在维持神经、肌肉兴奋性中具有重要作用。雏鸭发生缺镁时，生长缓慢（严重时生长停滞），嗜睡，严重时发生缺镁痉挛症，导致死亡；产蛋鸭缺镁时，产蛋量下降。高镁饲料不利于鸭的生产，可引起鸭腹泻，采食量下降，骨化作用受到阻碍，运动失调等。一般日粮中含镁500～600毫克/千克能够满足各生长发育阶段鸭的生长、生产和繁殖的需要。植物性饲料中镁含量丰富，一般不需要单独添加。

硫对蛋白质的合成、碳水化合物的代谢和一些激素、羽毛的形成均具有重要作用。鸭体内硫主要以蛋氨酸、胱氨酸和半胱氨酸等含硫氨基酸形式存在，广泛分布在肌肉组织、骨骼、皮肤和羽毛中。当日粮中动物性蛋白质供应丰富时，一般不会缺硫，当日粮中蛋氨酸和半胱氨酸缺乏时，会发生硫缺乏，需要额外补充。鸭缺硫易发生啄癖，食欲减退，掉毛，产蛋量下降，甚至体质虚弱而引起死亡。通过添加蛋氨酸、硫酸盐等的形式补充。

4. 铁、铜、钴

这三种矿物元素都参与机体的造血功能。铁是组成血红蛋白、肌红蛋白、细胞色素氧化酶等的重要成分，是血液中运输氧气的载体。铜参与血红蛋白的合成及酶的合成和激活，还参与骨骼的形成，影响铁的吸收代谢。日粮中缺铁时，可引起鸭缺铁性贫血，生长迟缓，羽毛无光泽。饲料中铁含量丰富，同时机体可以高效地利用体内的铁，因此鸭一般不易缺铁。铜缺乏时，除引起贫血以外，还会影响骨骼发育，引起骨质疏松，尤其是羽色较深的品种，羽色变淡，产蛋率和孵化率降低。鸭日粮中铁需要量一般为40～80毫克/千克，铜的需要量为6～10毫克/千克。缺乏时通常用硫酸亚铁、氯化铁和硫酸铜等补充。铜过量时鸭出现生长受阻，食欲减退，贫血，羽毛和肌肉生长发育不良，产蛋率和孵化率下降等症状。

钴是维生素B_{12}的重要组成成分，参与机体的造血功能，并具有一定的促生长作用。钴缺乏时，鸭表现为生长缓慢，贫血，骨骼短粗，关节肿大。鸭日粮中钴含量不低，一般不会发生钴缺乏现象。

5. 锰

锰参与体内蛋白质、脂类和碳水化合物代谢，与钙、磷代谢，骨骼生长发育，造血，免疫和繁殖等相关。主要存在于鸭的血液、肝脏中。雏鸭缺锰时，骨骼发育不良、短粗，关节肿大，生长受阻，胫骨远端与跗骨近端结合处发生扭转，导致跟腱从踝处滑出，称为"滑腱症"，造成跛行。蛋鸭除上述症状外，还出现蛋壳薄脆，种蛋受精率和孵化率低，胚胎畸形，毛短而硬或无毛，出壳前1～2天死亡。鸭日粮中锰的需要量为

40～100毫克/千克。一般植物性饲料中都含有锰，不易发生锰缺乏症。日粮中钙、磷过量时，会影响锰的吸收，加重锰缺乏症。常添加硫酸锰、碳酸锰和氧化锰等进行补充。

6. 锌

锌是体内近300种酶的组成成分或辅助因子，通过调节和控制酶的结构和功能，参与体内三大营养物质代谢和核糖核酸、脱氧核糖核酸的生物合成过程。与羽毛生长、骨骼发育、皮肤健康和繁殖性能等相关。雏鸭缺锌时，食欲减退，生长缓慢，羽毛凌乱卷曲，皮屑增多；青年鸭缺锌出现严重皮炎，骨骼发育不良，跗骨短粗，表面呈鳞片状角质化；产蛋鸭缺锌时卵巢、输卵管发育不良，产软壳蛋增多，产蛋率和孵化率降低。鸭日粮中锌需要量为50～100毫克/千克，酵母、糠麸、豆饼等含锌丰富，动物性饲料肉骨粉、鱼粉等也是优良的含锌较高的添加剂，日粮中钙含量较高时需适当提高锌的含量。当锌含量过高时，鸭精神沉郁，羽毛蓬乱，肝脏、肾脏、脾脏肿大，肌胃角质层易碎甚至糜烂，生长受阻，卵巢、输卵管萎缩，产蛋率下降，饲料报酬降低。

7. 硒

硒是谷胱甘肽过氧化物酶的组成成分，以硒半胱氨酸形式存在，防止线粒体的过氧化，保护细胞膜。该酶与维生素E都具有抗氧化作用，两者在体内协同作用。在一定条件下，维生素E可代替部分谷胱甘肽过氧化物酶的作用，而谷胱甘肽过氧化物酶不能替代维生素E。硒能够降低鸭对维生素E的需要量，有助于清除体内过氧化物，保护细胞脂质膜完整性，维持胰腺正常生理功能。日粮中硒缺乏时，鸭精神沉郁，食欲减退，生长缓慢，出现渗出性素质，腹下皮肤呈蓝绿色，腹腔积液，心肌损伤，肌肉营养不良，严重时发生白肌病，肌胃变性、坏死、钙化，产蛋率和孵化率降低，胚胎早期死亡较多，机体免疫功能下降。过量时会引起中毒。鸭对硒的需要量极微量，但由于我国大部分地区缺硒，饲料中硒的含量和利用率低，因此，常在日粮中添加0.1～0.15毫克/千克亚硒酸钠等补充。

8. 碘

碘是构成甲状腺素的重要成分。通过甲状腺素的功能活动对鸭机体物质代谢发挥调节作用，能够提高基础代谢率，增加组织细胞耗氧量，促进生长发育，维持正常繁殖功能。缺碘时，甲状腺素合成不足，基础代谢率降低，生长受阻，对低温适应能力差。鸭产蛋量下降，体内脂肪沉积过多，影响种蛋孵化。缺碘还会影响骨骼发育，皮肤和羽毛的生长受阻。谷物类饲料中含碘量极低，不能满足鸭的需要，尤其在一些缺碘地区，更应该在日粮饲料中添加碘化钾、碘化钙等碘制剂。

四、维生素

维生素是一类具有高度生物活性的小分子有机化合物，是维持鸭生长发育和体内正常代谢活动所必需的一类微量物质，可调节机体代谢和碳水化合物、脂类和蛋白质的代谢。与其他营养物质不同，维生素既不能提供能量，也不作为机体的结构物质。虽然动物对维生素需要量甚微，但生理作用极大。多数维生素以辅酶或催化剂的形式参与代谢过程中的生化反应，维持细胞结构和功能的正常。动物机体合成的维生素无法满足需求，当日粮中维生素缺乏或吸收不良时，常发生维生素缺乏症，引起鸭机体内的物质代谢紊乱，严重者甚至死亡。根据维生素的溶解性可分为两大类，即脂溶性维生素和水溶性维生素。脂溶性维生素包括维生素A、维生素D、维生素E和维生素K等，可在体内蓄积，短时间内饲料中缺乏，不会影响鸭的生长发育和生产性能；水溶性维生素主要包括维生素C和B族维生素，不能在体内储存，需要一直由饲料提供，一旦缺乏，很快就发生特定的维生素缺乏症。

1. 维生素A

又称干眼病维生素，包括视黄醇、视黄醛和视黄酸，在空气中和光线下容易氧化分解。维生素A可以维持正常的视觉功能，保护组织各处上皮组织的完整性，维持皮肤和黏膜正常，促进机体和骨骼发育。维生素A仅存在于动物体内，植物性饲料中含有胡萝卜素，经过肝脏和肠壁内胡萝卜素酶的作用可不同程度地转变为维生素A。维生素A不足时，鸭的眼、呼吸道、消化道、泌尿道和生殖器官等上皮组织干燥、过度角化、皲裂，易受病原感染，造成生殖器官上皮组织角质化，产蛋率、受精率和孵化率下降。当鸭缺乏维生素A时，引起生长发育受阻，鸭夜间视力水平下降，甚至失明，抗病能力下降，易发生各种疾病。鸭日粮中维生素A的需要量为1000～5000国际单位/千克，过量会引起中毒。饲料中维生素A的来源主要包括鱼肝油、肝粉、骨粉、青绿饲料和胡萝卜等。

2. 维生素D

是一类固醇类衍生物，在鸭体内发挥功能的主要是维生素D_2和维生素D_3，其中维生素D_3的效能是维生素D_2的20～30倍。维生素D_2是植物中的麦角固醇经阳光中的紫外线照射形成的，维生素D_3是皮肤中的7-脱氢胆固醇经阳光中紫外线照射产生的。维生素D参与机体钙、磷的吸收和代谢。调节机体内钙、磷代谢，增强肠壁对钙、磷的吸收能力，促进软骨骨化和骨骼发育，还能促进蛋白质合成，提高机体免疫力。维生素D缺乏会导致机体钙、磷代谢障碍，发生佝偻病、骨软化病，关节变形，肋骨弯曲。蛋鸭软壳蛋、薄壳蛋增多。集约化大群饲养时，容易发生该病。鸭对维生素D的需要量与日粮中钙、磷水平和比例相关，钙、磷比例合适，对维生素D的需要量就少。鸭日粮中常添加鱼肝油补充维生素D，1国际单位维生素D_3相当于0.025微克。

3. 维生素E

又称生育酚，有α、β、γ、δ四种结构，在体内具有催化和抗氧化功能，可促进性腺发育和维持正常的生殖功能；防止易氧化物质（如维生素A等）在饲料中、消化道等环境中氧化，保护细胞生物膜完整性；参与肌肉和神经的代谢并维持其系统功能；增强机体的免疫能力和抗应激能力。维生素E缺乏时，雏鸭发生脑软化症，行走不稳，死亡率高，皮下渗出性素质，肌肉营养不良，颜色苍白，种鸭繁殖功能紊乱，产蛋率和受精率下降，胚胎死亡率提高。

维生素E与硒存在协同作用，能够减轻缺硒引起的缺乏症。维生素E的抗氧化作用，可保护维生素A，但两者之间吸收存在竞争关系，因此，当维生素A的量增加时，应加大维生素E的供给量。维生素E主要存在于植物性饲料中，以谷物胚芽中含量最高，新鲜的青绿饲料和植物油脂也是维生素E的重要来源。

4. 维生素K

是萘醌的衍生物，有维生素K_1、维生素K_2和维生素K_3三种结构形式，其中维生素K_1和维生素K_2是天然形式的，维生素K_3是人工合成的，可部分溶于水。维生素K与凝血系统的功能相关，主要作用是催化肝脏中凝血酶原与凝血活素的合成，凝血活素促进凝血酶原转变为凝血酶，是维持正常凝血必需的成分。当日粮中维生素K缺乏时，雏鸭皮下组织和胃肠道易出血而呈紫色血斑，种蛋孵化率和健雏率都较低。维生素K主要存在于青绿饲料中。维生素K的需求量为0.4毫克/千克，即可满足正常的凝血要求。当饲料出现霉变、长期使用抗生素尤其是磺胺类药物和发生一些疾病时，可将维生素K的添加量提高3～4倍。

5. 维生素C

又称抗坏血酸，参与细胞间质的形成，参与叶酸转变为四氢叶酸的过程，参与酪氨酸代谢、肾上腺皮质激素合成，促进铁的吸收、解毒，减轻一些维生素缺乏症。此外，维生素C具有抗氧化作用，保护机体内其他化合物免受氧化，提高机体的免疫力和抗应激能力。当机体缺乏维生素C时，发生坏血症，毛细血管通透性增大，黏膜出血，贫血，生长停滞，代谢紊乱，抗感染与抗应激能力下降，有时还会影响蛋壳质量。

鸭对维生素C的需要量受生理特点、饲养方式、生产水平、应激条件、饲料加工、运输、储存、健康情况等多方面影响。鸭机体内维生素C可由葡萄糖转变而来，因此，一般不会发生维生素C缺乏症。但在快速生长期、生产水平高、高温、换料期、转群、选种、免疫、疾病及其他应激因素条件下，需要人工额外补充。

6. 维生素B_1

又称硫胺素，是许多细胞酶的辅酶，参与糖类代谢，促进胃肠道蠕动和腺体分泌，保护胃肠道功能。维生素B_1缺乏时，丙酮酸不能被氧化，导致神经组织中丙酮酸和乳酸积聚，能量供应不足，影响神经组织、心肌的代谢和正常功能。鸭食欲减退，消化不良，体重减轻，出现多发性神经炎、肌肉麻痹，关节不能弯曲，头颈扭转，痉挛等症状。维生素B_1主要存在于谷物类饲料的种皮和胚芽中，尤其以糠麸、豆粕和酵母中含量较高。鸭日粮中维生素B_1的需要量为$1 \sim 2$毫克/千克，通常以添加剂的形式补充。一些水产动物的内脏中含有大量的硫胺素酶，会破坏维生素B_1。

7. 维生素B_2

又称核黄素，主要参与能量代谢、蛋白质代谢和脂肪酸的合成和分解等过程。鸭缺乏维生素B_2时会引起代谢紊乱，出现多种症状，表现为跗关节着地，趾向内弯曲呈拳头状，鸭生长缓慢，腹泻，翅下垂，产蛋率下降，种蛋孵化率极低。维生素B_2主要存在于青绿饲料、草粉、豆粕、糠麸和酵母中，动物性饲料中含量也较高，但谷实类、块根类和块茎类含量极少。鸭日粮中维生素B_2的需要量为$2 \sim 4$毫克/千克，高能量和高蛋白质日粮、过高和低温环境以及抗生素的使用，均需提高维生素B_2的添加量。维生素B_2在碱性环境下易被光和热破坏，机体不能储存，需要由饲料中及时补充。

8. 维生素B_3

又称泛酸，是乙酰辅酶A的重要组成成分，同时也是乙酰化酶的辅酶，参与糖类、脂类和蛋白质等三大营养物质代谢。

缺乏时，鸭机体代谢紊乱，表现为皮炎，羽毛粗乱，生长缓慢，胫骨短粗，喙、眼周边、肛门、趾间皮肤开裂出血，形成痂皮。种蛋孵化率下降，胚胎死亡率升高。泛酸广泛存在于动植物性饲料中，来源较多，一般不易发生缺乏症。鸭日粮中泛酸的需要量为10～30毫克/千克，多为商品化的泛酸钙。泛酸与维生素B_{12}的利用有关，当维生素B_{12}缺乏时，泛酸的需要量增加。

9. 维生素B_4

又称胆碱，是卵磷脂的组成成分，参与脂肪代谢，促进脂肪的吸收、转化，防止脂肪在肝脏沉积引起脂肪肝。胆碱缺乏时，鸭脂肪代谢障碍，表现为脂肪肝，胫骨短粗，关节变形出现滑腱症，生长迟缓，产蛋率下降，死亡率增加。鱼粉、豆粕等饲料中均含有较多胆碱。与其他水溶性维生素不同，机体可以合成胆碱，并作为组织的结构成分而发挥作用，鸭对胆碱的需求量较大，体内合成通常不能满足，必须在日粮中添加，需要量为500～2000毫克/千克。由于胆碱碱性较强，不宜与其他维生素混合，需单独添加。

10. 维生素B_5

又称烟酸或尼克酸，在体内转变为烟酰胺，在能量利用、糖类、脂肪和蛋白质代谢过程中发挥重要作用，还能够保护皮肤黏膜，维持正常的生理功能。缺乏烟酸时，雏鸭食欲减退，生长缓慢，羽毛粗乱，皮肤和脚部有鳞状皮炎，跗关节肿大，与骨端粗、滑腱症相似；成年鸭发生"黑舌病"，羽毛脱落，产蛋量和孵化率下降。烟酸在青绿饲料、花生饼、糠麸和动物性蛋白质饲料中含量丰富，谷实类饲料中烟酸多呈结合状态，利用率低。鸭日粮中烟酸需要量为10～70毫克/千克。

11. 维生素B_6

又称吡哆醇，是吡哆醇、吡哆醛和吡哆胺三种化合物的统称。参与蛋白质、脂肪和糖类的代谢反应，是代谢过程中100多种酶的辅酶。维生素B_6缺乏时，鸭食欲减退，增重缓慢，皮下水肿、脱毛，中枢神经紊乱，兴奋性增强，痉挛，拍打翅膀或

彩色图解科学养鸭技术

翅下垂，直至衰竭而亡。产蛋率和孵化率下降。动植物性饲料中含有较多的维生素B_6，尤其是糠麸和胚芽，在机体内主要储存在肌肉组织中。鸭一般不会发生维生素B_6缺乏，当饲料中蛋白质水平较高时，需要增加维生素B_6的添加量。鸭日粮中维生素B_6的需要量为2～5毫克/千克。加热处理和长期储存条件下，饲料中维生素B_6的利用率下降。

12. 维生素B_7

又称生物素和维生素H，是许多羧化酶的辅酶，广泛参与糖类、脂肪和蛋白质的代谢，是二氧化碳的载体。对肝、肾脂肪综合征具有一定的预防效果。鸭缺乏生物素时，生长缓慢，羽毛干燥，胫骨短粗，常伴发滑腱症，脚垫、喙边缘及眼角周围开裂变形发炎，产蛋率和孵化率下降，胚胎骨骼畸形，呈鹦鹉嘴。生物素在动植物性蛋白质饲料和青绿饲料中广泛存在，鸭很少发生生物素缺乏症，但饲料霉变、脂肪酸败和抗生素使用等因素条件下，影响生物素的吸收和利用，需要适当补充生物素。

13. 维生素B_{11}

维生素B_{11}在绿色植物的叶片中含量十分丰富，又称叶酸。与蛋白质、核酸的合成和代谢相关，促进红细胞和血红蛋白的形成。叶酸缺乏时，鸭生长受阻，羽色变淡，滑腱症，巨红细胞性贫血，白细胞减少，产蛋率和孵化率下降，胚胎死亡率升高。鸭一般不会发生叶酸缺乏症，长期饲喂磺胺类药物或广谱抗生素会影响叶酸吸收而发病。

14. 维生素B_{12}

又称钴胺素，与叶酸协同参与核酸蛋白的合成，促进红细胞的发育和成熟，维持神经系统的完整性。维生素B_{12}能够提高叶酸的利用率，促进胆碱的合成。维生素B_{12}缺乏时，鸭生长停滞，羽毛粗乱，贫血，肌胃糜烂，饲料转化率低，骨骼短粗，种蛋孵化率降低，弱雏增多。维生素B_{12}主要存在于肉骨粉、鱼粉和肝粉等动物性饲料中，植物性饲料中基本不含维生素B_{12}。

维生素B_{12}在动植物体内均不能合成，只能由微生物合成，动物肝脏是储存维生素B_{12}的重要器官。鸭日粮中添加充足的动物性饲料，就不会发生维生素B_{12}缺乏症，但也可以作为促生长因子添加到饲料中。

需要说明的是，当前我国和美国NRC提出的维生素需要量是防止出现临床缺乏症的最低需要量，按照此添加量鸭不会表现出缺乏症，但无法达到最佳的生产性能。为了满足鸭的遗传潜力，表现出最佳生产性能所需的量为适宜需要量。同时，综合考虑储存损耗、个体差异和吸收利用率等因素，实际生产中维生素添加量要高于适宜需要量，在此基础上增加约10%。此外，环境温度过高、笼养、储存不当和应激等条件下，也应在此基础上增加10%～40%。

五、水分

水分是构成鸭机体的主要组成成分，是鸭体内含量最高的营养素，是生命活动中不可或缺的成分，分布在各组织和体液中。雏鸭和成鸭的含水率分别为70%和60%，鸭蛋中含水率为70%左右。体内消化、吸收、调节渗透压、体温调节、物质转运、代谢产物排泄等各种生理活动都离不开水。鸭属于一种水禽，饲养过程中应提供充分的饮水，鸭的饮水量一般高于最大需求量的20%。高温天气时应提供正常饮水量的1.5倍。如果饮水不足，会影响饲料的消化吸收，代谢产物排泄障碍，导致血液稠度升高，体温上升，生长和生产均会受到影响。缺水比缺料对鸭的生命威胁更为严重。当机体损失1%～2%水分时，鸭食欲减退，损失10%水分时，机体代谢功能紊乱，当损失20%水分时，鸭群死亡情况严重。高温季节缺水比低温季节缺水更为严重。因此，要提供充足的清洁水源，保证鸭的正常饮水。

鸭体内水主要来源于饮水、饲料含水和代谢水，其中饮水是鸭获得水的主要来源，占机体需要的80%以上。除饲养时需提供充足的饮水外，同时要注意水质卫生、避免有毒、重金属离子、病原微生物等以及其他有害物质的污染。鸭获得水的同时，还需要将一定量的水分排出体外，维持内环境的水平衡。鸭排泄物中水分含量可高达90%。

鸭对水的需要量受多种因素的影响，如环境温度、日龄、体重、湿度、采食量、饲养方式等。一般情况下，环境温度越高，饲料中干物质含量较多，粗放型饲养方式等，鸭的需水量也就越多。饲料中青绿饲料较多时，鸭饮水减少。产蛋期鸭的需水量较多。使用颗粒料饲喂，减少粉料使用，安装乳头饮水器，减少壶形饮水器的使用，在生产中可以节约一定量的饮用水资源。

第二节　鸭的饲料

饲料通常可分为能量饲料、蛋白质饲料、青绿饲料、矿物质饲料、维生素饲料和饲料添加剂等。不同饲料之间差异很大。了解各种饲料的营养特点和影响其品质的因素，有利于合理配制日粮，对提高饲料的营养价值和利用率具有重要意义。

一、能量饲料

能量饲料是指富含糖类和脂肪，干物质中粗纤维含量低于18%，粗蛋白质含量低于20%的饲料。能量饲料占鸭日粮中比重最大，是能量的主要来源，主要包括谷实类及其加工副产品等。

1. 玉米

玉米是配合饲料中最主要的能量饲料，可利用能值高，玉米代谢能为13.0～14.5兆焦/千克，在所有谷实类饲料中最高，号称饲料之王。玉米中蛋白质含量较低，仅为7%～9%，品质差，缺乏赖氨酸和色氨酸；无氮浸出物含量高，高达74%～80%，主要是易消化的淀粉，消化利用率达90%；粗纤维含量少，约为2%；玉米中钙含量仅为0.02%左右，磷含量为

0.2% ～ 0.3%，且多为植酸磷；脂肪含量高于其他禾本科谷实饲料，粗脂肪含量为小麦、大麦的2倍（为3.5% ～ 4%），主要为不饱和脂肪酸。

黄玉米中胡萝卜素较为丰富，维生素B_1和维生素E也较多，而维生素D、维生素B_2、泛酸、叶酸等含量较低。每千克黄玉米中约含1毫克的胡萝卜素和22毫克的叶黄素，对保持蛋黄、皮肤和脚部等的黄色具有重要作用。

玉米是鸭配合日粮中最主要的原料，占50% ～ 70%。由于玉米中缺乏赖氨酸、色氨酸和蛋氨酸等必需氨基酸，因此，当日粮中玉米比例较高时，应适当补充必需氨基酸以维持日粮中氨基酸平衡。玉米储存时要保持颗粒完整性，含水率控制在14%以下，玉米粉碎后极易吸水结块、发热和霉变。含水率高于14%的玉米需继续烘晒后方能入库储存，饲料要现配现用，玉米粉碎后要及时配制饲料使用，可适当添加防霉剂延长饲料的保质期。

2. 高粱

高粱代谢能为12 ～ 13.7兆焦/千克，去皮高粱的糖类和蛋白质含量与玉米相似。种皮中含有较多的鞣酸，适口性差，可降低日粮能量和蛋白质等营养成分的吸收利用。使用高粱作为饲料时，应注意添加蛋氨酸、赖氨酸等；高粱中钙多、磷少，B族维生素与玉米相似，烟酸含量高但利用率较低。高粱中胡萝卜素的含量较少，饲喂过多时会导致皮肤颜色变淡，应注意补充适量的维生素A。高粱作为能量饲料一般与玉米搭配使用，用量一般不超过15%。

3. 小麦

是仅次于玉米的高能量饲料，代谢能约为玉米的90%，粗蛋白质含量高，为12% ～ 15%；B族维生素丰富，但缺乏胡萝卜素和叶黄素等；粗纤维少，适口性好，易消化吸收，苏氨酸、赖氨酸缺乏，钙、磷比例不当，使用时必须与其他饲料配合。小麦含有胶质，磨成细粉后与水混合会形成糊状，黏在口腔和食管处，影响鸭的采食量，有时在食管膨大部中形成团状物质，造成滞食，一般多用小麦加工的副产品次粉、麦麸和碎麦等作为鸭饲料使用，用量占日粮的10%～25%，用量较大时，可添加合适的酶制剂。

4. 大麦

代谢能为玉米的77%，蛋白质含量为11%，略高于玉米，品质较好，赖氨酸含量较高，达0.4%；大麦中粗脂肪含量较低，B族维生素含量丰富，其他维生素（如胡萝卜素、维生素D和核黄素等）含量很低；外面有壳，粗纤维含量高，适口性差，且大麦中含有不易消化的物质，鸭饲喂过多时易引起肠道疾病。大麦常用于啤酒酿造，极少作为饲料原料。一般雏鸭饲料中不宜添加大麦，青年鸭的日粮饲料中可添加15%～30%，蛋鸭日粮中约为10%。

5. 稻谷

包括大米、大米糠和砻糠等，粗纤维含量高，达8.5%以上，代谢能水平较低，仅为11兆焦/千克，蛋白质含量低，为8.3%左右。磨碎后的谷粒按照10%的比例加入混合饲料中，可作为15日龄以上的鸭，随着日龄增长，添加量可逐步提高，雏鸭饲料中不宜添加稻谷。

6. 糙米和碎米

糙米是稻谷脱去外保护层稻壳后的籽粒，含有完好的内保护皮层，其代谢能水平和蛋白质含量与玉米籽粒相近。碎米是糙米去除内壳制作食用大米时的碎颗粒，其代谢能水平和营养素含量比糙米略高。糙米和碎米是南方蛋鸭饲养的主要精料，占日粮饲料的30%～50%。它们淀粉含量高，维生素含量低，易于消化，能量值高，鸭群喜食。雏鸭用糙米和碎米为主饲喂时，生长发育较玉米为主饲喂鸭慢一些，且雏鸭羽毛粗糙，缺乏光泽，应注意添加维生素和必需氨基酸的平衡。

7. 麦麸

包括小麦、大麦等的麸皮，是麦类磨面加工制粉后的副产品，麸皮的营养价值与面粉加工的等级相关。生产上等面粉时，出麸率较高，麸皮的营养价值也高，生产标准粉时，出麸率较低，麸皮的营养价值差一些。粗蛋白质含量高，可达12.5%～17%，质量高于全麦；粗纤维含量较高，为8.5%～12%；无氮浸出物约为58%，能值较低。麦麸中赖氨酸等必需氨基酸含量较高，蛋氨酸缺乏；B族维生素尤其以维生素B_1、维生素E、烟酸和胆碱含量丰富；磷含量高，只以植磷酸形式存在，钙含量低，钙、磷比例为1：8，极不平衡。

麸皮作为能量饲料，其营养价值相当于玉米的65%。麸皮适口性好，质地蓬松，具有轻泻的作用，一般占鸭日粮比例的3%～20%。麸皮中含有一种能够促进球虫繁殖的物质，因此，在球虫多发的湿热季节最好限制其用量。

8. 米糠

是糙米精加工时分离出的种皮、糊粉层和胚等三种物质的混合物。一般稻谷出糠率为6%～8%，其营养价值取决于大米精加工程度。大米加工越精细，出糠率越高，米糠的营养价值越高。米糠中粗蛋白质含量较高（约为13%），高于大米、玉米和小麦。蛋白质的品质较好，赖氨酸和蛋氨酸含量为玉米的两倍。米糠的粗纤维含量略高，为9%左右。富含B族维生素和维生素E，维生素A和维生素D含量较少。米糠中磷多、钙少，钙、磷比例极不平衡，约为1：22。米糠中粗脂肪含量较高，极易氧化腐败变质，不宜长期储藏。由于米糠中粗纤维含量较高，影响饲料的消化利用率，应限量使用。一般雏鸭日粮中米糠占5%～10%，育成期为10%～20%。育肥鸭、产蛋期种（蛋）鸭饲料中米糠添加量不宜超过7%。

9. 块根块茎类

包括马铃薯、甘薯、南瓜、胡萝卜等，含水率在70%以上，饲喂和储藏均不方便，因此，多干燥粉碎后加工使用。干物质中淀粉含量较高，纤维少，蛋白质含量低，缺乏钙、磷元素，钾、氯含量丰富，维生素含量差异较大。代谢能与谷物相似。

甘薯可作为育肥鸭饲料，熟喂或生喂均可，也可煮熟后制成干粉或打浆使用，一般可用到谷物的20%。胡萝卜含丰富的糖类和胡萝卜素，催肥作用较大，一般煮熟后喂食，用量可占日粮的50%～60%。南瓜含有丰富的胡萝卜素，各种营养成分比较全面，消化率高，适口性好，可促进鸭的羽毛发育，加快鸭的增重。大多煮熟后喂食，用量可占日粮的50%左右。其他加工的块根块茎类干物质，在日粮中用量不宜超过10%。

二、蛋白质饲料

干物质中粗蛋白质含量在20%以上，粗纤维含量在18%以下的饲料属于蛋白质饲料。可分为植物性蛋白质饲料、动物性蛋白质饲料和单细胞蛋白质饲料等。

1. 大豆饼粕

经物理压榨法榨油后的产品为豆饼，用溶剂法提取后的产品是豆粕。大豆饼粕是饼粕类饲料中最有营养的一种饲料，是主要的蛋白质饲料来源，约占饼粕类饲料的70%。粗蛋白质含量达40%～50%，大豆饼粕的氨基酸组成接近动物性蛋白质饲料，赖氨酸含量高，与玉米配合使用效果极好，但缺乏蛋氨酸。B族维生素含量丰富，但缺乏维生素A和维生素D。另外，生大豆中含有抗胰蛋白酶、尿素酶、皂角素苷等抗营养因子和有毒因子，抑制胰蛋白酶对蛋白质水解的催化作用，导致蛋白质利用率下降，生长缓慢，甚至导致鸭腹泻，因此，生大豆饼粕不能直接饲喂，需要通过加热处理破坏这些有害物质，但加热不当也会对蛋白质产生热损害，影响赖氨酸的吸收和利用。正常加热的大豆饼粕外观呈黄色，加热不足时颜色较淡，局部呈灰白色，过度加热后则呈红褐色。一般大豆饼粕在鸭日粮中添加量为10%～30%。

2. 花生饼粕

花生饼粕是花生去壳后花生仁经榨油后的产品。蛋白质和能量均较高，营养价值仅次于大豆饼粕。花生饼粕粗蛋白质含量为40%～48%，粗纤维为4%～7%，粗脂肪为4%～7%，代谢能为12.5兆焦/千克。花生饼粕氨基酸组成较差，赖氨酸、蛋氨酸含量低，分别为1.35%和0.39%，氨基酸利用率高于棉籽饼粕和菜籽饼粕。使用时应与鱼粉等动物性蛋白质饲料配合。适口性好，多种维生素尤其是硫胺素、烟酸、泛酸含量较高，但脂肪含量偏高，容易发生霉变。霉变花生饼粕主要含有黄曲霉毒素，对肝脏等多器官损伤严重，危害鸭的健康，严重时导致死亡。因此，花生饼粕储存时应严格防潮，经常晾晒。一般来说，花生饼粕不宜长期储存，为避免黄曲霉毒素中毒，鸭日粮中花生饼粕含量不宜超过4%。

3. 菜籽饼粕

是油菜籽榨油后所得的副产品。其粗蛋白质含量为33%～39%，必需氨基酸含量和比例合理，蛋氨酸含量较高，但赖氨酸、精氨酸含量低。粗纤维含量为12%，钙、磷比例合适，除泛酸外，其他B族维生素含量均高于豆饼。另外，菜籽饼粕中含有芥酸、硫代配糖体、芥子醇和鞣酸等有毒成分，这些成分及其体内代谢产物会引起鸭甲状腺肿大，生长和繁殖受阻，影响采食量。使用前应进行去毒处理。采用土埋法、硫酸亚铁法和浸泡煮沸法，去毒后作为蛋白质饲料添加至鸭日粮中。鸭日粮中菜籽饼粕含量不宜过高，一般应控制在3%～5%，雏鸭日粮中不宜添加。菜籽饼粕和棉籽饼粕可以缓冲赖氨酸与精氨酸的拮抗作用，同时可减少蛋氨酸的添加量，提高经济效益。

4. 棉籽饼粕

是棉籽去除棉毛、外壳榨油后的副产品。粗蛋白质含量为33%～40%，蛋白质质量不佳，赖氨酸、蛋氨酸含量较低，精氨酸含量较高。在饲料中添加棉籽饼粕需添加赖氨酸、蛋氨酸，或与菜籽饼粕搭配使用，降低精氨酸与赖氨酸比例，减少蛋氨酸添加量。钙含量较低，钙、磷比例约为1∶6。除胡萝卜素以外，其他B族维生素含量较高。需要注意的是，棉籽饼粕中含有游离棉酚，使用时需要注意脱毒和添加量。脱毒方法主要包括以下方法。

（1）硫酸亚铁法　用1%的硫酸亚铁溶液浸泡粉碎的饼粕，期间搅拌几次，24小时后即可脱毒。

（2）尿素或碳酸氢铵法　用1%的尿素水溶液或2%的碳酸氢铵水溶液与饼粕混匀后堆沤，周围用塑料薄膜密封，24小时后摊开，晾晒干燥即可。

（3）加热法　将棉籽饼粕加适量水蒸煮搅拌，沸腾半小时后，冷却即可饲用。

（4）火碱法　将2.5%的氢氧化钠溶液与等量的棉籽饼粕混匀，加热至70～75℃，搅拌30分钟，再加入总重15%的30%盐酸溶液，加热至75～80℃，30分钟后取出干燥。该方法去除棉酚最彻底。

5. 葵花籽饼粕

是向日葵果仁榨油后的副产品，粗蛋白质含量为30%～40%，赖氨酸含量较低，蛋氨酸含量较高，两种氨基酸的消化率高达90%，与大豆饼粕相当。粗脂肪含量不超过5%，粗纤维低于10%。我国葵花籽饼粕一般脱壳不干净，粗纤维含量达20%左右，影响其消化吸收。钙、磷含量比一般的饼粕类饲料高，富含锌、铁、铜和多种B族维生素，一般日粮中添加量控制在20%以内。

6. 玉米蛋白粉

是生产玉米淀粉和玉米油的同步产品，营养成分全面。粗蛋白质含量为25%～60%，赖氨酸、色氨酸含量极低，蛋氨酸含量较高。由黄玉米制作的玉米蛋白粉富含叶黄素，对蛋黄和皮肤的着色具有重要作用。

7. 其他油作物籽饼粕

芝麻饼粕、亚麻籽饼粕等蛋白质饲料也常用于鸭日粮。由于其必需氨基酸含量不平衡，多与大豆饼粕配合使用，用量一般不超过日粮的5%。

8. 鱼粉

鱼粉是品质最优良、使用效果最佳的蛋白质饲料，一般由鳕鱼、鲱鱼和沙丁鱼等海鱼制作而成。粗蛋白质含量高，一般为50%～65%，蛋白质品质好，赖氨酸、蛋氨酸含量高，精氨酸含量较低，与其他蛋白质饲料的氨基酸组成相反，用鱼粉配制日粮时，大多不必调整必需氨基酸平衡。鱼粉也属于高能量饲料原料，代谢能可达11.7～12.5兆焦/千克，用鱼粉配制饲料很容易配制出高能量高蛋白质饲料。粗脂肪含量为4%～10%，食盐含量较高，钙、磷含量较高，比例合适，且均为可利用磷。富含B族维生素和脂溶性维生素，锌、硒含量较高，还有一些未知的促生长因子。由于鱼粉价格较高，夏天时容易发霉变质，一般添加量不超过5%。

9. 肉骨粉

是屠宰场的副产品，由碎肉、内脏、残骨、皮屑等经加温、提油、干燥、粉碎而成。粗蛋白质含量一般为50%～60%，粗脂肪为3%～10%，粗纤维为2%～3%。钙、磷含量丰富且比例合适，所含磷均为可利用磷。蛋白质中赖氨酸含量较高，蛋氨酸和色氨酸较少。维生素B_{12}含量较多，缺乏维生素A、维生素D、核黄素、烟酸等。由于脂肪含量较高，容易腐败变质，使用之前应注意检查。鸭日粮中添加量一般不超过5%。

10. 血粉

是畜禽屠宰时的新鲜血液经蒸汽加热、干燥后粉碎而成，属于高蛋白质饲料产品，粗蛋白质含量达80%以上。蛋白质中必需氨基酸不平衡，其中赖氨酸含量较高，蛋氨酸、色氨酸含量较少，血粉的蛋白质生物学效能较低。血粉中粗脂肪含量为0.4%～2%，粗纤维为0.5%～2%，钙、磷含量适中且比例合理，铁元素含量丰富。血粉适口性差，消化利用率低，在日粮中不宜过多添加，容易引起腹泻。鸭日粮中血粉添加量一般为1%～3%。

11. 羽毛粉

禽屠宰副产品羽毛经蒸汽加压水解、干燥后粉碎而成。蛋白质含量较高，达80%以上，半胱氨酸和异亮氨酸含量较高，但赖氨酸、蛋氨酸、组氨酸和色氨酸含量都较低，氨基酸组分不平衡。羽毛粉适口性差，使用时应控制用量，日粮中添加量不宜超过5%。

12. 蚕蛹粉

是将蚕蛹干燥后粉碎而成。粗脂肪含量约为22%，容易腐败变质，常脱脂处理后使用。脱脂蚕蛹粉粗蛋白质含量约为60%，粗脂肪含量为4%。蚕蛹粉蛋白质含量高，品质优良，其中蛋氨酸、赖氨酸和色氨酸含量高，精氨酸含量低，富含钙、磷和B族维生素，适合与其他饲料配合使用。蚕蛹有一定的腥臭味，添加过多影响饲料口味。因此，雏鸭饲料中一般不添加，育肥鸭、青年鸭和蛋（种）鸭等日粮中添加量为5%～15%。

13. 饲料酵母

是饲料中常添加的单细胞蛋白质饲料，粗蛋白质含量为40%～50%，蛋白质生物学效能介于动物性蛋白质饲料和植物性蛋白质饲料之间，赖氨酸含量丰富，蛋氨酸含量不足，富含B族维生素。添加饲料酵母可以改善日粮中蛋白质品质，补充B族维生素，提高日粮的利用率。饲料酵母有苦味，适口性差，日粮中添加比例一般不超过5%。

三、青绿饲料

青绿饲料是指天然含水率为60%及以上的植物新鲜茎叶，常见有各种杂草、牧草（如紫花苜蓿、三叶草、黑麦草、苦麦菜、聚合草、菊苣等）、水生植物（如水葫芦、绿萍、水芹菜等）和青菜（如胡萝卜、南瓜、白菜等）等。鸭喜食青绿饲料，尤其是野鸭、麻鸭等。青绿饲料具有以下优点：①来源广泛，成本低廉；②营养丰富，干物质中蛋白质含量高，品质好，钙、磷含量高，比例适宜；粗纤维含量少，适口性好，消化率高；

富含胡萝卜素及多种B族维生素。青绿饲料在使用前应进行调制，例如清洗后切碎或打浆，利于鸭的采食和消化。林下养鸭等生态养鸭模式下，可种植牧草以满足鸭对青绿饲料的需求。蛋鸭自由采食青绿饲料，蛋黄颜色更深，维生素A含量较高。由于青绿植物具有季节性，可在生长期收集各种青绿植物茎叶，干燥后打碎，制成草粉等作为鸭的饲料使用。使用青绿饲料时，要注意避免有毒害物质的影响，如亚硝酸盐、有机磷农药及寄生虫感染等。

四、矿物质饲料

植物性饲料和动物性饲料中有鸭生长发育所需的各种矿物质元素，但这些矿物质含量往往不足以满足鸭的需要，饲料中必须额外添加。鸭饲料中常添加的是钙、磷、氯、钠等常量元素，一般以无机盐的形式补充，微量元素主要以饲料添加剂的形式补充。

1. 贝壳粉

贝壳粉主要由海水软体动物外壳粉碎加工而成，主要成分是碳酸钙，含钙量为34%～38%，常加工成粒状和粉状，按照等比例混合使用，补钙效果更好，有利于蛋壳的形成。贝壳粉中钙容易被吸收利用，是最好的钙源矿物质饲料，生长鸭日粮中添加量为0.5%～1%，产蛋鸭日粮中提高至4%～8.5%。受污染或腐败的贝类不能用作贝壳粉原料。

2. 石灰石粉

俗称石粉，是天然石灰石经粉碎制成的，一般含钙量为35%以上，价格低廉，是蛋鸭补充钙质的重要矿物质饲料。在使用中，应根据鸭个体大小选择合适粒度的石粉。与贝壳粉相比，石粉利用吸收率较低，同时要注意石粉中铅、汞、氟、镁等的含量不能超过安全范围。一般石粉在生长鸭日粮中添加量为0.5%～1%，蛋鸭为4%～8.5%。蛋鸭日粮中以大颗粒石粉最佳，能提高蛋的新鲜度，有利于提高黄体激素的分泌，在一定程度上能够促进卵泡发育。

3. 蛋壳粉

蛋壳粉是由蛋品加工厂或大型孵化场收集蛋壳，经灭菌、干燥、粉碎制作而成。含有丰富的无机盐类和少量的有机物质，碳酸钙含量为94.54%，碳酸镁和磷酸钙4.36%。蛋壳粉是优质的钙源矿物质饲料，鸭的吸收利用率较高，日粮中添加量与贝壳粉一致。

4. 肉骨粉

由于原料来源、加工方法不同，肉骨粉中磷的含量差别较大。一般以蒸制的肉骨粉为佳，含钙为36%，含磷为16%。肉骨粉加工工艺不合理或未经高温高压处理的肉骨粉，常带有大量的病原菌，危害鸭的生长和健康，应选择添加优质肉骨粉，鸭日粮中添加量为1% ～ 3%。

5. 磷酸氢钙

磷酸氢钙是白色或灰白色粉末，含钙为23.2%，含磷为18%，钙、磷利用率高，加入饲料可同时补充钙、磷，是常用的含磷矿物质饲料。使用时需注意含氟量不能超过0.2%，否则容易造成氟中毒。鸭日粮中添加量为2% ～ 3%。此外，磷酸钙、过磷酸钙、磷酸二氢钠等也是较好的磷源。

6. 食盐

学名氯化钠，主要补充鸭体内的钠和氯，具有刺激唾液分泌，改善饲料味道，增进鸭的食欲，促进消化的作用，维持机体细胞正常渗透压，保证机体正常代谢等。植物性饲料中含量不足，动物性饲料中含量相对较高，但鸭日粮中动物性饲料比例较低，因此，需要适当补充食盐。当添加鱼粉时，应把鱼粉中食盐含量计入。鸭日粮中食盐添加量为0.25% ～ 0.5%。鸭对食盐较敏感，过量容易引起食盐中毒，生长鸭日粮中食盐含量超过2%，或饮水不足时，均有中毒的危险。若发现鸭群出现啄癖时，日粮中食盐可添加至0.5% ～ 1%，连用3 ～ 5天。

7.沙砾

沙砾不是饲料，不能为鸭的生长发育提供营养物质，但有助于消化，提高饲料转化率，降低料肉比。可在日粮中添加0.5% ～ 1%的沙砾或置于盘中自行啄食。

8.沸石

天然沸石是碱金属和碱土金属的含水铝硅酸盐类，含有硅、铝、钾、钠等多种矿物元素，有良好的吸附性、离子交换和催化性能，具有促进营养物质吸收，增加畜禽体重等功能。鸭日粮中添加量为1% ～ 5%，以中等粒度的颗粒为佳。

五、维生素饲料

指由工业合成或生物提纯的维生素制剂，不包括富含维生素的天然青绿饲料。常称之为维生素添加剂。

维生素制剂种类很多，同一种制剂其组成和物理特性也不一样，维生素的有效含量也就不一样。因此，在配制维生素预混料时，应了解维生素制剂的有效成分及其规格含量。

鸭对维生素的需要量受多种因素影响，如饲养环境、饲料加工工艺、饲料组分、生长生产期、健康状况等。条件改变或患病时对维生素的需要量都会增加，饲喂时维生素的吸收转化也受鸭机体和饲料组分等影响，因此，饲料中维生素的添加量应远高于饲料标准中列出的最低需要量。

青绿饲料、草粉、糠麸类饲料等虽不属于维生素饲料，但由于其富含多种维生素，在实际生产中常被用作鸭维生素的来源，尤其在放牧饲料的鸭群。一方面节约了精料，另一方面减少了维生素添加剂的用量，降低了生产成本。

六、饲料添加剂

添加剂是指除上述常用饲料以外，在鸭日粮中加入的少量或微量物质，以保证日粮的全价性。其目的包括提高饲料利用率，促进鸭生长发育，防治一些疾病，减少饲料储藏过程中营养消耗和提高产品品质等。按照添加剂的目的和功能可分为维生素类、抗生素类、氨基酸类、微量元素类、驱虫抗菌类、酶制剂类、微生态制剂类、中草药类、抗氧化剂类、防霉剂类及其他饲料添加剂等。添加剂使用必须严格符合《饲料卫生标准》（GB 13078—2017）。饲料添加剂的种类繁多，应根据鸭的生长发育阶段、生产目的、饲料组成、饲养水平、饲养方式和饲养环境等，合理使用。

1. 维生素类

主要用来补充饲料中维生素不足，包括单一制剂和复合制剂。一般根据饲养标准和产品说明进行配制，常用种类包括维生素A油（粉）、维生素D_3油（粉）、维生素K_3、盐酸硫胺素、核黄素、盐酸吡哆醇、烟酸、烟酰胺、D泛酸钙、氯化胆碱、叶酸、维生素B_{12}、维生素C和维生素H等。此外，当鸭群出现维生素缺乏症或应激等状况时，需适当提高维生素的添加量或饮水中添加水溶性维生素等。

2. 抗生素类

是一些特定微生物生长过程中的代谢产物，常用于疾病防治和生长促进剂，尤其在卫生条件不良和饲养管理水平落后的情况下，使用效果显著。在雏鸭饲养阶段，低剂量的四环素类、大环内酯类、多肽类、氨基糖苷类等抗生素可提高鸭的生产水平和饲料报酬率，促进健康。

3. 氨基酸类

主要是补充鸭日粮中必需氨基酸的不足，包括DL-蛋氨酸、L-赖氨酸、L-苏氨酸、L-色氨酸、L-精氨酸、甘氨酸和L-酪氨酸等。

4. 微量元素类

鸭日粮中需要补充的微量元素主要包括铜、铁、锌、锰、碘、硒、镁等，以补充饲料中微量元素的不足。根据鸭生长生产需求量，一般多用微量元素无机盐的形式，其具有易吸收的特点，如硫酸镁、柠檬酸钠亚铁、硫酸亚铁、氯化铁、氯化锌、亚硒酸钠、碘化钾、氧化锰等。微量元素在日粮中添加量极少，使用时要注意混合均匀。

5. 驱虫抗菌类

主要包括磺胺类如磺胺嘧啶、磺胺喹恶啉、氨丙嗪、盐霉素、马杜拉霉素、尼卡巴嗪等，常用于疾病治疗与保健、抗菌促生长等。日粮中这类药物应轮换使用，减少微生物的耐药性，避免出现有效剂量的提高和药物失效。

6. 酶制剂类

由动植物机体合成，具有特殊功能的蛋白质，可提高鸭对各种营养物质的消化利用率。包括消化酶和非消化酶两大类。消化酶主要由淀粉酶、支链淀粉酶、蛋白酶、脂肪酶等，用于补充鸭自身消化酶分泌不足；非消化酶包括纤维素酶、半纤维素酶和植酸酶等，能够促进饲料中一些营养物质和抗营养因子的分解。酶制剂多以复合酶形式使用，一般以纤维素酶、木聚糖酶和 β- 葡聚糖酶为主，果胶酶、蛋白酶、淀粉酶、半乳糖苷酶、植酸酶等为辅。

7. 微生态制剂类

是利用正常微生物或促进微生物生长的物质制成的活的微生物制剂，即一切能够促进正常微生物菌群生长繁殖和抑制致病菌生长繁殖的制剂的统称。微生态制剂中微生物是由动物体内有益微生物及其代谢产物经过人工筛选和严格培育，具有调节肠道微生物菌群，快速构建肠道微生态平衡的功能，能明显提高鸭的生产性能、免疫器官指数、血液生化指标等，抑制肠道内病原微生物的繁殖，维持消化道肠壁组织结构完整性等。常用微生态制剂包括芽孢杆菌、双歧杆菌、乳酸杆菌、酵母菌、肠球菌等。由于微生态制剂不含化学成分，没有耐药性和药残等食品安全问题，是一种安全、绿色的饲料添加剂，符合当今社会对优质、安全禽产品的市场需求，具有广阔的市场前景。

8. 中草药类

是将我国传统的中草药与中兽医理论有机结合，在饲料中添加一些具有开胃健脾、促消化、补气养血、提高免疫力等扶正祛邪和调节阴阳平衡等的中草药。主要有效活性成分是多糖、苷类、生物碱、挥发油类、有机酸类等，还含有一定量的蛋白质、氨基酸、糖类、脂肪、维生素、矿物质和微量元素等营养成分，在一定程度上提高机体的生产功能。中草药作为饲料添加剂，毒副作用小，不易产生耐药性和药物残留，具有提供营养和疾病防治的双重功效。常用中草药类添加剂主要包括黄芪、当归、白头翁、蒲公英、金银花、连翘、甘草、山楂等。为节约成本，也可添加中药制剂生产副产品药渣等。

9. 抗氧化剂类

主要作用是防止饲料储存过程中的脂肪氧化变质，降低营养品质，保持维生素的活性。常用的抗氧化剂包括乙氧基喹啉、BHA（丁羟基茴香醚）、BHT（二丁基羟基甲苯）等。鸭日粮中抗氧化剂添加量为150克/吨。

10. 防霉剂类

在高温高湿季节，饲料容易发生霉变，这不但影响饲料的适口性，降低饲料的营养价值，还会引起鸭的霉菌病和毒素中毒。因此，饲料中常添加防霉剂。常用防霉剂包括丙酸钙、丙酸钠、甲酸及多种甲酸盐、乙酸及多种乙酸盐、山梨酸和山梨酸盐等。

11. 其他饲料添加剂

包括着色剂、调味剂等。饲料中调味剂能够改善饲料的口味，增加鸭采食量，提高饲料利用率。常用的调味剂有柠檬酸、乳酸乙酯和谷氨酰胺等。着色剂主要是改善鸭产品（如皮肤、蛋黄等）色泽，提高产品质量。常用着色剂主要由叶黄素、胡萝卜素等。

第三节　鸭的饲养标准及日粮配合

饲料营养成分和质量的高低，直接影响鸭的生长发育、生产性能、机体健康、产品质量和经济效益等。配制饲料必须了解各种营养物质的作用以及其在各种饲料中的准确含量，根据鸭鹅饲养标准，配制满足鸭的不同阶段营养需求的最佳日粮，降低饲养成本，提高经济效益。

一、鸭的饲养标准

饲养标准是根据科学试验和生产实践经验总结制定而成。根据饲养标准，避免了饲养过程中的盲目，一方面既能满足其营养需求，充分发挥其生产性能，又可以降低饲料消耗，提高饲料报酬率，获得最大的经济效益。饲养标准具有普遍的指导意义，但生产实践中不能把饲养标准当成一成不变的规定。不同品种、用途、日龄和饲养方式等的鸭对各种营养物质需要量不一，应把饲养标准作为参考，因地制宜，灵活加以应用。

饲养标准种类较多，大致可以分为两大类。一类是国家和地方规定的饲养标准，称为国家标准或地方标准，如美国的NRC饲养标准、英国的ARC饲养标准、日本家禽饲养标准，我国也制定了肉鸭饲养标准和优良地方品系蛋鸭饲养标准等；另一类是专用标准，即大型育种公司根据各自培育的品系或品种的特点、生产性能、饲养方式和环境等条件变化，制定符合该品种或品系营养需求的饲养标准。按照此饲养标准进行饲养，在各个时间节点可达到公司公布的该品种的生产性能指标。在购买雏鸭时应索取相应品种的饲养管理手册，按照手册上要求配制各阶段日粮，尤其是引入外地或国外鸭品种时，必须包含饲养管理手册，以进行标准化养殖。

鸭的饲养标准中主要包括能量、蛋白质、必需氨基酸、矿物质和维生素等多项指标。能量的需要量以代谢能表示，蛋白质的需要量以粗蛋白质表示，同时标出必需氨基酸的需要量，便于饲料中氨基酸平衡。配制日粮时，能量、蛋白质和矿物质需要量一般按照饲养标准规定提供。维生素的添加根据鸭的不同阶段，灵活供给。

下面列出北京鸭、樱桃谷鸭、蛋用鸭等的饲养标准（表3-1～表3-3）。

表3-1 北京鸭饲养标准（每千克饲料中的含量）

营养成分	育雏期 （0～2周龄）	生长期 （3～7周龄）	产蛋期种鸭	填鸭 （6～7周龄）
代谢能/(兆焦/千克)	12.14	12.14	12.14	12.56
粗蛋白质/%	22	16	15	14.5
赖氨酸/%	0.90	0.65	0.60	0.60
异亮氨酸/%	0.63	0.46	0.38	0.38
精氨酸/%	1.10	1.00	1.00	1.00
亮氨酸/%	1.26	0.91	0.76	0.91
色氨酸/%	0.22	0.18	0.14	0.16
苏氨酸/%	0.75	0.60	0.60	0.50
蛋氨酸/%	0.45	0.40	0.30	0.40
蛋氨酸+胱氨酸/%	0.70	0.65	0.55	0.60
钙/%	0.65	0.60	2.65	0.60
非植酸磷/%	0.42	0.40	0.35	0.40
钠/%	0.15	0.15	0.15	0.15
氯/%	0.12	0.12	0.12	0.12
锰/毫克	50	–	–	–
锌/毫克	60	–	–	–
维生素A/国际单位	2500	2500	4000	2500
维生素D_3/国际单位	400	400	900	400
维生素E/国际单位	10	10	10	10
维生素K/毫克	0.5	0.5	0.5	0.5
烟酸/毫克	55	55	55	55
泛酸/毫克	20	11	11	11
胆碱/毫克	1000	1000	1000	1000

营养成分	育雏期 （0～2周龄）	生长期 （3～7周龄）	产蛋期种鸭	填鸭 （6～7周龄）
维生素B$_2$/毫克	2.5	2.5	3.0	2.5
维生素B$_6$/毫克	4.0	4.0	4.0	4.0

注：1. 营养物质需要量以饲料干物质含量87%计算。

2. "－"表示没有估测值。

表3-2　樱桃谷鸭饲养标准（每千克饲料中的含量）

营养成分	育雏期 （0～2周龄）	生长期 （3～7周龄）	育成期种鸭 （5～24 周龄）	产蛋期种鸭 （≥25周龄）
代谢能/（兆焦/千克）	13.00	13.00	12.67	12.00
粗蛋白质/%	22.0	16.00	16.00	18.00
赖氨酸/%	1.23	0.89	0.73	0.96
异亮氨酸/%	1.11	0.87	0.72	0.86
精氨酸/%	1.53	1.20	1.03	1.20
亮氨酸/%	1.96	1.68	1.54	1.66
色氨酸/%	0.28	0.22	0.18	0.22
苏氨酸/%	0.92	0.74	0.64	0.75
蛋氨酸/%	0.50	0.36	0.34	0.39
蛋氨酸+胱氨酸/%	0.82	0.63	0.57	0.66
钙/%	1.0	1.0	1.0	2.75
非植酸磷/%	0.55	0.52	0.35	0.46
钠/%	0.17	0.14	0.14	0.14
氯/%	0.12	0.12	0.12	0.12
锰/毫克	55	55	55	55
锌/克	33	33	33	33
维生素A/国际单位	6000	6000	4000	4000
维生素D$_3$/国际单位	2000	2000	1000	3000

营养成分	育雏期 （0～2 周龄）	生长期 （3～7 周龄）	育成期种鸭 （5～24 周龄）	产蛋期种鸭 （≥25 周龄）
维生素 E/国际单位	6.0	6.0	6.0	8.0
维生素 K/毫克	4.0	4.0	4.0	4.5
烟酸/毫克	55	55	55	40
泛酸/毫克	11	11	11	7
胆碱/毫克	1000	1000	1000	1000
维生素 B_2/毫克	4.0	4.0	4.0	4.0
维生素 B_6/毫克	2.5	2.5	2.5	3.0

表 3-3　蛋用鸭饲养标准（每千克饲料中的含量）

营养成分	育雏期 （0～4 周龄）	育成早期 （5～9 周龄）	育成后期 （10～14 周龄）	产蛋期 （≥15 周龄）
代谢能/（兆焦/千克）	11.50	11.50	11.21	12.64
粗蛋白质/%	20	18	15	18
赖氨酸/%	1.20	0.90	0.65	0.90
异亮氨酸/%	0.60	0.98	0.52	0.73
精氨酸/%	1.20	1.00	0.70	1.00
亮氨酸/%	1.19	1.00	1.00	1.41
色氨酸/%	0.22	0.18	0.14	0.20
苏氨酸/%	0.63	0.52	0.45	0.64
蛋氨酸/%	0.40	0.30	0.25	0.33
蛋氨酸+胱氨酸/%	0.70	0.60	0.50	0.65
钙/%	0.90	0.80	0.80	3.35
非植酸磷/%	0.30	0.30	0.30	0.36
钠/%	0.15	0.15	0.15	0.15

营养成分	育雏期 （0～4周龄）	育成早期 （5～9周龄）	育成后期 （10～14周龄）	产蛋期 （≥15周龄）
氯/%	0.12	0.12	0.12	0.12
锰/毫克	100	100	100	100
锌/毫克	60	60	60	60
维生素A/国际单位	4000	4000	4000	8000
维生素D_3/国际单位	600	600	600	1000
维生素E/国际单位	20	20	20	20
维生素K/毫克	2	2	2	2
烟酸/毫克	60	60	60	60
泛酸/毫克	15	15	15	15
胆碱/毫克	1600	1600	1100	1100
维生素B_2/毫克	4.6	4.6	4.6	6.0
维生素B_6/毫克	6	6	6	9

二、日粮配合

由于鸭的日龄、生理状态和生产性能不同，对营养物质的需要量也不同，单一饲料难以满足，根据科学的饲养标准，将多种饲料合理搭配，配制成鸭的日粮。日粮是指满足一只鸭一昼夜所需各种营养物质而采食的各种饲料总量。根据鸭的营养物质需要量确定各种饲料原料组分的比例构成，称为饲料配方。根据饲料配方，选择不同量的多种饲料互相搭配，使其所提供的各种营养成分都符合鸭饲养标准所规定的含量，这个过程称为日粮配合。

合理配合日粮，能够全面供给鸭所需要的各种营养物质，促进鸭的食欲，提高采食量和饲料报酬率，提高鸭的生产性能，节约成本，获得较高的经济效益。在日粮配制时，除依据饲养标准外，还应考虑饲养环境、疾病、应激因素、饲料原料价格和品质等因素，适当作出调整，以设计出全价、能够充分满足鸭营养需要的配方。

1. 日粮配合的一般原则

配合日粮时必须遵守以下原则。

（1）满足鸭的营养需求　鸭的营养需要是极其复杂的问题，在设计饲料配方时，明确饲养品种，选择合适的饲养标准。在以饲养标准为依据配合日粮的基础上，还需要根据饲养过程中鸭的生长和生产性能等情况作出适当调整。

（2）符合鸭的生理消化特点　配合日粮时，饲料原料的选择既要满足鸭的营养需要，又要与鸭的消化生理特点相适应，包括饲料的适口性、容重和粗纤维含量等。日粮中粗纤维含量不能过高，一般不超过5%，控制在3%以内最佳。

（3）符合饲料卫生质量标准　选择饲料原料时，应控制有毒物质、细菌总数、霉菌总数、重金属盐离子及其他有毒有害物质不能超标，符合国家饲料卫生质量标准。遵守法律、法规和相关条例等对饲料和饲料添加剂等要求的指标；严格执行饲料添加剂禁用规定，抗生素类药物使用不超量、不超期。

（4）符合经济、安全原则　充分利用饲料原料的可替代性，因地制宜，合理利用各种饲料资源，选用当地资源丰富、物美价廉的饲料；选用质量上乘的饲料，一些含有毒害物质的饲料必须脱毒后使用；选择饲料时，尽量使饲料原料多样化，有利于充分发挥各种饲料中营养的互补作用，提高日粮中营养物质的消化利用率，最终降低配合饲料的生产成本，达到提高经济效益的目的。

2. 配合日粮时应掌握的资料数据

①鸭的饲养标准：根据肉鸭品种、日龄、生理阶段等选择合适的饲养标准；②饲料原料的常规成分和营养物质含量；③日粮中饲料原料的大致组成比例；④各种饲料原料的价格。

3. 鸭饲料配方特点

各品种鸭的营养需要基本相同，与鸡差异不大。设计鸭饲料配方时可参考鸡饲料的配方程序。鸭的饲料原料范围更为广泛，在鸡饲料配方基础上，综合考虑经济成本，选择合适的饲料原料。

我国地方鸭品种大多具有耐粗饲的特点，生长阶段以放牧采食水生动物为主，产蛋期多以放牧和补饲为主。用于填饲育肥的北京鸭和肝用半番鸭等，在育肥期以玉米为主，合理搭配少量的蛋白质饲料和维生素等。

4. 日粮配合的方法和步骤

日粮配合的方法有很多，大致分为电算法和手算法。

（1）电算法　是利用电脑软件技术设计出全价、低成本的饲料配方，利用电算法必须掌握动物营养与饲料科学相关专业知识，才能使配方更加科学、合理。

（2）手算法　包括试差法、联合方程法、十字交叉法、四角形法和线性规则法等。其中试差法是目前普遍采用的方法。这种方法的具体做法如下。

① 查阅饲养标准，确定使用饲料原料及大致比例，列表计算各原料中营养成分含量和饲料中每种营养成分总量（表3-4）。

② 确定限制性饲料的比例：鱼粉价格较高，不超过7%；草粉粗纤维含量高且适口性差，不超过8%；一些饼粕类还有鞣酸等，添加量不超过10%。

③ 按照代谢能、粗蛋白质等主要组分的比例进行粗配，用玉米和饼粕类饲料分别进行代谢能和粗蛋白质的指标平衡，最后用矿物质饲料调节钙、磷水平的平衡，试拟饲料比例，制订初步配方（表3-5）。

④ 调整配方，使各种营养物质总量符合饲养标准。主要调整钙、磷比例，氨基酸组分，维生素和主要矿物质元素的含量比例，一般来说，能量饲料和蛋白质饲料不再作调整。

⑤ 列出饲料配方，计算配方中各种营养物质的含量。

表3-4　各种饲料中营养成分含量

饲料种类	代谢能/（兆焦/千克）	粗蛋白质/%	钙/%	磷/%
玉米	13.35	9.0	0.03	0.28
小麦	12.38	12.6	0.06	0.32
稻谷	10.96	7.8	0.05	0.26
麦麸	8.66	16.0	0.34	1.25
大豆饼粕	10.33	46.2	0.24	0.67
花生饼粕	10.13	47.4	0.22	0.61
鱼粉	9.87	50.05	9.24	3.59
肉骨粉	11.13	48.6	11.31	5.61

表3-5　鸭日粮试配组成

饲料	比例/%	代谢能/（兆焦/千克）	粗蛋白质/%	钙/%	磷/%
玉米	30	4.006	2.70	0.009	0.084
稻谷	20	2.193	1.56	0.01	0.052
小麦	20	2.428	2.52	0.012	0.064
麦麸	10	0.866	1.60	0.034	0.105
花生饼	10	1.013	4.74	0.022	0.061
鱼粉	5	0.554	3.04	0.339	0.180
贝壳粉	5	—	—	2.323	—
合计	100	11.06	16.16	2.749	0.546
要求	100	11.304	16.0	钙、磷比例约为5∶1	
相差	0	−0.244	+0.16		

5. 实用鸭饲料配方

几种常用鸭饲料配方见表3-6～表3-8。

表3-6　大型肉用仔鸭的饲料配方

饲料原料	0～3周龄日粮配方	4周龄～出栏日粮配方
玉米/%	59.0	63.0
麦麸/%	5.7	14.2
大豆饼粕/%	24.0	15.5
鱼粉/%	10.0	5.0
骨粉/%	0.5	—
贝壳粉/%	0.5	1.0
食盐/%	0.3	0.3
磷酸氢钙/%	—	1.0

表3-7　北京鸭的饲料配方

饲料原料	雏鸭	中鸭	产蛋初期种鸭	产蛋中期种鸭	产蛋高峰期种鸭
玉米/%	38	30	44	42	42
高粱/%	10	—	10	10	18
麦麸/%	15	35	20	13.5	8.0
大麦/%	—	15.6	—	—	—
大豆饼粕/%	25	11	18	22	25
鱼粉/%	7	4	5	6	8
贝壳粉/%	2.6	2	1	4	4
骨粉/%	2	2	1.5	2	2.5
食盐/%	0.4	0.4	0.5	0.5	0.5

表3-8　蛋鸭的饲料配方

饲料原料	0～6周龄雏鸭	6周龄至产蛋前期鸭	产蛋期鸭
玉米/%	38	40	55
麦麸/%	6	13	8
大豆饼粕/%	22.6	18.3	19

饲料原料	0～6周龄雏鸭	6周龄至产蛋前期鸭	产蛋期鸭
花生饼粕/%	–	–	4
大麦/%	19	13	–
高粱/%	6.0	9.0	–
鱼粉/%	6.0	4.0	4.0
骨粉/%	1.20	1.50	3.0
贝壳粉/%	–	–	5.8
食盐/%	0.2	0.2	0.2
1%预混料/%	1	1	1

三、饲料的加工和饲喂

一般饲料在喂食前，需进行加工调制，以改善饲料的适口性，增进鸭的食欲，提高饲料的消化吸收率，提高鸭的生产性能，降低饲料成本。对不同类型饲料采用合适的饲喂方法，减少饲料的浪费，提高饲料报酬。

饲料加工调制方法主要包括以下几种。

（1）粉碎　饼类及较大的谷实类籽粒（如玉米、小麦、稻谷等）外层覆有外壳和种皮，整粒饲喂不容易被消化，需粉碎后饲喂，但粉碎颗粒不宜太小，以2～3毫米为宜。

（2）浸泡　较坚硬的谷实类籽粒等饲料，浸泡后体积增大，柔软，适口性好，易消化。在浸泡时需控制浸泡时间，以刚刚软化为宜，浸泡时间过久极易引起饲料变质。

（3）蒸煮　谷实类籽粒和块根块茎类饲料（如玉米、大麦、甘薯、胡萝卜等），经蒸煮后可增加适口性，提高消化吸收率。但蒸煮过程会破坏其中的一些营养成分，降低其营养价值；棉籽饼粕、菜籽饼粕等含有毒素，必须蒸煮加热处理或采用其他方法进行脱毒才可饲喂鸭。

（4）切碎　是适合青绿饲料、块根块茎类和瓜果等饲料的简单、高效的加工方法，有利于鸭的吞咽和消化。一般饲喂前先清洗，再切碎，切碎后不宜久放，随切随喂，以免变质。

（5）拌湿　经粉碎后的干粉料直接饲喂，适口性差，浪费严重，需加水拌湿后饲喂。一般以拌成疏松，手攥成团，放开后松散的状态为宜。现拌现喂，防止腐败变质。

（6）制粒　用颗粒机将各种饲料原料混匀、粉碎后，制成全价颗粒饲料。颗粒饲料营养全面，适口性好，便于采食，减少饲料浪费。

（7）干燥　禾本科混合豆科牧草经自然晾晒或烘干制成青干草，再通过粉碎加工成草粉，作为配合饲料的原料，补充日粮中的粗纤维和维生素等。

不同类型的饲料，其最佳饲喂方法也有所差别。

（1）粉料　是将各种饲料原料粉碎，然后按照鸭的营养需要，加入维生素、微量元素等各种饲料添加剂，混匀制作的一种粉状饲料，其细度一般大于0.25毫米。粉料生产设备和加工工艺简单，生产成本低廉。粉料可干喂和湿喂。粉料干喂是将混合均匀的干粉，直接饲喂鸭。这种饲喂法不但适口性差，而且饲料浪费严重，很少采用；粉料湿喂是将混合均匀的干粉料用洁净水或营养液等拌匀后饲喂，能够提高饲料的适口性。采用拌湿法，不宜过干或过湿。粉料湿喂在高温高湿季节或采食时间过久时，剩余湿料容易腐败变质，应现拌现喂，还要经常清洗料槽。这种方法适于小规模养殖使用。

（2）颗粒料　是以粉料为基础，经过蒸汽、加压处理而制成的颗粒状饲料。颗粒饲料生产成本高，但优点突出，饲料密度大，体积小，营养全面，容易采食，适口性好，饲料极少浪费。各生长阶段的鸭均可使用，是目前养鸭业最常用饲料类型。颗粒料饲喂效果好，生长速度快。颗粒饲料直径一般为4.5毫米左右。

（3）碎粒料　用机械方法将颗粒料破碎加工成细度为2毫米左右的碎粒，与颗粒料优点相同，但加工成本更高。常用于饲喂雏鸭。

第四节 鸭饲料的质量控制与监督

一、饲料的质量标准

鸭饲料的生产必须符合相关的法律法规、条例和行业标准等，如《饲料卫生标准》（GB 13078—2017）、《生长鸭、产蛋鸭、肉用仔鸭配合饲料标准》（SB/T 10262—1996）等。尤其是标准规定了鸭配合饲料的技术要求、试验方法、检验规则、判定规则及标签、包装、运输、储存要求。适用于饲料加工、销售、调拨、出口的鸭配合饲料。饲料的加工、配合、标记、包装、运输和储存均有一定的要求。

1. 感官要求

色泽一致，无发酵霉变、结块及异味。

2. 水分

北方地区饲料含水率不超过14%，南方地区不超过12.5%。

3. 加工质量

鸭各阶段饲料粉碎粒度、混合均匀度要符合标准。

4. 营养成分

配合饲料中营养成分组成要满足鸭生长与生产的营养需要量。

5. 标签

饲料封口处要有标签，标明产品成分、质量、生产日期、原料组成、饲料添加剂、药物名称和含量、保质期及其所符合的国家标准或行业标准。

6. 包装

配合饲料包装完整，无泄漏，两层包装，内层为塑料防潮层，外层为编织袋。

7. 运输和储存

不同饲料不能混装运输，在运输过程中要轻装轻卸以免包装破损，要推广密闭运输和尽量缩短运输时间。存储时应注意通风，避免高温高湿环境，尽可能减少存储时间，一般控制在3～5天。

二、饲料的质量鉴定

饲料的质量鉴定方法包括感官法、物理法、化学法、物理化学法、微生物学方法和动物试验法等。

1. 感官法

又称经验法鉴定，是凭借人的五官鉴定饲料质量的方法。

（1）视觉观察　查看饲料产品质量合格证、标签、生产日期、原料组分、添加剂种类和含量等，生产企业必须经主管部门批准，取得生产许可证，且在有效期内。此外，还需要对查看原料是否与标签一致，饲料成品色泽、形状、均匀度、霉变、结块等，要求色泽均一，颗粒度均匀，没有结块、发霉现象，无夹杂物。

（2）嗅觉气味　饲料中有各种添加剂，用于改善其味道，增进鸭的食欲，提高适口性，因此，嗅觉不能判断饲料中各组分含量。除增香剂味道外，主要鉴别有无发霉气味、油脂变质味、腐败臭味、氨气臭味和焦化臭味等，正常饲料能嗅到特有的香味。

（3）触觉感受　将少量饲料置于手中，用手指轻捻感觉饲料颗粒大小、均匀度、硬度、黏合度和含水率多少等。

（4）味觉　可通过舌舔或牙咬检查饲料的口味，优质饲料香甜可口，不刺激，无苦味和其他异味等。

2. 物理法

一般借助物理器械鉴定饲料中的异物和杂质等。

（1）筛分法　根据饲料颗粒大小，选择合适孔径的筛子，测定饲料粒度和混入的异物，该方法能够筛出肉眼分辨不出的异物。

（2）容重法　饲料有其固定的容重，测定饲料的容重，与标准容重比较，可测定饲料中是否混有杂质和饲料的质量状况。

（3）密度法　用密度不同的溶液，将饲料放入液体中，根据其在溶液中的位置鉴定有无异物及其种类和比例。

（4）镜检法　利用显微镜观察饲料的外观、组织形态、色泽、硬度和染色特点等，并借助化学和其他方法鉴定饲料原料种类和异物杂质的方法。通常采用立体显微镜观察外部特征，生物显微镜观察组织结构形态等。

3. 化学法

对饲料中的蛋白质、粗脂肪、粗纤维、水分、矿物质元素和毒素等进行实验室测定，测定方法依据相关国家标准。

（1）定性分析　饲料中加入适当的化学物质，根据化学反应后颜色变化、气体和沉淀产生情况判断其主要成分，且是否含有异物。

（2）定量分析　主要对常规饲料营养成分进行分析。

4. 物理化学法

主要是结合物理法和化学法共同鉴定饲料质量。

5. 微生物学方法

根据饲料对微生物和对动物的影响相似的原理，可参考微生物对被检饲料的反应，判断待检饲料对动物的利用价值。

6. 动物试验法

指通过饲养动物，观察并测定饲料的适口性、消化代谢率、生长情况、健康状态等，从而判定饲料质量的优劣。

三、饲料添加剂和动物源性饲料的使用和监督

1. 饲料添加剂的使用与监督

（1）饲料添加剂的种类　目前我国饲料添加剂的分类方法很多，根据其作用和性质，常分为营养性饲料添加剂和一般饲料添加剂。营养性饲料添加剂主要包括氨基酸类、维生素类、

矿物质元素等。一般饲料添加剂主要包括抗生素药物类、驱虫药物类、促生长剂类、中草药类、微生态制剂类、酶制剂类、非蛋白氮类、着色剂类、增香剂类、稳定剂类、黏结剂类、防腐防霉剂、抗氧化剂类和多糖寡糖类等。

（2）饲料添加剂使用注意事项　首先要选择合适的饲料添加剂。饲料添加剂种类繁多，均有各自的用途和特点，因此，选用前需熟悉其性能，结合自身饲养品种、条件、目的和鸭群健康状况等，在不违反相关规定、标准前提下，选择合适的饲料添加剂；其次，确定合适的添加量。用量不足，无法达到生产目的，过量可能会引起中毒等副作用，增加饲养成本。严格按照使用说明进行配制；最后，饲料添加剂使用时必须搅拌均匀。搅拌不匀会造成鸭群个体差异较大，甚至发生中毒现象等。常采用分级搅拌方式，即将适量饲料添加剂先用少量饲料混匀，再与中量饲料混匀，最后与全量饲料混匀。

（3）饲料添加剂标准和监督　饲料和饲料添加剂要符合《饲料卫生标准》（GB 13078—2017）和《饲料标签》（GB 10648—2013），规定了饲料、饲料添加剂原料和产品中有害物质和微生物的最低限量等的检测方法。农业行政主管部门和饲料管理部门可依据《饲料和饲料添加剂管理条例》（2017修订版），依法对饲料和饲料添加剂生产、经营、使用等环节实施质量安全监督检查。

2. 动物源性饲料的使用与监督

（1）动物源性饲料产品　是指以动物或动物生产加工过程中副产品为原料，经加工制作的单一饲料，主要包括肉类加工副产品（如骨粉、肉骨粉等）、水产制品（如鱼粉、鱼油、虾粉、贝壳粉等）、血液制品（如血粉等）、屠宰下脚料和内脏制品（如羽毛粉、内脏粉、动物油脂等）和其他动物源饲料制品（如蛋壳粉、乳清粉、蛋黄粉等）。

（2）动物源性饲料优点　蛋白质含量高，多数产品含量在50%以上，氨基酸组成良好，蛋白质的生物利用率较高；碳水化合物含量低，不含粗纤维；矿物质元素含量高，尤其是钙、磷含量丰富，比例合适，利用率高；B族维生素尤其是B_{12}含量高。常用于补充某些必需氨基酸，提供丰富的B族维生素和矿物质元素等。

（3）动物源性饲料缺点　稳定性不强。由于动物性饲料原料来源复杂，饲料品质不稳定，不利于饲料配制，造成饲料安全隐患；易出现病原微生物污染情况。由于动物性饲料中粗蛋白质和粗脂肪含量较高，适合沙门菌、大肠杆菌等生长繁殖，鸭采食沙门菌污染的饲料，容易造成消化道感染发生腹泻等；储存时易霉变。动物源性饲料易吸潮，在适宜的温度和湿度条件下，霉菌大量增殖，并产生霉菌毒素，危害鸭群健康和生长与生产性能。毒素也会残留在鸭产品中，危害消费者健康；存在化学物质污染的潜在危害。主要是二噁英和苯并芘等存在于动物油脂和脂肪组织中，此外，一些来自化学污染地区的动物源性饲料通过生物富集也存在其他化学物质污染的情况；水生动物饲料常存在重金属污染。水生动物可富集水体中汞、镉等重金属元素，其加工产品（如鱼粉等）也会重金属元素超标；油脂易氧化酸败。动物性饲料中油脂和水分含量较高，储存不当或时间过久，脂肪易氧化腐败，适口性下降，一方面氧化过程中高活性自由基能破坏维生素，造成饲料营养价值降低；另一方面氧化产物可直接损害鸭的免疫器官，降低机体免疫功能。

（4）动物源性饲料的监督和保障　首先要严格控制和审批动物源性饲料产品生产企业的设立。按照相关管理办法规定设立动物源性饲料产品生产企业应具备的六项条件：厂房设施、生产工艺及设备、人员、质检机构及设备、生产环境和污染防治措施。企业填报申请书，经有关饲料管理部门审核、专家评审后，获得《动物源性饲料产品生产企业安全卫生合格证》，才能设立企业并进行生产经营活动。

强化动物源性饲料生产企业的生产管理和行政监督。生产企业要控制原料的采购，禁止采购腐败、污染和来自疫区的动物性原料。生产过程中要注意对运输工具、场所和设施设备等进行清洗消毒，防止发生交叉污染。成品和原料存储区域要分开，保证成品不受污染，产品出厂时应严格检查，并执行原料和产品留样观察制度。饲料管理部门应对动物源性饲料生产企业不定期进行现场检查和监督，除生产场所、原料、设备设施、生产过程和成品以外，还应该了解企业自我监督、数据记录和生产管理制度等执行情况。

积极推进HACCP（危害分析与关键控制点）安全管理。饲料工业推进HACCP管理具有必要性。一方面是与国际接轨的需要，是我国饲料工业走向国际市场的通行证；另一方面是饲料安全管理的需要。改变我国饲料管理事后监督制度的现状，加强事前管理，消除各种质量安全隐患，降低监督成本，提高监督效率。HACCP管理体系对饲料生产各个环节都提出了明确而具体的要求，推进HACCP管理体系的施行有助于我国饲料标准体系的建设和完善。

加强动物源性饲料产品质量标准的制定和修订。我国最新修订的《饲料卫生标准》（GB 13078—2017）中，对鱼粉、鱼油、油脂、乳制品等多种动物源性饲料原料和产品进行了规定。增加了污染物项目，其中80%达到欧盟标准；增加和修改了部分项目的检测方法，保证了饲料卫生安全监督的有效实施。该标准与《饲料标签》（GB 10648—2013）是饲料工业的两大基础性标准，是饲料企业必须遵守的硬性规定。

第四章
鸭场的建设与科学饲养设备

近年来，我国养鸭业发展迅速，鸭饲养量急剧增长。饲养方式由过去粗放型转向规模化、集约化的发展模式。为了充分发挥鸭的生产性能，同时兼顾生态环境，实现养鸭的零排放、无污染、低碳环保和健康安全生产，对养鸭从业者提出了更高的要求。通过采用各种技术手段和措施，对饲养场建设、生产过程、饲养环境、粪污处理等多环节进行科学设计和调控，保障我国养鸭业绿色、健康、快速地发展。

第一节　场址的选择

养殖场是养鸭从业者进行鸭生产活动的重要场所。场址的选择是否合理不断影响鸭的正常发育和生产性能，也影响饲养管理工作和经济效益。因此，要综合考虑鸭养殖场的地理位置、地势地形、土壤质地、水源、气候条件、符合畜禽养殖用地政策等，鸭的生产特点、饲养方式和集约化程度等，科学、合理选择适宜的场址。

一、地理位置

鸭场的位置很重要，合理的场址便于鸭的生产，控制养殖成本，疫病的预防，提高经济效益。场址要求交通便利，场外应有道路直接与外界相连，但不能与主干道交叉。此外，还应综合考虑公共卫生、生态环境、电力供应、水源和其他因素等，选择合适的位置建设鸭场。

1. 远离人群聚居地和工业区

养殖场场址的选择，必须遵循社会公共卫生准则，既不能受到周围环境的污染，更不能成为环境的污染源。场址常选在近郊或更偏远一些的地区，一般以距离城镇10～20千米为宜。远离人口密集区域（如居民区、医院、学校、景区等）。距离居民点在1～3千米及以上，应处在居民区的下风向和饮用水源的下游。为防止产品受到污染，养鸭场与化工厂等排污企业距离至少1.5千米，且不应将养鸭场建设在工厂的下风向。

2. 与畜禽生产加工企业距离

为了便于鸭苗、饲料、产品等的运输，养鸭场与孵化场、饲料厂和屠宰场等距离不宜过远。为了防止疾病的传播，也不宜太近，应保持适当的距离。一般来说，与其他禽畜养殖场之间的距离至少500米以上，大型养殖场之间的距离应在1000～1500米及以上。鸭苗不宜长时间运输，孵化场到养殖场之间的运输时间尽量不超过2小时。

3. 交通运输

选择场址时既要考虑交通便利，便于饲料、鸭苗和商品鸭等的运输。又要为了卫生防疫使鸭场与交通主干道保持适当的距离，也能减少噪声等应激因素。一般养鸭场与主干道的距离为300～400米，国道为500米，省、县道路为200～300米，一般道路为50米左右。如果养殖场有围墙等建筑，可适当近一些。养殖场要求铺设专用道路与公路连接。

4.电力供应

选择场址时，应重视供电条件。必须保证可靠稳定的电力供应，最好靠近输电线路，尽量缩短架设专用输电线路距离，便于电力安装，节约建设成本，最好有双线路供电的条件。有条件的养殖场，可自备发电电源以保证场内的电力供应。

5.其他因素

鸭场选址时，还应考虑周围的农田、果园、池塘、林地、蔬菜等配套环境。当前鸭场粪污处理是制约养鸭业发展的重要环节，实行种养结合的循环农业模式是解决该问题的有效措施。通过种植业的配套，可消耗吸纳鸭场产生的粪污，减少其对周围环境的污染，是实现生态养殖、解决环境污染的根本途径。严禁在环境保护区、景区、疫区等建设鸭场。

二、地势地形

地势是地面形状、高低变化的程度。地形是指养殖场的形状、大小和地面所有物等的状况。

1.要求地势高燥

鸭场地势应高燥，至少应高出当地历史洪水的水平线。不能选择低洼潮湿的场地，空气湿度高，有利于病原微生物和寄生虫等生存与繁殖，威胁鸭群健康，也严重影响建筑物的使用寿命。养鸭场应选在地势高燥、排水良好的地方，高出历史洪水的水平线1米以上。地下水位要在2米以下，或建筑物地基深度0.5米以下为宜。以避免降雨的威胁、减少由于土壤毛细作用引起水上升造成地面潮湿。

2.向阳背风、排水性好

场地要向阳背风，以保持场区的小气候条件稳定，减少寒冷季节风雪的影响。平原地区场地比较平坦、开阔，场地应选择在地势略高、稍有缓坡的地方，以便于排水，防止场地积水和泥泞，保持场地和鸭舍的干燥。山区应选在稍平缓坡上，坡面向阳，南向坡面能够接受更多的阳光照射，日照充足，气温较高，东、西向坡面次之，北向坡面最低。坡度不宜过大，最大坡度不超过25°，建筑区坡度在1°～3°为宜。坡度过大，不便于建设施工、运输、日常管理等工作。对于有水面运动场的种鸭场，陆地运动场与水面运动场之间应有坡度斜伸至水池，不能呈陡壁。在山区林地还应注意地质构造情况，避开断层、滑坡和易塌方地段，避开坡底、谷口以及风口等，免遭山洪和暴风雪的破坏。

3. 地形开阔平整

鸭场的地形要平整开阔，场地不能过于狭长或边角过多，否则会增加围墙等建筑成本。鸭场规模应根据饲养数量而定，占地面积不宜过大，在保证饲养密度的前提下，应尽量节约用地。可预留出空地用于扩大养殖规模。场地内尽量获得充足的阳光，一方面能够节约取暖成本，另一方面能够有效杀死部分病原微生物，有利于鸭健康地生长发育。鸭场周围可种植树木，形成天然屏障，与外界环境隔离，减少各种应激因素的影响。但密度不宜过大，影响采光。开阔平整的场地，便于饲养生产管理，能够提高生产效率。

三、土壤质地

在选择场址时，要详细了解场地的土壤土质状况，要求场地未曾用作化工厂、垃圾掩埋等，也未发生过疫情，透水透气性良好，能保证场地干燥。

1. 土壤类

包括壤土、沙土和黏土。

① 壤土是土壤中含有大致等量的沙砾、粉粒和黏粒，或黏粒含量稍低。土壤质地较为均匀，黏度适中，透水透气性良好，降水后极少积水或泥泞，易于保持干燥，可防止病原菌、寄生虫卵、蚊蝇等生存和繁殖。土壤导热性小，热容量大，温度适宜稳定，有利于鸭的健康生长、卫生防疫。抗压性能优良，膨胀性小，适合作为鸭舍建设地基。

② 沙土含沙砾量超过50%，土壤黏性小，土质疏松，透气透水性强，热容量小，随环境温度改变较快，昼夜温差大，易造成舍内温度起伏较大。抗压性差，不适于作为建筑用地。

③ 黏土沙砾含量较少，黏粒和粉粒含量较多，黏粒含量超过30%。土壤质地黏重，颗粒间孔隙细小，透水透气性差，吸湿性强，极易潮湿、泥泞，积水严重。鸭舍内容易潮湿，滋生蚊蝇等。有机质降解缓慢，土壤热容量大，在北方冬季时，结冰后体积膨胀、变形，造成建筑物损坏，缩短使用寿命。有利于病原微生物等的生长繁殖，诱发疾病的流行。

2. 土壤成分

土壤成分复杂，包括矿物质、有机物、土壤溶液和气体等。土壤中一些矿物质元素缺乏或过量时，会通过饲料、植物和饮水等引起一些营养代谢性疾病。土壤中一般常量元素含量丰富，通过饲料可以满足机体需要。鸭对一些微量元素需求较高，应注意在日粮中适量补充。土壤中一些重金属元素、有机污染物和无机污染物等化学成分影响鸭的健康。如果这些有毒有害物质含量超标，容易造成产品质量下降，会威胁人类健康。严重时甚至出现鸭中毒死亡等情况。应在建设前，了解鸭场土地的农药、化肥的使用情况，对土壤样本中的汞、镉、铅、砷和有机磷等污染物进行检测，合格后才能开工建设。

3. 土壤微生物

土壤中微生物种类繁多，如细菌、放线菌和病毒等。土壤的温度、湿度、营养物质和pH值等条件不利于病原菌的生存和繁殖。但被污染的土壤和一些可在恶劣环境下长期存活的病原菌（如沙门菌可存活12个月等），对养殖场的正常生产存在潜在威胁，因此，在发生过疫情或老旧养殖场地区的土壤对鸭鹅健康构成极大威胁。同时，一些低洼地、沼泽、水边等地区适于寄生虫的生存，会导致鸭寄生虫病的发生和流行。

在选择场址时，除了考虑土壤的物理性质，还应重视化学特性和生物学特性的调研。如果受条件所限，可以对土壤进行改良，同时在饲养管理、鸭舍设计、施工等过程中弥补土壤的缺陷。

四、水源

水源水质关系着养鸭生产和人员生活用水，养殖场必须保证有充足清洁的水源。

1. 水源选择的要求

首先要保证水源充足，能够满足人员的生活用水、鸭群饮用、饲养管理清洗和消防用水等。按照24～30升/（人·天）的耗水量，1千/（羽·天）的需水量计算，夏天炎热时用水量增加30%～50%。同时也要考虑鸭场未来扩大生产的需水量和枯水期的鸭场的需水量等。更为重要的是提供的水源要求水质优良。鸭场的水源水质要求是不经过处理或稍加处理就符合《无公害食品　畜禽饮用水水质》（NY 5027—2008）的标准。基本要求是无色、无味、无臭，透明度好，了解其酸碱度、硬度、有无污染源和有害物质等。有条件的话，应采集水样进行水质的物理、化学、污染物和微生物等方面的化验分析。

2. 水源的类型

主要包括地表水、地下水、降水和自来水。

（1）地表水　地表水包括江、河、湖和水库等，来源广泛，水量充足，本身又具有良好的自净能力，是较广泛使用的水源。有条件的情况下，应尽量选择水量大、流动性好的地表水作为水源。供饮用的水需经过人工净化和消毒处理。由于地表水多由降水和地下泉水汇集而成，其水质和水量受自然条件影响较大，同时也易受到各种污染物，尤其是生活和工业废水等的污染。常引起疾病的发生和流行以及慢性中毒等。

（2）地下水　地下水是降水和地表水经地层渗透、过滤积聚而成。在渗滤过程中，大部分杂质被滤除，长期被封闭在地下，一般来说，受污染的情况较少，但浅层地下水受污染机会相对较多，被污染后自净速度较慢；而深层地下水极少受到有机污染物等的污染，水质、水量比较稳定，是优质的水源。地下水在形成过程中，往往溶有较多的矿物质元素，与地表水相比，硬度较大，且有些地质结构中含有有害元素，因此，在使用前需进行矿物质元素的化验。由于我国地下水资源匮乏，一般地下水常用作饮用水源，而生产管理和清洁用水多采用地表水。

（3）降水　降水是天然蒸馏水，以雨、雪等降水形式落于地面。降水是水蒸气在大气中吸收了杂质凝结、降落的过程。在降落过程中不断吸收空气中的微尘、细小颗粒等，受污染严重。降水储存困难，仅在山区建造沉淀池来利用，水质无法保证，一般不作为饮用水，仅用于饲养管理用水等。

（4）自来水　自来水是我国城镇居民的主要生活用水，部分发达地区的农村也逐渐使用。自来水的水质、水量可靠，使用方便，是鸭群的理想饮用水。但相对成本较高。一般使用自来水时，应提前灌入水塔中，经阳光暴晒后供鸭群饮用。

五、气候条件

建场前应充分了解当地的气候气象资料，如气温、风力风向、降水量和灾害性大气的情况，作为鸭场建设和设计的参考。包括地区全年的气温变化情况、夏季最高温度及持续时间、冬季最低气温及持续时间、常年主导风向、全年光照时间变化等。

六、符合畜禽养殖用地政策

场址选择必须符合本地区的农牧业生产发展总体规划、土地利用发展规划和城乡建设发展规划的用地要求，必须遵守合理利用土地的原则。遵守《畜禽规模养殖污染防治条例》（2016年）规定，严禁在饮用水水源保护地、风景名胜区、自然保护区核心区和缓冲区、城镇居民区、文科教学研究区及其他禁止养殖区域建设畜禽养殖场、养殖小区。随着我国畜牧业的发展，饲养方式和饲养结构发生了很大变化，规模化养殖对用地提出了新的要求。

1. 统筹规划，合理安排养殖用地

① 县级畜牧主管部门要依据上级畜牧业发展规划和本地畜牧业生产基础、农业资源条件等，编制好县级畜牧业发展规划，明确发展目标和方向，提出规模化畜禽养殖及其用地的数量、布局和规模要求。

② 在当前土地利用总体规划尚未修编的情况下，县级自然资源管理部门对于规模化畜禽养殖用地实行一事一议，依照现行土地利用规划，做好用地论证等工作，提供用地保障。下一步新一轮土地利用总体规划修编时，要统筹安排，将规模化畜禽养殖用地纳入规划，落实养殖用地，满足用地需求。

③ 规模化畜禽养殖用地的规划布局和选址，应坚持鼓励利用废弃地和荒山荒坡等未利用地、尽可能不占或少占耕地的原则，禁止占用基本农田。各地在土地整理和新农村建设中，可以充分考虑规模化畜禽养殖的需要，预留用地空间，提供用地条件。任何地方不得以新农村建设或整治环境为由禁止或限制规模化畜禽养殖。积极推行标准化规模养殖，合理确定用地标准，节约集约用地。

④ 规模化畜禽养殖用地确定后，不得擅自将用地改变为非农业建设用途，防止借规模化养殖之机圈占土地进行其他非农业建设。

2. 区别不同情况，采取不同的扶持政策

① 农村集体经济组织、农民和畜牧业合作经济组织按照乡（镇）土地利用总体规划，兴办规模化畜禽养殖所需用地按农用地管理，作为农业生产结构调整用地，不需办理农用地转用审批手续。

② 其他企业和个人兴办或与农村集体经济组织、农民和畜牧业合作经济组织联合兴办规模化畜禽养殖所需用地，实行分类管理。畜禽舍等生产设施及绿化隔离带用地，按照农用地管

理，不需办理农用地转用审批手续；管理和生活用房、疫病防控设施、饲料储藏用房、硬化道路等附属设施，属于永久性建（构）筑物，其用地比照农村集体建设用地管理，需依法办理农用地转用审批手续。

③ 办理农用地转用审批手续所需的用地计划指标，今年要从已下达的计划指标中调剂解决，以后要在年度计划中予以安排；占用耕地的，原则上由养殖企业或个人负责补充，有条件的，也可由县级人民政府实施的投资项目予以扶持。

3. 简化程序，及时提供用地

① 申请规模化畜禽养殖的企业或个人，无论是农村集体经济组织、农民和畜牧业合作经济组织还是其他企业或个人，需经乡（镇）人民政府同意，向县级畜牧主管部门提出规模化养殖项目申请，进行审核备案。

② 农村集体经济组织、农民和畜牧业合作经济组织申请规模化畜禽养殖的，经县级畜牧主管部门审核同意后，乡（镇）国土所要积极帮助协调用地选址，并到县级自然资源管理部门办理用地备案手续。涉及占用耕地的，要签订复耕保证书，原则上不收取保证金或押金；原址不能复耕的，要依法另行补充耕地。

③ 其他企业或个人申请规模化畜禽养殖的，经县级畜牧主管部门审核同意后，县（市）、乡（镇）自然资源管理部门积极帮助协调用地选址，并到县级自然资源管理部门办理用地备案手续。其中，生产设施及绿化隔离带用地占用耕地的，应签订复耕保证书，原址不能复耕的，要依法另行补充耕地；附属设施用地涉及占用农用地的，应按照规定的批准权限和要求办理农用地转用审批手续。

④ 规模化畜禽养殖用地要依据《农村土地承包法》《土地管理法》等法律法规和有关规定，以出租、转包等合法方式取得，切实维护好土地所有权人和原使用权人的合法权益。县级自然资源管理部门在规模化畜禽养殖用地有关手续完备后，及时做

好土地变更调查和登记工作。因建设确需占用规模化畜禽养殖用地的，应根据规划布局和养殖企业或个人要求，重新相应落实新的养殖用地，依法保护养殖企业和个人的合法权益。

4. 通力合作，共同抓好规模化畜禽养殖用地的落实

① 各地要依据法律法规的有关规定，结合本地实际情况，认真调查研究，进一步完善有关政策，细化有关规定，积极为规模化畜禽养殖用地做好服务。

② 各级自然资源管理部门和畜牧主管部门要在当地政府的组织领导下，各司其职，加强沟通合作，及时研究规模化畜禽养殖中出现的新情况、新问题，不断完善相应政策和措施，促进规模化畜禽养殖的健康发展。

③ 各地在贯彻落实遇到的问题，要及时报自然资源部和农业农村部。

第二节　鸭场的布局与建筑要求

养鸭场场址选定后，要根据场地的地势、地形和当地气候条件等，对鸭场内各类房舍、道路、排水、粪污处理等区域位置进行合理的分区规划，同时还要对鸭舍的位置、朝向、间距、内部结构等进行科学合理的设计、布局。要充分考虑人员健康、养鸭生产、环境友好等因素，便于饲养生产管理和疫病防控等工作，进行科学、合理的统筹规划设计。

一、鸭场的规划分区

鸭场的规划分区应遵循以下基本原则。首先，要体现建场目的、任务，在满足生产要求的前提下，做到节约用地，少占用或不占用耕地，不得占用基本农田；在建设规模化鸭场时，应全面考虑鸭粪污的处理和利用，减少对环境的污染。再次，应因地制宜，合理利用地势地形，提供养鸭生产活动的良好环

境，节约资金投入，提高生产劳动效率。最后，用发展的眼光，在规划时应考虑将来扩大生产用地，尤其是生产区的规划。

对鸭场布局规划时，应从人员健康和养鸭生产的角度出发，以建立最佳生产联系方式和卫生防疫条件，合理安排各区域的布局。规模化养鸭场一般分为生活办公区、生产区和隔离区三大功能区。各区域之间应用围墙或绿化带严格分开（图4-1）。

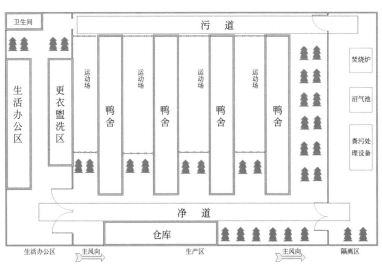

图4-1 鸭场的功能区划分和布局

1. 生活办公区

是鸭场经营管理、与外界联系和人员日常生活的区域，应设在场区的上风向和地势较高的位置，鸭场通过大门直接与外界道路相连，大门处设有消毒池。生活办公区通常包括办公室、员工宿舍、盥洗室、更衣消毒室、食堂等。外来车辆和人员经更衣消毒后只能在生活办公区逗留，不得进入生产区和隔离区。

鸭场物资和产品运输频繁，易造成疫病传播，因此，场外运输和场内运输应分开。一般外来车辆停放在生活办公区空地，场内车辆将物资转运至仓库和鸭舍等。只有当鸭场中商品鸭全部出栏和养殖间歇期，才允许外来车辆和人员进入生产区，但应经过严格的消毒过程。生活办公区可种植少量自供叶菜，严禁饲养其他动物。

2. 生产区

是鸭场的核心区域，通常包括各种鸭舍、孵化室、饲料库房、种蛋库、水塔、临时休息室、饲养工具室和设备管理维修室等，应位于生活办公区的下风向和地势略低处。进入生产区应通过消毒池或更衣消毒室。商品鸭场鸭舍可按照日龄或品种、生产性能等各自形成一个区域，各区域间保持适当的距离。每个鸭舍都应实行全进全出制度。目前集约化商品代鸭场通常只饲养单一品种，实行全进全出制度，鸭舍布局比较简单。种鸭场中各种鸭舍的安置按照主风向和地势，将日龄较小、抗病能力弱的鸭舍置于上风向和地势较高处，一般顺序为：孵化室→育雏舍→育成（后备）鸭舍→成年鸭舍。雏鸭位于上风向和地势较高处，可以得到最新鲜的空气，减少发病机会，避免育成鸭舍、成年鸭舍的污浊空气造成疫病传播。

孵化室与外界联系较多，应靠近生活办公区，龙头企业常单独建设孵化场。育雏鸭舍与育成鸭舍、成年鸭舍应保持一定距离，有条件最好单独隔离饲养雏鸭，防止交叉感染。育成鸭舍和成年鸭舍多用消毒池或绿化带隔离，防止疾病的传播。

饲料供应、储存的库房应设于生产区上风向和地势较高的地方，同时要兼顾饲料的运入和向鸭舍分发的环节，要求饲料运入时方便，外界车辆又不需进入生产区，同时库房到鸭舍距离较近且联系方便。稻壳、木屑等垫料应存放于生产区下风向，与其他建筑物和电力设备较远，防止发生火灾。

临时休息室和饲养工具室常设于鸭舍与净道相连一侧，水塔、料塔等位于两栋鸭舍之间，便于饲养员的日常工作，减轻工作强度，提高工作效率。此外，生产区还应单独铺设净道和污道，净道主要用于鸭苗、饲料、工具的运输和人员走动；污道主要用于将鸭舍污物（如病死鸭、粪便等）运至隔离区处理。

为了减少外界应激因素对生产区的影响，周围常种植树木作为天然隔离屏障。

3.隔离区

是病鸭隔离治疗、病死鸭和粪污等污染物集中处理的区域，位于鸭场最下风向和地势最低处，与其他区域距离较远，是环境保护和卫生防疫的重点。隔离区通常包括储粪池、化粪池、粪便干湿分离池、沼气池、焚烧炉、粪污处理设备等，其主要功能是将养鸭场的粪污等进行无害化处理，减少污染物的排放。隔离区的污水应严格控制，严禁直接外排污染环境，防止渗透污染地下水。通过无害化处理，最终实现养鸭生产的绿色健康发展。

二、建筑物布局

鸭场的建筑物布局的基本要求是便于生产管理、卫生防疫等，使鸭场生产过程各环节相互联系，降低饲养员的劳动强度，提高生产效率。基本任务是合理布置生产区内各种鸭舍和设施的排列方式、间距、朝向和保证生产中的功能联系等，使各个鸭舍形成独立的小气候（图4-2）。

1.建筑物的排列方式

生产区的建筑物应根据当地气候条件、地形地势、建筑物类型和数量等，排列尽可能合理、整齐、紧凑、美观。鸭舍布

图4-2 生产区内鸭舍和设施的排列方式、间距和朝向（王兆山 摄）

置呈横向（东西）成排，纵向（南北）成列的行列式，场地允许的条件下，数栋鸭舍布置成近似正方形，避免过于狭长，造成运输距离加大，道路、管线等投资增加，养殖人员日常工作量加重。若鸭舍的行列式排列与地形地势、当地气候和鸭舍朝向等矛盾时，可将鸭舍左右或上下错开，但仍注意平行原则，不可相互交错。

2. 建筑物的朝向

鸭舍的朝向应满足光照、温度和通风的要求。鸭舍一般为长方形，其长轴方向的墙为纵墙，短轴方向的墙为山墙。我国养鸭地区主要为北纬15°～50°，鸭舍应为南向或南向略偏东西向，在冬季太阳角度较小时，南侧纵墙和屋顶能够最大限度地获得阳光照射，保温防寒；夏季时阳光直射角度较大，不会透过南侧窗进入舍内，避免舍内温度过高。我国夏季多东南季风，夏季纵墙上窗户打开，利于舍内通风，对流散热效果极好。南向偏侧角度主要参考当地气候，南方地区以避暑为主，避免日晒，可偏向东侧；北方主要以保暖为主，可偏向西侧。

3. 建筑物的间距

是指相邻两栋建筑物纵墙之间的距离。鸭舍间距主要考虑日照、通风、防疫、防火和节约用地等因素。按照日照要求，设定鸭舍南侧纵墙高度为H，为满足鸭舍冬季的光照需求，在我国北方地区，鸭舍间距为$2.5H$即可；卫生防疫要求间距为$3～5H$。根据通风要求确定适宜间距时，自然通风条件下，鸭舍间距为$3～5H$即可满足下风向鸭舍的通风需要；若结合纵向机械通风，鸭舍间距可缩短为$2～3H$即可。我国鸭舍目前多采用砖混、彩钢瓦、玻璃棉毡和塑料帆布等，防火等级为$2～3$级，参考防火规范，鸭舍间距为7～8米为宜。综上所述，鸭舍间距为$3～5H$，即可满足各种因素条件的要求。

三、主要附属设施

除鸭舍外，场区道路、排水和绿化等也需要科学、合理地设计和布局。

1. 道路

鸭场生产区道路按用途可分为净道和污道。净道主要是运送饲料、产品和用于生产联系；污道主要用于运送粪便污物、病死鸭等。为了严格控制卫生防疫，鸭场内净道和污道不能交叉和混用，也不能和场外的道路直接相连。生活办公区和隔离区应分别设有与场外相通的道路。道路应不透水，断面坡度一般为1%～2%。铺设材料可选择砖、混凝土、沥青、煤渣等。路面宽度大小与鸭场规模成正比，大型鸭场生活办公区道路宽度为6～8米，生产区和隔离区道路宽度为3～5米；小型鸭场生活办公区道路宽度为4～5米，生产区和隔离区道路宽度为3～4米即可。道路尽头应为空地，可供车辆掉头。

2. 排水

场内水沟主要是快速排出降水，以保持场区干燥。一般在道路（生活办公区和净道）一侧或两侧铺设明沟，沟底可砌砖、石，或用水泥硬化，也可用土夯实呈梯形或三角形断面，结合绿化护坡，以防塌陷。污道区域多采用地面自由排水。需要注意的是，舍外排水不能与舍内排水系统相连或共用，防止排水沟淤塞和加大污水处理净化负荷。舍内外排水分离，能够在暴雨时防止污水、降水满溢，混合后排出场外，造成环境污染。

3. 绿化

鸭场进行规划时，应留出绿化地，包括隔离林、道路绿化、遮阳绿化、绿地和防风林等。隔离林主要设在各区之间和鸭场围墙内外，上风向隔离林应选择树干高、树冠大的落叶乔木，株距大一些，场内各区之间除乔木外，应混合灌木，密度大一些；道路绿化主要是保护路面、遮阳和排水沟护坡；遮阳绿化一般植于鸭舍南侧和西侧，以树冠大的落叶乔木为宜，夏季遮阳，冬季不影响光照；绿地绿化主要是生活办公区、鸭舍间及场内其他裸露空地的绿化，多以草地和矮株树木为主，具有美观和防尘等作用；防风林多位于鸭场北侧，我国冬季多为西北风，在其上风向种植，要求高矮不一、落叶和常绿树搭配，密度稍大，冬季能够有效阻挡寒风。

四、鸭舍的建筑设计

鸭舍建筑设计应遵循鸭的生物学特性和鸭场的实际生产需要进行，同时应本着节约、适宜、耐用的原则，就地取材，合理搭配，精心施工。

1. 鸭舍的基本要求

① 鸭舍要防寒保暖，通风良好。冬季防寒保暖，夏季通风降暑，鸭舍温度为15～33℃，适合鸭的生长。

② 鸭舍结实耐用，使用寿命长。一般大棚式鸭舍使用寿命约为10年，砖混结构的现代化鸭舍使用寿命可达20年甚至更长时间。

③ 便于饲养管理和卫生防疫。采用自动化和机械化设备，降低劳动强度，提高劳动效率。

2. 鸭舍建筑材料

鸭舍建筑材料应就地取材，根据饲养地区建材资源条件和气候而定。北方地区，建筑材料尽可能选择砖瓦材料，要求抗寒保温效果优越，成本较高；南方地区冬季较短，平均气温较高，可采用竹竿、石柱等为骨架，搭建简易棚舍，一般没有实体墙，价格低廉。屋顶可采用玻璃棉毡、篷布、透明瓦和彩钢瓦等。鸭舍地面、运动场和水池等宜采用水泥，便于清洗和卫生消毒。如果本地垫料资源丰富，种鸭舍内地面以垫料为佳，既便于种鸭保温和发酵床的使用，又可以节省投资。

3. 鸭舍的整体

鸭舍跨度一般不宜过宽，由于鸭舍高度较低，主要依赖自然通风，跨度以6～10米为宜，以保证舍内空气流通较好。鸭舍长度没有严格规定，一般粗放型饲养鸭舍长度多为30～60米。现代化钢结构笼养鸭舍高度增加至5米，其跨度为15～18米，长度为80～100米。鸭舍的总面积与鸭的饲养量呈正比。

一般鸭舍高度为2～2.5米，增加鸭舍高度有利于通风、降温。笼养鸭舍高度一般为5米，主要为了扩大舍内空间，利于多层笼养。为了方便人员进出，鸭舍不得低于2米。

4. 饲养密度

蛋鸭舍内平养，不同日龄鸭的饲养密度不同：0～3周龄为20～30只/米^2，4～9周龄为10～15只/米^2，10～20周龄为8～12只/米^2，20周龄后为6～8只/米^2。商品肉鸭饲养密度根据饲养方式不同有所差异，1周龄平养为10～15只/米^2，网上为15～20只/米^2，三层立体笼养为40～50只/米^2。2周龄平养4～8只/米^2，网上为8～12只/米^2，三层立体笼养为25～40只/米^2。3周龄平养为4～6只/米^2，网上为8～10只/米^2，三层立体笼养为20～30只/米^2。4周龄直至出栏平养为4～5只/米^2，网上为6～8只/米^2，三层立体笼养为12～16只/米^2。夏天饲养密度略小一些。

合理的饲养密度可保证鸭群有足够的活动范围、采食空间和充足的饮水，有利于鸭群的生长发育。饲养密度过大，会限制鸭的活动，舍内空气污浊，采食不均，鸭群个体差异较大，常发生啄肛、啄羽等异食癖，甚至造成疫病的发生和流行。饲养方式、饲养密度和鸭舍面积共同决定了鸭的饲养量。

5. 顶棚设计

鸭舍顶棚样式较多，有单坡式、双坡式、拱式和平顶式等。一般常采用双坡式，鸭舍跨度较大，适合于大规模的集约化养殖。有些小规模鸭场采用单坡式，跨度小。在南方地区，屋顶可适当高一些，利于通风散热；北方地区可适当降低高度以利于保温。

五、鸭舍的类型和特点

在进行鸭舍建筑设计时，需要根据情况选择合适的鸭舍类型，既能够为鸭提供良好的生长和繁殖的环境条件，又要考虑降低建设成本，节约投资。主要根据养鸭的种类、数量和实际的场地条件等确定鸭舍的类型，既不能追求假、大、空的高标准、高要求，造成不必要的浪费，也不能忽视鸭舍建造，随意搭建，影响养鸭生产。一般来说，鸭舍可分为简易鸭舍和固定鸭舍两大基本类型。

1. 简易鸭舍

是一种简易、活动的鸭舍。没有固定的场址，随放牧的鸭群行动，是最简易的一种鸭舍，常用于放牧的小鸭群。用木棍或竹竿等作为支架，在上方盖有塑料布、篷布或其他遮挡物等。

2. 固定鸭舍

一般按照封闭程度又可分为完全开放式鸭舍、半开放式鸭舍和全封闭式鸭舍。

① 开放式鸭舍是能充分利用自然条件，辅以人工调控或不采用人工调控的鸭舍。完全开放式鸭舍只有端墙或四面无墙，鸭舍可以起到遮阳、避雨和部分挡风的作用。有的地区为了克服其保温性能差的缺点，在鸭舍前后加卷帘，使鸭舍夏季通风良好，冬季可保温。开放式鸭舍结构简单，造价较低，适合于南方地区。

② 半开放式鸭舍是三面有墙，正面无墙或半截墙。开放一面多为南向朝阳，冬季阳光可进入鸭舍。三面墙在冬季可挡住寒风，一般冬季在开放一侧增加卷帘、塑料薄膜等，形成封闭式饲养环境，改善舍内温度。

③ 全封闭式鸭舍通过门窗与外界联系，与墙、顶棚等构成了密闭饲养环境，有较好的保温和隔热性能。通风多依赖门、窗等自然通风和风机纵向通风。密闭式鸭舍保暖防寒，但防暑效果较差，多需人工降温。

六、鸭舍的建造

鸭舍的建筑根据饲养方式的不同可分为育雏舍、育成舍、种鸭舍或产蛋鸭舍以及孵化室等。此外，蛋鸭、肉鸭笼养技术符合当今社会对养殖业的要求，本部分单独介绍笼养鸭舍的建造。

1. 育雏舍

主要用来饲养4周龄以内的雏鸭。雏鸭绒毛稀少，体温调节能力较差，抗病力弱，要求育雏鸭舍保温效果好，空气清洁干燥，舍内空气流通且无贼风，电力供应稳定。育雏舍跨度为6米为宜，舍檐高2～2.5米即可，内设天花板，以增加保温效果，所有门窗和给排水管道等均应装有防兽网等设施，构建良好的隔离条件。纵墙常侧设有窗户，一般南侧窗户较大，窗户有效采光面积和地面的比例为1∶（10～15）为宜。高网饲养育雏时，常铺设两层塑料网，便于雏鸭行走，防止脚部受伤。为了保温和便于饲养管理，育雏舍常分隔为约20米^{2}大小的小间，小群为100～200只雏鸭。舍内地面最好采用水泥铺砌，便于清洗和消毒，地面要比舍外高出30厘米左右，便于排水（图4-3）。

图4-3 育雏舍（王兆山 摄）

2. 育成舍

育成鸭又称为青年鸭或后备种鸭。育成阶段生长快，生命力较强，对温度要求不如雏鸭阶段严格。育成舍建筑结构较为简单，基本要求是能遮风挡雨，保持舍内干燥；冬季可以保温，夏季通风良好。规模化鸭场育成前期与育雏舍相似，后期常置于种鸭舍中饲养。育成舍跨度一般为4米，采光系数为1∶10左右。育成期鸭发育较快，鸭群应有较多的活动和锻炼，一般常在鸭舍南侧设运动场，运动场周围需建围栏等，高度1～1.2米为宜。

3. 种鸭舍或产蛋鸭舍

有单列式和双列式两种。双列式鸭舍中间为行走通道，两边均为陆地运动场，冬天时不宜采用双列式。单列式鸭舍冬暖夏凉，极少受季节和地区限制。种鸭舍要求防寒、隔热效果较

图4-4 种鸭舍（王兆山 摄）

图4-5 孵化室外观
（王兆山 摄）

好，一般鸭舍高度为2.6～2.8米，采光系数1∶8左右为宜。舍内地面用水泥铺设或采用垫料，并有适当坡度。饮水器在较低处，并在其下方设置排水沟。较高处设置产蛋箱等，供种鸭产蛋使用（图4-4）。

4. 孵化室

鸭场主要采用人工孵化，孵化室是最重要的场所。其基本要求是既要通风，又要保温，冬暖夏凉。地面为混凝土，且有排水沟通往室外，以便于冲洗消毒。种蛋库与孵化室相通，蛋库中的蛋盘应和孵化器中的蛋盘规格一致，便于操作（图4-5）。

5. 笼养鸭舍

肉鸭笼养是实现肉鸭集约化、养鸭绿色发展的有效途径。因此，笼养鸭舍的建设也在探索中不断成熟。一般根据项目区实际地形、地势而定，一般棚舍长100米，跨度为15米，檐高3.3米，脊高5米，多为四列三层立体笼养，中间有三条行走通道。墙体砖混结构，顶棚钢架结构。顶棚及内墙壁喷涂聚氨酯。建成后每栋占地面积1500米^{2}左右，养殖存栏量2.5万～3万只，年可出栏8批。这种鸭舍自动化程度较高，节约了土地、人力等资源，但投资较高，每栋鸭舍需投资60万元以上（图4-6、图4-7）。

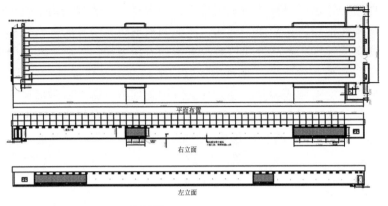

平面布置

右立面

左立面

图4-6 笼养鸭舍俯瞰图

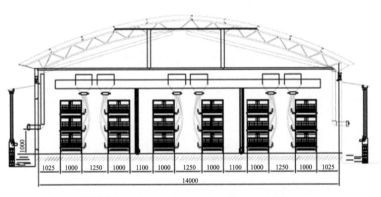

| 1025 | 1000 | 1250 | 1000 | 1100 | 1000 | 1250 | 1000 | 1100 | 1000 | 1250 | 1000 | 1025 |

14000

图4-7 笼养鸭舍纵向剖面图（单位：毫米）

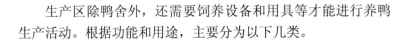

第三节　饲养设备与用具

生产区除鸭舍外，还需要饲养设备和用具等才能进行养鸭生产活动。根据功能和用途，主要分为以下几类。

一、饲喂饮水设备

鸭的饲喂饮水设备应符合鸭喙扁平的特点，既能使鸭舒适地采食饮水，但又要防止鸭进入饲料容器、饮水容器内，避免污染和浪费，还应便于拆卸、清洗和消毒等。器具的规格和样式可因地区、鸭品种和日龄等因素而有所差异，一般常购买专用的料槽和饮水器，也可用木盆、塑料盆等替代或自行制作。雏鸭用的料槽或料盆，需在其上方增加网罩，饮水器常用塔形真空饮水器，由上方的椭圆形圆桶和下方的底盘组成。圆桶基部有 1 ～ 2 个小洞与底盘相连，底盘中水位下降，空气通过小孔进入，水自动流到底盘；当水位达到小孔高度时，气孔堵住，水流停止。这种饮水器结构简单，使用方便，便于清洗消毒，一般多为塑料制品。40 日龄后可改用料盆和水盆等，盆高与鸭背高度相同，便于采食和饮水。饲槽可用于鸭各个阶段，应上宽下窄，防止饲料浪费。集约化笼养肉（蛋）鸭时，多个饲槽相连与鸭笼长度一致，每个鸭笼设置 2 ～ 3 个自动饮水器（图4-8、图4-9）。

图4-8 左侧为饲槽，右侧为塔形真空饮水器（张英 摄）

图4-9 红色结构为乳头饮水器（王兆山 摄）

在鸭育肥期和鸭肥肝生产中，后期常采用填饲方法提高产品质量和产量。填饲机械通常分为手动填饲机和电动填饲机。

1. 手动填饲机

这种填饲机规格不一，主要由料箱和唧筒两部分组成。填饲嘴上套有胶皮软管，内径为 1.5 ～ 2 厘米，长度为 10 ～ 13 厘米为宜。手动填饲机结构简单，操作方便，适用于小型鸭场使用。

2. 电动填饲机

又可分为螺旋推运式和

压力泵式两种填饲机。螺旋推运式是利用小型电动机，带动螺旋推运器，将玉米经填饲管填入鸭食管中。这种填饲机适于填饲整粒玉米，效率较高，多用于鸭肥肝的生产。压力泵式是利用电机带动压力泵，使饲料经填饲管进入鸭食管。这种填饲机常采用尼龙和橡胶制成的软管作为填饲管，能够避免损伤咽喉和食管，也不必多次向食管捏送饲料，生产效率高。这种填饲机适合于填饲糊状饲料，多用于制作烤鸭用肉鸭育肥。

二、保温设备

育雏时需要保证较高的舍温，除了建设育雏舍时考虑保温外，还需要必要的保温设备和用具。由于雏鸭与雏鸡的饲养条件相似，因此鸭育雏保温设备和用具与鸡的相同。

1. 保温伞

又称育雏伞，是由电能供暖的伞形育雏器，伞下温度可自动控制，便于操作和管理。伞罩形状多样，有方形、多边形和圆形等，伞罩上部小，直径为8～30厘米，下部大，直径为100～120厘米，高度约为70厘米。伞罩外壳用铁皮、铝合金或纤维板制成双层，夹层填充玻璃纤维等保温材料，也有用布料作外壳，内侧涂一层保温材料，制成可折叠的伞状。伞罩下缘安装电热丝，电热丝周围加防护网以防触电，也可在内侧顶端安装电热丝或红外加热器，与伞顶或伞下的控温装置相连。在伞下还应装有照明灯和辐射板，在伞下缘留有10～15厘米的间隙，留给雏鸭自由出入。一般每台保温伞可育雏200羽左右。当冬季天气寒冷时，除保温伞局部加温外，还应提高舍内温度（图4-10）。

图4-10　保温伞

2. 煤炉和暖风机

煤炉是育雏时最常用、最经济的加温设备，平养或网养时 $20 \sim 25$ 米^{2}一个，煤炉设有进气管和出气烟筒，通过调节进气管孔径控制火力。出气烟筒要尽可能延伸长度，热量利用更加充分，保证通畅，防止烟熏造成雏鸭死亡。室内要经常开启门窗通风，防止产生一氧化碳中毒。由于燃煤对环境污染较为严重，部分养殖场采用热风炉和热风机加热进行育雏。暖风炉（机）是以煤、油燃料或电力加热的一种供热设备。结构紧凑，升温迅速，热风干燥清新，风温可调，运行成本低，操作方便，便于大规模育雏。使用时要遵循使用说明，采用正规清洁的油品。煤炉和暖风机主要用于提高舍温，也可提高局部温度。

3. 红外线灯

在室内直接使用红外线灯泡加热。常用的红外线灯泡功率为250瓦，使用时可等距离排列，也可 $3 \sim 4$ 个灯泡为一组。育雏第一周，灯泡离地面 $35 \sim 45$ 厘米，随雏鸭日龄增大，逐渐提高灯泡高度。用红外线灯泡加温，温度稳定，舍内干燥，管理方便，降低劳动强度，提高劳动效率。但红外线灯泡耗电量大，易损耗，加温成本较高，电力不稳定的地区不宜采用。

4. 烟道

有地下烟道和地上烟道两种。由炉灶、烟道和烟囱三部分组成，地上烟道有利于发散热量，地下烟道可保持地面平坦，便于管理。烟道应建在育雏舍内，一端连接煤炉，用煤或秸秆等作为燃料，另一端连接烟囱。烟囱一般高出屋顶1米以上，通过烟道将炉灶和烟囱连接起来，炉温导入烟道内。建筑材料要求保温吸热性能优良，以土坯为宜。

三、通风降温设备

1. 喷雾降温系统

系统由连接在管道上的各种型号的雾化喷头、压力泵组成。喷雾降温系统是一套非常高效的蒸发系统，它通过高压喷头将细小的雾滴喷入鸭舍时，随着湿度的增加，数分钟内鸭舍温度即降至所需值。由于所喷水分都被鸭舍内热空气吸收，地面还能够保持干燥。这种系统可同时用作消毒，增进鸭的健康。由于本系统能高效降温，因此可减少通风量以节约能源。当要求舍内的小环境气候既适宜又卫生时，可全年使用。本系统有夏季降温、喷雾除尘、连续加湿、环境消毒、清新空气、全年控制的特点。缺点是喷雾控制不当或喷头损坏时室内湿度增加很快，易导致高温高湿。

2. 湿帘降温系统

系统主要由湿帘与风机配套构成。湿帘通常有普通型介质和加强型介质两种，普通型介质由波纹状的纤维纸黏结而成，通过在造纸原材料中添加特殊的化学成分、特殊的后期工艺处理，因而具有耐腐蚀、强度高、使用寿命长的特点。加强型介质是通过特殊的工艺在普通型介质的表面加上黑色硬质涂层，使纸垫便于刷洗消毒，有效地解决了空气中各种飞絮的困扰，遮光、防鼠，且使用寿命更长。湿帘降温系统是利用热交换的原理，给空气加湿和降温。通过供水系统将水送到湿帘顶部，从而将湿帘表面湿润，当空气通过潮湿的湿帘时，水分与空气充分接触，使空气的温度降低，降温效果显著。湿帘通风投资低、效益高，特别适合于养殖生产（图4-11）。

图4-11 湿帘降温系统（左侧为湿帘，右侧为风机组）（郝东敏 摄）

四、孵化设备

种蛋孵化分为自然孵化和人工孵化两种方式，后者是养鸭生产中的常用方式，根据孵化的规模和条件等可采用多种人工孵化方法。下面重点介绍规模化孵化场的设备与设施。

1. 箱体式孵化器

主要适用于中小型孵化场进行种蛋孵化。可以根据胚胎发育过程中，对温度、湿度、氧气等需求的变化，使孵化设备能够为胚胎在整个发育过程中，提供适宜的温度、湿度及氧气等。箱体式孵化器具有高敏感温湿度感应器，翻蛋动力系统、独立通风系统、应急控制系统等能够保证孵化时温湿度、翻蛋、供氧和安全性等。一般箱体式孵化器适用于数千至数万枚种蛋的孵化（图4-12）。

2. 巷道式孵化机

控制原理及孵化工艺完全不同于箱体式孵化器。巷道机风扇按照各自特定的方向运转，强迫气流从入口顶端经由出口端、蛋车通道进行循环，形成"O"气流。这种独有的空气搅拌方式可为机内不同胚龄的种蛋提供适宜的温度条件，并可将孵化后期胚蛋产生出的热量带去加热前期种蛋，例如1号、2号、3号车的种蛋一般都是散发出热量的，气流可以从6号车流出，经过1号、2号、3号车后再返回，这样就可以把1号、2号、3号车种蛋散发出来的热量吹到4号、5号、6号车的前期种蛋上，而箱体机孵化后期胚蛋产生出的热量就不能完全加以利用，与箱体机相比，同等蛋位下，巷道机总节能达80%以上。巷道机由于其上蛋的方式为3天/4天分批连

图4-12 箱体式孵化器
（陈浩 摄）

续入孵，箱体内就存在不同孵化时期的种蛋，巷道机内温度场就会呈区域性变化，属典型的变温孵化过程。控制温度点位于出口处，通过调整它的高低（即改变设定值的大小），可控制各蛋区温度升高或下降。与箱体式孵化器相比，节约孵化室用地，降低用电成本，水循环方式降温，在夏季或天气炎热时，提高孵化效率。巷道式孵化机适用于中大型孵化场（图4-13）。

图4-13 巷道式孵化机
（郝东敏 摄）

五、其他设施与设备

除了上述设备与设施以外，产蛋工具、运输工具、卫生防疫工具等也是养鸭生产中不可或缺的设备与设施。

1. 产蛋箱

种鸭舍内隔一段距离常设置出一个小栏，铺上垫料用来产蛋。若需做产蛋个体记录，则需设置半封闭式木质产蛋箱，箱底无木板，直接置于地上，箱前设自闭小门，箱顶为活动盖板。

2. 垫料

垫料要求干燥，吸水性好，无灰尘、霉菌等，多用稻壳、锯末或轧成短碎的秸秆、玉米芯等。有时可在垫料中加入微生态益生菌，作为生态养鸭的发酵床，一方面可以分解利用粪污，减少鸭舍有害气体浓度；另一方面发酵过程产热，降低冬季加温费用。在使用垫料时，要注意避免湿度过大而导致垫料霉变。

3. 卫生防疫设备

主要包括喷雾消毒器、高压冲洗水枪、自动喷雾器和火焰消毒器等。喷雾消毒器主要用于鸭舍内部的大面积消毒和生产区入口处的消毒。在对鸭舍进行带禽消毒时，可沿每列笼上部装设水管，并在不同位置设置多个喷头；用于车辆消毒时，可在不同位置、多角度设置喷头，以便对车辆进行彻底消毒。高压冲洗水枪主要用于鸭舍地面、墙壁和笼具等的冲洗，由手推车、加压泵、水管和高压喷头组成。高压喷头水压较大，可以将需消毒位置的灰尘、粪便等冲洗掉，加上消毒剂还可以进行消毒。自动喷雾器是一种背负式的小型喷雾器，主体为高强度塑料，抗腐蚀能力强，一次充气可将药液完全喷尽，配备安全阀能够防止超压保险作用。火焰消毒器主要用于鸭群淘汰后设备笼网设施的消毒，常用的是手压式喷雾器。该设备结构简单、操作简单、安全可靠，消毒效果好。适用于舍内以石质和铁质为主材的设施与设备，若舍内塑料制品过多，不建议使用。使用时要佩戴防护眼镜，并注意防火。在鸭舍清洗、消毒过程中，要遵循先上再下，由远及近的原则（图4-14）。

图4-14 左侧为自动喷雾器，右侧为高压冲洗水枪（陈浩 摄）

4. 粪污处理设备

主要包括刮粪机、干湿分离设备、焚烧炉和粪水沉淀发酵设备等。刮粪机主要置于高网或笼养下放置，及时清理粪便等污物，保持舍内卫生环境。干湿分离机主要用于粪水的干湿分离，以便于后续的处理，常用的主要是筛网式干湿分离机和螺旋式干湿分离机。焚烧炉主要用于焚烧病死鸭，防止传染性因子在鸭场内流行。粪水沉淀发酵设备主要用于干湿分离后污水的进一步沉淀和发酵，如有条件，可将上清液通过过滤净化，获得的水可循环用于鸭舍的清洗和消毒（图4-15）。

5. 运输器具

主要包括手推车、运输笼和蛋托等。手推车是生产区最重要的运输工具，部分场区也采用电动三轮车，常用作运输雏鸭、种蛋、饲料和粪污等，净道和污道运输车辆要严格区分，不能混用。运输笼多为铁笼或塑料笼，每个笼可装8～10只，笼顶有小盖。蛋托和蛋车主要是收集种蛋和运输种蛋使用，由种鸭舍运至蛋库（图4-16）。

6. 其他器具

养鸭生产还需要一些其他器具，如舍内照明的白炽灯泡等，清扫用的扫帚、铁锹、刮粪机、粪车等，捕捉和分群用的线网、围屏、护板等。有些先进的鸭场还采用了自动控制系统，用以调节舍内温度、湿度、通风等。

图4-15　左侧为螺旋式干湿分离器，右侧为发酵池（郝东敏 摄）

图4-16　左侧为蛋托，右侧为运输笼（王兆山 摄）

第五章
肉鸭科学饲养方法

第一节　肉鸭的生理特点

　　鸭属于鸟纲动物，在各方面有着自己独特的生理特点，与哺乳动物之间存在着较大的差异。了解鸭的生理特征，对于正确养鸭、认识鸭病、分析鸭致病原因，以及提出合理的治疗方案和有效预防措施，都有重要的作用。

一、生长发育迅速

　　肉鸭的早期生长速度是所有家禽中最快的一种。以樱桃谷肉鸭为例，正常饲养情况下，在4周龄时体重可达2～2.2千克，在6周龄时可达2.9～3.2千克。不同季节，生长速度有所差异。夏季环境温度较高，在开放式饲养环境下，肉鸭生长速度稍慢。

　　生长期肉鸭体内各组织和器官迅速生长发育，胃肠容积增大，采食量增加，消化能力大大增强，代谢旺盛；肉鸭的骨骼结构发育基本完全，肌肉迅速生长，特别是胸肌的生长速度加快，皮下脂肪积累增加，绒羽慢慢更换为正羽，机体各种功能加强，适应性和抗病力增强；生长期肉鸭具有极强的补偿生长的能力。

二、饲料报酬高，生产周期短

樱桃谷肉鸭在28日龄体重达2千克时消耗的全价饲料约3.3千克，料肉比为1.65∶1。至6周龄出栏时，料肉比为（1.9～2）∶1。再往后，随着饲养周期延长，料肉比会明显增加。因此，肉鸭的生产要尽量利用早期生长速度快、饲料报酬高的特点，在最佳屠宰日龄出售。

商品肉鸭饲养周期短，饲养至5～6周龄即可上市出售，加之舍饲饲养，无季节限制，一年可饲养6～8批，见效快，流动资金周转快，对集约化经营十分有利。适于几千只到几万只规模的家庭养殖，也适于几万只到十几万只的规模化、标准化养殖。

三、喜水性

散养的鸭喜欢在水中觅食、嬉戏、配偶，只有休息和产蛋时，才到陆地上。每次鸭从水里上岸后都会边休息边用嘴把羽毛理干。集约化养殖的商品鸭除正常饮水外，也喜欢玩水，尤其是采用"U"形饮水槽或普拉颂饮水器时表现比较明显。夏季温度较高时，肉鸭料、水比约为1∶5，即消耗1千克饲料约消耗5千克水；冬季温度较低时，肉鸭料、水比约为1∶（2～3）。

四、喜欢群居生活

肉鸭性情温驯，极少单独行动，喜欢群居生活，易管理。但神经敏感、胆小怕惊，遇到黑影、陌生人、响声等都会产生强大的应激。常见几只鸭鸣叫惊跑，全群都鸣叫惊跑的现象。因此，养鸭宜提供安静环境，饲养员不可随便更换，工作服不能经常换颜色，以防动作过大惊扰鸭群。

五、抗病能力较强

与其他家禽相比，对常见禽病〔如新城疫病毒（NDV）等〕易感性低，抵抗力较强，易感的禽病病原种类较少，患病少，死亡率低。

六、对温度敏感，耐寒怕热

鸭有浓厚的绒羽，保温性能好，能有效地御寒。但鸭没有汗腺，耐热性能较差，因而炎热的夏季一定要提供凉爽的养殖环境。春秋季节气温适宜时鸭生长增重快，夏季炎热高温时鸭采食量低，增重缓慢，冬季气温低时采食量高，但因需要产热维持体温而增重较慢。

当环境温度低于26.7℃时，鸭主要以辐射、对流、传导为散热方式；当温度高于26.7℃时，则以呼吸蒸发散热为主，鸭的肺和气囊在体温调节方面起着重要作用。由于高湿会妨碍呼吸蒸发散热，因此适当的空气流通，有利于鸭耐受高温。

七、血脑屏障较晚发育健全

鸭血浆中的胆碱酯酶储量很少，因此对抗胆碱酯酶的药物（如有机磷）非常敏感，容易中毒。鸭的血脑屏障在4周龄后才得以发育健全，因此有些病原体（如新城疫病毒、坦布苏病毒）和某些药物（如高渗氯化钠）易通过血脑屏障进入脑内，导致鸭疾病发生。

八、有气囊结构

鸭有9个气囊。气囊是鸟类特有的器官，是从一级支气管分出来的气管小支，超出肺外扩张而形成的囊状物，在呼吸运动中主要起着空气储备库的作用。气囊还有调节体温、减轻重量、增加浮力、利于水禽在水面漂浮等功能。气囊末端与骨骼相连，骨骼成为含气骨，内部环境成为半开放系统，微生物易侵入，与哺乳动物相比，鸭就增加了一个感染通道。特别是当空气中含有大量H_2S、CO_2、NH_3等有害气体和灰尘、羽毛碎屑时，容易造成气囊炎。这些气囊几乎分布全身，又与外界空气相通。例如支原体阳性鸭，因开产应激，靠近卵巢的气囊内的支原体趁机增殖，进而侵害卵巢，引起产卵不出现峰值。因气囊上无血管，血中药物不易到达气囊，所以细菌感染引起气囊炎时，治疗效果很差。

在解剖病鸭时，应注意其胸部两侧气囊和腹部两侧气囊，若气囊混浊，有白色、黄色结节，一般是大肠杆菌和鸭疫里默杆菌等细菌结节；若胸部两侧气囊混浊重、菌落结节多，腹部两侧气囊混浊轻，菌落结节少，说明是空气不清洁引起的上呼吸道感染，应注意通风，保持空气清洁，并且用消毒液喷雾；若胸部两侧气囊混浊轻、菌落少，而腹部气囊混浊重、菌落多，说明肠道感染病原菌，可能是饮水或饲料受污染中，注意清洗水槽、料槽，做好饮水、饲料的清洁卫生。

鸭没有膈肌，因此胸腔和腹腔在呼吸功能上是连续的。胸腔内不保持负压状态，即使造成气胸，也不会出现像哺乳动物那样的肺萎缩。鸭在炎热的环境中发生热喘呼吸，常使三级支气管区域的通气显著增大，导致CO_2分压严重偏低，出现呼吸性碱中毒而死亡，因此夏季要做好鸭舍的防暑通风工作。

九、无膀胱

鸭没有膀胱，没有单独的尿道，尿在肾脏中生成后，经输尿管直接输送到泄殖腔，与粪便一起排出，粪尿不易区分。

禽尿一般为奶油色，较浓稠，呈弱酸性（如鸡尿pH值为$6.22 \sim 6.7$）。磺胺类药物的代谢终产物乙酰化磺胺在酸性的尿液中会出现结晶，从而导致肾的损伤，因此在应用磺胺类药物时，应要适当添加一些碳酸氢钠，以减少乙酰化磺胺结晶，减轻对肾的损伤。

由于尿酸盐不易溶解，当饲料中蛋白质过高、维生素A缺乏、肾损伤时，大量的尿酸盐将沉积于肾脏甚至关节及其他内脏器官表面，导致痛风。

鸭、鹅和一些海鸟有特殊的鼻腺，能分泌大量氯化钠，故又称盐腺，其作用是补充肾脏的排盐功能，以维持体内盐分和渗透压的平衡。

十、特有免疫器官——法氏囊

法氏囊（又称腔上囊）是家禽所特有的中枢免疫器官，主导体液免疫，位于泄殖腔的背侧中央，10周龄时体积最大，在性成熟后开始出现退化和萎缩。

十一、消化生理特点

鸭的消化系统由消化道和消化腺两部分组成。消化道是一条从口腔、咽、食管、胃、小肠、大肠直到泄殖腔的肌性管道，鸭消化道器官包括喙、口腔、舌、咽、食管、食管膨大部、腺胃、肌胃、十二指肠、空肠、回肠、盲肠、直肠及泄殖腔。鸭的消化道较短，肠管为体长的4～5倍，其中空肠的长度最长，占肠道总长的45%～68%。消化腺包括大消化腺（唾液腺、肝脏和胰腺）和分布在消化道各部管壁内的小消化腺，它们均借助导管，将分泌物排入消化道内。

1. 喙

鸭靠喙采食饲料，鸭的喙长而扁、末端呈圆形，上、下喙的边缘呈锯齿状横褶，鸭在水中采食时，可通过横褶快速将水滤出并将食物阻留在口腔中。在横褶的蜡膜以及舌的边缘上，分布着丰富的触觉感受器。鸭嗅觉不发达，寻食主要靠视觉和触觉。

2. 口腔

鸭的口腔内无齿，食物摄入口腔后不经咀嚼而在舌的帮助下直接咽下。鸭味觉不发达，舌黏膜上典型的味蕾细胞较少，对苦、甜、酸均感觉不灵敏，对碱也能忍耐。所以，如果用香料作为添加剂促进鸭的食欲，效果会很差。试验证明，鸭有缺什么摄取什么的特点，能量不足时，选糖液饮；钠不足时，选食盐水饮；钙不足时，选石子摄取。

鸭唾液腺不发达，分泌唾液不多，且主要成分是黏液，含唾液淀粉酶量少，因此唾液的消化作用不大。也因此，鸭采食时常饮水，以湿润食物，利于吞咽。

3. 食管及食管膨大部

食管是一条从咽到胃、细长而富有弹性的管道，食管腺位于食管壁黏膜下，可以分泌黏液。食管肌肉的收缩作用可使食物沿消化道向下蠕动。

鸭食管下端为膨大部，呈纺锤形，主要起储存食物的作用，可储存大量纤维性饲料，因此，鸭具有很强的耐粗饲和觅食能力。此外，鸭的食管膨大部也起着湿润和软化食物的作用。鸭吞咽食物时抬头伸颈，借助重力、食管壁肌肉的收缩力以及食管内的负压，将食物和水咽下，达到食管膨大部并停留 2～4 小时后，逐渐向后流入胃内。食管膨大部中存在的混合微生物产生乳酸，可抑制食物的腐败发酵。

由于家禽不属逆呕动物，因此家禽一旦发生药物中毒，不宜使用催吐剂排毒。

4. 腺胃及肌胃

鸭的胃分为腺胃和肌胃。腺胃呈纺锤形、壁薄，腺胃黏膜表面的乳头上分布着发达的腺体，能分泌胃液（盐酸、黏蛋白及蛋白酶）等，可将食物进行初步消化。由于腺胃的体积小，食物在腺胃停留的时间较短，胃液的消化作用主要是在肌胃内进行。肌胃发达，肌肉壁很厚、收缩力强，肌胃的压缩运动可以把食物磨碎；肌胃内角质膜坚硬，可抵抗蛋白酶、稀酸及稀碱的作用。肌胃内的沙砾有助于食物的磨碎，提高食物的消化率。经胃消化后的食物借助肌胃的收缩力，经幽门进入小肠。

5. 小肠

小肠与肌胃相连，可明显分为十二指肠和空肠，回肠与空肠无明显区别，因此合称为空回肠。鸭的小肠短，成鸭的小肠约140厘米。小肠是食物中蛋白质、碳水化合物、脂肪、维生素以及微量元素进行消化和吸收的主要场所。内壁黏膜有许多小肠腺，能分泌许多消化酶（不含分解纤维素的酶），对食物进行全面的消化。食糜进入小肠后，在各类消化酶的酶解作用下，最终分解为简单的化学物质被机体吸收。

6. 大肠

大肠包括直肠和两条盲肠。小肠和直肠交界处有一对中空的小突起为盲肠，内有黏稠流动物，鸭的盲肠十分发达，长约20厘米。盲肠内有微生物，未被消化的食糜可在盲肠微生物的作用下进一步消化，产生氨、胺类和有机酸，盲肠微生物可利用非蛋白氮合成菌体蛋白、B族维生素及维生素K等。盲肠具有吸收水分、电解质、钙、磷等能力。盲肠粪呈巧克力色，一天内早晚两次排出。鸭的直肠较短，主要作用是吸收未消化食糜中的水分，收集未消化食糜和消化道内源代谢产物，形成粪便。

食物在消化道中停留时间短，食物通过胃肠道的速度，一般鸭2～4小时，产蛋鸭8小时。添加在饲料或饮水中的药物也同样如此，较多的药物尚未被吸收进入血液循环就被排到体外，药效维持时间短，因此，在生产实际中，为了维持较长时间的药效，常常需要长时间或经常性添加药物才能达到目的。

7. 泄殖腔

泄殖腔是禽类消化、泌尿和生殖的共同通道，内有输尿管和生殖导管的开口。鸭无膀胱，没有单独的尿道，粪尿都积蓄在泄殖腔的背侧，经吸收水分后，一同排出体外，粪和尿液不易区分。粪便的状态是衡量鸭健康的重要标志，肠粪不分昼夜排出，粪上常有白色附着物，这是尿中的尿酸盐遇空气后的凝固物。

8. 肝脏

肝脏是鸭最重要的消化器官之一，位于腹腔前部，分左右两叶。肝脏分泌的胆汁经胆管进入十二指肠，胆汁能激活脂肪酶，使脂肪乳化，促进脂肪和脂溶性维生素的吸收。同时，肝脏参与体内糖、脂肪和蛋白质的代谢。

9. 胰腺

胰腺具有消化和内分泌双重功能。胰腺位于腹腔前部，依靠肠系膜紧贴于十二指肠上，胰腺分泌的胰液经胰腺管进入十二指肠。胰液中含有丰富的淀粉酶、胰蛋白酶、糜蛋白酶、脂肪酶、肽酶、麦芽糖酶等，对饲料中碳水化合物、蛋白质及脂肪的消化起非常重要的作用。胰腺分泌的胰岛素和胰高血糖素对鸭体内糖、脂肪和蛋白质的代谢具有十分重要的调节作用（表5-1）。

表5-1　鸭消化道不同部位酶类分泌情况

部位	分泌物质或酶类	作用底物
口腔	唾液腺分泌唾液、少量淀粉酶	淀粉
腺胃	分泌盐酸和黏蛋白、蛋白酶	蛋白质
肝脏	胆汁	激活脂肪酶、乳化脂肪
胰脏	淀粉酶、胰蛋白酶、糜蛋白酶、脂肪酶、肽酶等；胰岛素和胰高血糖素	淀粉、蛋白质、脂肪、肽类等
小肠	淀粉酶、蛋白酶、糜蛋白酶、脂肪酶、肽酶等	淀粉、蛋白质、脂肪、肽类等

第二节　肉鸭饲养模式

肉鸭集约化养殖发展至今，根据不同地区的地域气候差异、成本投入、肉鸭品种特性等因素，已逐渐形成林地放养、半开放式地面平养、全舍内地面平养、网上平养、发酵床养殖、复合混养、上网下床、多层立体网养（笼养）等多种养殖模式，各有适应性和优缺点，现将几种典型养殖模式的特点简述如下。

一、地面平养

1. 概述

地面平养，就是在简易的饲养大棚内用水泥或砖铺平地面，然后铺设一定厚度的垫料，摆放水槽、料槽，使肉鸭直接在垫料上活动、采食、饮水等。垫料可根据当地农副产品的种类选择用稻壳、稻草、麦秸、锯木屑、花生壳等。我国北方一般采用完全大棚内地面旱养的方式，而在南方，由于水生资源丰富，多采用水域放牧与地面平养相结合的模式，白天放牧，晚上鸭群回棚内休息（图5-1）。

图5-1 鸭的地面平养模式
（郝东敏 摄）

2. 优点

该模式的优点是，投入成本和技术要求都比较低，简单易行，是养鸭业初期发展时最常见的养殖模式，现在已经很少应用。

3. 存在的问题和不足

地面平养存在的问题是完全大棚地面旱养模式下，鸭体直接接触粪便等，与粪便中各种病原接触机会大，易得消化道或呼吸道疾病；随着养殖日龄不断增加，排泄物在地面蓄积，垫料环境质量下降，粪便发酵产生很多氨气，影响鸭只生长发育，导致料肉比高；当垫料过于潮湿或板结严重时，需要局部更换垫料，不仅劳动量大，而且易导致舍内尘埃较多，容易附着散播病原菌，人类过多的活动对鸭子也会造成应激；一般随鸭群的进出全部更换垫料，粪污垫料清理费时费力；清出的粪污垫料在鸭舍附近堆放，对周边环境，包括空气和水源都会造成污染。因此，在养殖过程中，兼顾舍内温度、湿度的同时，要注意舍内通风换气。

南方那种结合水域放牧的地面平养模式，放牧时鸭粪排入水中会对河流、水源造成污染，粪便中的病原会随水流进行传播，进而危害人、畜的生活环境。在开放性的水域，还会有野鸟带毒经水流传播并感染鸭群的风险。

二、网上平养

1. 概述

网上平养，是在地面上60厘米左右的高度建造一个架床，然后铺上塑料平网，使肉鸭全程在网上活动，排泄物通过网眼漏到地面上，再进行人工收集清理。塑料平网的网眼一般选择15毫米×15毫米，既保证粪便能漏下去，又能给鸭掌足够的支撑力。一般在鸭舍纵向上分两个大栏，中间留1米左右的通道，通道两侧用塑料平网扎起高约45厘米的网壁，防止鸭子从网床上掉到地面；每个大栏可用塑料网隔成几个小栏，隔网高度同样在45厘米左右。在我国南方常就地取材，使用毛竹、木材等在水塘上架设高网床，既可减少成本投入，又可减少土地占用面积。为了减少人工投入，可在栋舍内安装自动喂料和饮水系统（图5-2）。

2. 优点

网上平养是我国肉鸭养殖现阶段推广应用较为普遍的一种养殖方式，其优点在于，可将鸭体与粪污隔离，鸭子发病概率大大降低，提高了成活率；鸭子离地面较高，舍内空气比较通畅，总体养殖环境较好，可适当提高养殖密度，从而增加养殖户的养殖效益；无需铺设垫

图5-2 商品肉鸭网上平养
（郝东敏 摄）

料，节省了垫料成本和人工投入；鸭子采食洁净的水料，发病少，用药少，鸭肉品质得到了提高。网上平养的成活率、出栏重均高于地面平养，且料肉比低。此外，网上平养鸭子的全净膛率和半净膛率也明显高于地面平养模式。

3. 存在的问题和不足

但网上平养需要架设塑料平网，使得总体成本高于地面平养模式。据了解，地面平养的成本在30元/米^{2}左右，网上平养的建造成本在60～85元/米^2（不同地区人工成本不同）；一批鸭出栏后，需要刷网清理消毒，若冲刷不净、消毒不彻底，也会隐藏病原，成为下一批肉鸭的安全隐患；同样地，大量的粪污和冲刷污水会严重污染周边环境。

三、发酵床养殖

1. 概述

无论是地面平养还是网上平养，都没有对养殖产生的粪污进行有效处理，未经处理过的粪污直接排放对周边环境造成严重污染的同时，也影响着肉鸭产品的品质。基于上述问题，发酵床养殖模式应运而生。这种养殖模式是将发酵床技术与地面平养或网上平养模式结合，使鸭子的粪便自然散落到发酵床垫料中，通过人工或机械翻耙混匀，以垫料中掺入的有益微生态活菌作为物质能量"转换中枢"，将垫料、粪尿等分解转化为气体、有用物质和能量，实现粪尿零排放、无臭味、无污染。

发酵床的建造方式有地上式、地下式和半地上式3种。地势高燥、排水良好的地方可以采用地下式，地势较低的地方可采用半地上或地上式。用锯木屑、花生壳、秸秆等按一定比例混合后，添加发酵床菌种，覆膜发酵3～5天，即可制成发酵床垫料（图5-3、图5-4）。垫料铺撒总厚度一般在40厘米左右为宜。发酵床需根据鸭子排泄量的多少进行翻耙并定期添加少量菌种，以增加垫料的活性，不可为节省成本减少用量；随着时间的延长，垫料的厚度会逐渐降低，需要补充新的垫料。垫料的使用

图5-3 阳光发酵床内景
（王兆山 摄）

图5-4 阳光发酵床外景
（王兆山 摄）

寿命，因使用强度而不同，使用2年左右，垫料颜色发暗，质地变实，降解作用变差，应淘汰和更新。

2. 优缺点

发酵床养殖模式，由于鸭子粪便及时埋入发酵床垫料中，微生物发酵产热杀灭粪便中的病原微生物，不产生氨气等有害气体，使舍内环境优于上述两种养殖模式，鸭子抵抗力增强，不易发病，且生长发育好，料肉比低，提高了养殖效益。研究表明，发酵床网养能更好地减少舍内空气中病原菌浓度，改善鸭舍内空气环境，提高鸭生产性能。但发酵床养殖模式，在成本投入和技术要求上都比较高，单发酵床的制作费用就高达40元/米²左右。

某龙头企业在山东省新泰市汶南镇建有肉鸭生态养殖示范场，有3个标准化肉鸭养殖棚舍，长80米，宽13米，脊高4米，檐高2.8米，采用上网下床的发酵床养殖模式，并研制了网床下发酵床垫料翻耙机。示范场建成后，发酵床养殖肉鸭16批，计30万只，其中有27万只大鸭，平均出栏重3000克，成活率98.5%，料肉比1.9∶1，药费0.3元/只。

此外，为了提高发酵效果，减少翻耙、补充垫料和菌种可能对鸭子造成的应激影响，并方便鸭子出栏后冲刷消毒鸭舍屋顶、墙面和塑料平网，将上述发酵床养殖模式进行了改良，即在舍外建造阳光房，在阳光房内铺垫料加菌种制作发酵床，然后将鸭排泄物进行收集添加到发酵床上，用自制的翻耙机进行定期翻耙，阳光房内较高的温度有利于鸭排泄物中过多的水分蒸发，从而有利于菌种发酵，更好地发挥出了有益菌的分解转化作用。

四、复合混养

同样是为了解决养鸭粪便问题，复合混养模式在小范围内得到了应用。鱼鸭混养、林鸭混养都属于复合混养模式，其中鱼鸭混养是在南方水生资源丰富的地方，鸭舍建成开放式，在鸭舍和水塘之间建一个运动场，鸭子粪便排入水中可以充当鱼的部分饵料、促进水中浮游植物的生长。林-鸭混养，是在林中放牧肉鸭，肉鸭可以采食林下的昆虫、青草、腐殖质等，节省饲料成本，粪便排在林下，也作为林木的养分。但这种混养模式，都要考虑水塘和林地的承载能力，单位面积承载肉鸭养殖量有限，过量养殖，则破坏了生态平衡，粪便不能及时得到处理而造成污染。

五、多层立体网养（笼养）

1. 概述

在肉鸡产业，笼养模式养殖管理技术已经比较成熟，配套的自动化设施和环控技术也比较到位，由于单位面积饲养量的增加，养殖效益得到了明显的提高。

在肉鸭养殖中，笼养的方式多在育雏阶段得到了推广应用。在保证通风的情况下，可提高饲养密度，一般为 $60 \sim 65$ 只/米^2，目前单层笼养居多，也可采用两层重叠式或半阶梯式笼养。笼具可用金属，也可用竹木制成，体积参数一般2米×1米×0.25米，底板网眼15 毫米×15毫米。立体多层饲养时，两层笼架之间相隔60厘米作为管理走廊，便于人工操作，每层笼下放置一层接粪板。食槽置于笼外，水线从笼中横向穿过

（图5-5）。

2. 优点

笼养育雏可减少禽舍和设备的投资，减少清理工作，还可采用半机械化设备，减轻劳动强度。笼养鸭不用垫料，既免去垫草开支，又使舍内灰尘少。同时笼养育雏完全处于人工控制下，受外界应激小，可有效防止一些传染病与寄生虫病。加之又是小群饲养，环境特殊，通风充分，饲粮营养完善，采食均匀。因此，笼养鸭生长发育迅速、整齐，比一般平养生长快，成活率高。

3. 养殖全程应用推广

笼养模式是否可以运用到肉鸭养殖的全过程呢？2016年，某龙头企业在山东新泰建立了一个肉鸭笼养示范场，进行肉鸭笼养试验。初期设计的笼养鸭舍长90米、宽18米，舍内纵向放置多列"H"型三层叠养笼具，大大提高了单位面积的饲养密度，采用行走式自动定量喂料系统、自动饮水线、传送带自动清粪系统，以及温湿度自动控制系统（图5-6～图5-19），

图5-5　多层立体笼养鸭舍（王兆山　摄）

图5-6　自动饲喂系统——航车（王兆山　摄）

图5-7　自动饲喂系统——料线（一）（王兆山　摄）

图5-8 自动饲喂系统——料线
（二）（王兆山 摄）

图5-9 自动饲喂系统——料塔
（王兆山 摄）

图5-10 自动饮水系统——减压
阀，自动调节器（王兆山 摄）

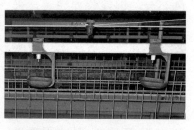

图5-11 自动饮水系统——乳头
饮水器（王兆山 摄）

图5-12 自动饮水系统——水线
（王兆山 摄）

图5-13 自动饮水系统——自动
调压器（王兆山 摄）

图5-14 自动清粪系统——粪带尾端（王兆山 摄）

图5-15 自动清粪系统——绞笼（王兆山 摄）

图5-16 自动清粪系统——粪带前端（王兆山 摄）

图5-17 自动加温系统——空气能热泵（王兆山 摄）

图5-18 自动降温系统——湿帘（王兆山 摄）

图5-19 自动降温系统——湿帘挡板（王兆山 摄）

既减少了人工，又使舍内环境控制更加精准，为肉鸭提供一个适宜的生长发育环境。通过前几批试养，技术人员发现，相对于保温，舍内通风控制更加关键，不同的栋舍长度、宽度和笼具摆放形式都影响通风效果，而通风不良对舍内不同区域的鸭子生长发育速度产生很大影响。对此，我们的养殖技术专家和环控专家一直在研究和试行不同的养殖方案，以期尽快形成一套成熟的肉鸭笼养技术规范，并在业内推广应用。此外，在粪污处理方面，通过前期的摸索和试验，我们选定异位发酵床槽式好氧堆肥和种养结合。

当前环保政策密集出台，2016年12月，国务院印发《"十三五"生态环境保护规划》，要求2017年底之前，各地区依法关闭或搬迁禁养区内的畜禽养殖场（小区）和养殖专业户。畜禽养殖禁止养殖区、限制养殖区和适宜养殖区的划定工作对于防治畜禽养殖污染是一项重要措施，但可用养殖土地面积的缩减是我们养殖业面临的一大问题，由此集约化养殖、升级养殖模式是一个可选方向。

第三节　商品肉鸭的饲养要点

一、雏鸭的选择和运输

1. 雏鸭的选择

初生雏鸭品质的好坏，直接关系到育雏率、雏鸭的生长发育和日后的生产性能，所以在购买时须逐只加以选择。不同孵化场提供的雏鸭质量有较大差异，即使同一个孵化场提供的雏鸭，批次不同，也存在着一定差异，如果不加以选择就会直接影响养殖效益。对孵化场而言，刚孵出的雏鸭，毛干后应立即从出雏机中捉出，去劣选优，将残次鸭苗淘汰。

养殖户在挑选鸭苗时应从以下几个方面选择。

（1）对供雏者的选择 首先应了解种蛋的来源，了解种鸭的饲养情况。肉鸭生产需要有规范的良种繁育体系和严格的制种要求。饲养商品肉鸭，需到父母代肉种鸭场孵化场购买鸭苗。选择供雏者最好到饲养管理及孵化规模大、选育工作开展好、管理规范、市场信誉好的种鸭场进苗。一是种鸭场要有畜牧行政部门颁发的《种蛋种禽经营许可证》和《畜禽场卫生防疫合格证》；二是种鸭场饲养条件良好，硬件设备齐全，养殖环境清洁卫生，供应的饮水达标，空气质量优良等；三是种鸭场饲养管理良好，如饲料配制是否科学、日常管理是否严格、免疫程序是否科学、是否发生过重大流行疾病等。

（2）对孵化情况的选择 孵化场要规划布局合理、配套设施齐备、孵化操作规范、技术水平高、孵化日常管理和卫生管理较好，以减少雏鸭在孵化期间的感染。只有条件良好的孵化厂才有可能孵化出优质的雏鸭。有的小型孵化场设备落后，孵化条件控制不严，种蛋来源不清，卫生防疫管理不严，容易孵出质量不稳定甚至体弱的鸭苗，影响养殖效果。了解雏鸭的出雏情况，选择出雏率高、按时出壳的雏鸭，在正常孵化条件下，28天出壳，并在24小时之内出壳完毕，脱壳速度也快。

（3）对雏鸭个体的选择 要选择出雏日期正常且一致的雏鸭。一般提前或推迟出壳的雏鸭，胚胎发育不正常，体质较差，不宜选择。观察雏鸭的外形，应选腹部柔软、卵黄充分吸收、肛门清洁的雏鸭；脐部愈合不好、脐孔大、有黏液，腹部有硬块，卵囊外露，脐部裸露，大肚脐，肛门周围不清洁的雏鸭，通常为弱雏或患病雏。

选择绒毛粗、均匀、柔软致密、光泽度好的雏鸭，不可选择绒毛太细、太稀、潮湿、相互黏附的雏鸭。雏鸭腿应结实，站立平稳，行走姿势正直有力，脚胫油亮，富有光泽，对周围环境反应敏感，两眼有神，瞎眼、歪头、跛脚的雏鸭不能要。用手抓雏鸭，健雏应该体态匀称，大小均匀，体重符合品种标准；大小不一，过重或过大的一般为弱雏。

用手握着健雏颈部将其提起来，其双脚能迅速有力地挣扎，仰翻在地时，雏鸭能迅速翻身站起。弱雏活力低，常缩颈闭目，站立不稳，萎缩不动，翻身困难。健壮的雏鸭富有活力，活泼好动，运动灵敏，叫声有力。弱雏一般叫声无力。

2. 雏鸭的运输

雏鸭的运输是一项技术性很强的细致工作，也是育好雏鸭的关键。刚出生的雏鸭还没有对抗外界不良环境的能力，运送应在雏鸭羽毛干燥后开始，至出壳后36小时结束，如为远途运雏也不应超过48小时，以减少中途死亡。若是运输环节出现问题，容易造成到达目的地的雏鸭体质虚弱、难饲养，造成饲养成本加大，甚至雏鸭死亡等情况。初生雏鸭的运输原则是迅速及时，舒适安全，注意卫生。

雏鸭的运输应注意以下几点。

（1）关注天气预报　在运输雏鸭之前，留意看运输雏鸭沿线地区的天气预报，防止雏鸭在调运的过程中遇到恶劣的天气，给运输带来不便。恶劣天气容易影响雏鸭的体质、成活率等，遇到恶劣天气一方面可以重新协调雏鸭的调运计划；另一方面提前做好应急措施，尽快赶到目的地，避免造成大的损失。

（2）安排车辆及雏箱　雏鸭运输最好选用专业运输人员驾驶专门的运输车辆，在运输前，运雏车要做好检修，防止中途停歇。运雏最好有专用的运雏箱（如硬纸箱、塑料箱、木箱等），规格一般为60厘米×45厘米×20厘米，内分2个或4个格，四周有适当的通气孔、底部要平且柔软，不易变形。根据季节不同，每箱可装80～100只雏鸭。装箱时，雏箱与车厢之间要留有空隙，并由木架隔开，以免雏箱滑动，并留有适宜空间，做到有利于空气流通。装卸雏箱时要小心平稳，避免倾斜。

（3）做好防疫工作　一方面做好运输车辆及运雏箱的清洁、消毒工作；另一方面运输雏鸭要了解沿途有无疫区，尽量不要经过疫区，以免雏鸭通过疫区染上疾病。因为疫区不常有，所以这一项往往最容易被养殖户忽视，而实际上这一项是最为重要的，因为如果通过疫区不幸感染病菌，会给当地的禽业养殖生产带来巨大的危险。

无论如何，运输车辆到达养殖棚舍时，要对车辆车体、轮胎等进行严格的消毒。切断可能存在的传播途径。

（4）适宜时间装运　当初生雏鸭胎毛干后即可起运，如天冷雏箱可加盖棉絮或被单。如天热则应在早晨或晚上凉爽时运输，并携带雨布。

（5）强化途中管理　无论任何季节，运输途中都要经常检查雏鸭的动态，如发现过热致使其绒毛发潮（俗称"出汗"），实践证明这种雏鸭较难饲养，过冷（致使其挤堆）或通风不良等现象应及时采取措施。

现在孵化场配备的运输车辆，一般都有封闭式厢体，车厢内空调，能按要求调节厢内温度和通风，给雏鸭提供一个舒适安全、无应激的运输环境。

（6）做好对接工作　在运送之前双方应联系好接收地点、接收人员及备留电话等，待雏鸭一到，直接到育苗场地，保证雏鸭不在目的地停留。

二、肉鸭育雏前的准备工作

1. 清理鸭舍内外

（1）上一批肉鸭出栏后，移走料桶、饮水器、塑料网、竹排（或竹竿）等饲养设备。

（2）清除鸭粪及垫料、运至远离鸭舍的地方发酵处理，尽可能地将棚内地面、墙面、屋顶等表面的污物清理干净。

（3）高压水枪冲洗鸭棚及养殖用具，注意用电安全。用高压水枪由上而下，由净区向脏区，棚内任何表面都冲洗到无污物附着（无灰尘、无粪便、无羽毛等），待地面无积水且干燥后方可消毒。

2. 检查维修棚舍及设备

（1）详细检查鸭棚门窗、墙壁、通风孔、供水供电系统，采用网上平养或笼养，要仔细检查网底有无破损，铁丝接头不能露出平面，其他用具不能有毛刺或锐边，以免刺伤鸭脚或皮肤。

（2）清除鸭棚外杂草杂物，清理棚外排水沟。

（3）仔细寻找棚内、运动场及其附近是否有老鼠洞，如有，应把洞口填平堵住出入口。

3. 喷洒消毒

用3%～5%的火碱水将鸭棚内外及运动场彻底喷洒一遍，火碱水温控制在70℃以上效果较好。待舍内地面、墙壁等干燥后进行后续准备工作。

4. 铺垫料、安装设备

（1）地面平养鸭棚（垫料区）：先撒一指厚（约1厘米）的石灰面，上面再撒三指厚（3～4厘米）的晒干的干净河沙，设计育雏室时，沙上面再铺5～8厘米厚的先晒干处理好的稻壳作垫料。

（2）网上饲养：将消毒好的网架都铺好。

（3）安装好消毒好的塑料围网，挂好温度计（距垫料15厘米），育雏期间使用的料桶、水壶平均分配在每个隔栏中。调好舍内通风和光照设备。

（4）根据饲养面积，合理确定育雏密度和所需育雏舍面积，并隔出小栏和弱雏栏。

（5）鸭棚门口要设消毒盆，人员每次进入鸭舍前都要注意消毒（包括鞋子、帽子、衣服、用具等）。

5. 熏蒸消毒

（1）关闭门窗和所有通风口，将棚内温度提高到20～25℃，相对湿度70%～75%，如温度不够要用炉子提温。

（2）发生过烈性传染病的鸭舍尤其是育雏室每立方米空间用福尔马林42毫升，高锰酸钾21克；一般疾病鸭舍每立方米空间福尔马林28毫升，高锰酸钾14克；如果是新棚或发病少的鸭舍每立方米可用福尔马林14毫升、高锰酸钾7克熏蒸，也可用六和消毒剂或克可威或烟水百毒灭。

（3）每两间可放一个熏蒸瓷盆，盆中先放入高锰酸钾再放少许水，最后从离舍门远端的盆开始依次倒入福尔马林，速度要快，出来后立即将门封严。

（4）熏蒸时间越长，消毒越好，最短不应少于24小时。

6. 通风

打开门窗，通气孔，自然通风1～2天，至舍内熏蒸气味完全散去无刺鼻的甲醛味为止，然后关闭门窗及通风孔待用。

7. 其他准备

（1）药品、饲料、煤、器具等储备，尽量避免进鸭后频繁外出而分散养鸭的精力。

（2）准备好相应的记录表，以便对鸭群的健康和生长发育情况进行监控。

三、接雏

安装好取暖设备。进雏前12～24小时提前升温，使舍内温度保持28～32℃。不能等到雏鸭到舍后，再临时加温。尤其是冬季，这一步骤更加不可忽视。同时，将饮水器中装入洁净的饮水，水温逐渐与舍内温度一致，减少凉水刺激。

雏鸭运到目的地后，将全部运雏箱移入育雏舍内，分放在每个育雏器附近，保持盒与盒之间的空间流畅，把雏鸭取出放入既定的育雏器内，再把所有的运雏箱移出舍外。对一次性用的纸盒要烧掉，对重复使用的塑料盒、木箱等应清除箱底的垫料并将其烧毁处理，下次使用前对雏箱进行彻底清洗和消毒。

四、雏鸭的生理特性

（1）雏鸭体温低，绒毛属于针性胎毛，不保温，神经和体液系统功能发育尚不健全，调节体温能力弱。因此，雏鸭难以适应外界环境温度的急剧变化。出壳雏鸭体温随环境温度的下降而下降，不能保持其正常体温，处于"变温动物"状态。故对雏鸭的保温十分重要。

（2）刚出壳的雏鸭，在其肠道中段外侧有一个5～7克的卵黄囊，其剩余的卵黄越小体质越强，反之越弱。出壳后的雏鸭如果腹部得到适宜的温度则对卵黄的吸收越完全。卵黄的生理作用是给雏鸭出壳后48小时内提供营养物质，这也是出壳雏鸭在温度适宜和保持体内水分不过分散失而长途运输的基础。

（3）雏鸭食管膨大部和肌胃容积小，每次采食和储存的饲料有限，消化功能尚未发育完全，消化能力弱。所以要求育雏饲料养分浓度要大，营养全面，易于消化。

（4）雏鸭消化道总长约60厘米，只有成鸭的40%，消化器官短而小，对饥渴比较敏感，因此需勤给料和饮水。任何时候都不可少水，这是养鸭的一项基本原则，夏天更应注意。

（5）雏鸭调节采食能力差，且贪吃，出壳头几天喂得过饱易引起消化不良、便秘或腹泻等消化系统疾病。故对雏鸭要少喂勤添。

（6）雏鸭敏感性强，对饲料中的各种营养成分缺乏或有毒药物的过量，都会很快反映出病理症状，特别是对维生素D、钙、磷的缺乏比较敏感。对营养中缺乏锰、胆碱和生物素也较敏感，引起滑腱症。

（7）雏鸭抵抗力弱，免疫器官发育尚不完全，易受病原体侵袭，生产中注意消毒防疫。

（8）雏鸭胆小，群体性强，易受外来惊扰（噪声、颜色、陌生人等）而精神紧张，兴奋不安、惊叫、奔窜，造成食欲下降、体重下降，重者由于鸭群骚动和混乱导致大批相互践踏或压死压伤。因此，必须注意鸭舍及周围环境的安静，开放式鸭舍的电灯要防止风吹摇晃。

（9）雏鸭代谢较快，消化谷粒需12～14小时，其他食物通过消化道经4～5小时就有半数从肛门排出，全部通过食物仅需18～20小时就可完成。而水分只需30分钟便可通过。由于饲料通过肠道快，因此排出粪率较高，而残留于粪中的有机物、含氮物质也多，导致舍内氨过量，损害鸭的上呼吸道，因此必须注意鸭舍的通风换气、保持垫料干燥、空气新鲜。

五、0~21日龄鸭育雏期饲养管理

0～3周龄是大型肉鸭的育雏期，习惯上把这段时间的肉鸭称为雏鸭。这是肉鸭生产的关键点，因为雏鸭刚孵出，各种生理功能不完善，还不能完全适应外部环境条件，这一阶段饲养管理的好坏直接影响到成活率、后期的生长发育以及出栏后的经济效益。因此，必须从营养上、饲养管理上采取措施，促使其平稳、顺利地过渡到生长阶段，同时也为以后的生长奠定基础。

育雏的关键是前三天，最关键的是第一天。因此想要育好雏，必须提供适合雏鸭生长的环境和条件，包括温度、湿度、通风换气密度、饲养方式光照、饮水与采食。

1. 温度控制

温度是育雏的首要条件，是肉鸭育雏成功的关键。温度能影响雏鸭生长发育的很多方面，包括体温调节、饮水采食及饲料的转化吸收等。雏鸭抵御严寒的能力低，在1～15日龄期间，生理器官发育不成熟，生理上不能自身调节温度，必须向其供温。小鸭的绒毛短、体温调节能力差，既怕冷又怕热，特别怕冷。寒冷季节，进鸭前鸭舍育雏间应提前1天预温，温暖季节可当天预温。雏鸭要求温度见表5-2（仅供参考）。育雏期间确保育雏室小气候稳定，温度变化控制在2～3℃。

表5-2 商品肉鸭育雏期温度要求

日龄/天	1～3	4～6	7～10	11～14	≥15
温度/℃	32～28	27～25	24～20	20～17	15

育雏的温度随供暖方式不同而不同。

（1）保温伞供暖 保温伞用涤纶布制成，直径2米的可养雏鸭500只，直径2.5米的可养750只。保温伞靠4个发热体和1个保温灯泡，散放热量，伞用来隔绝外界温度。保温伞可全自动加温控温，使养殖加温控温变得轻松简单。用温度调节器自由调节伞内温度，设置好温度后无需人工看管，全程自动控温，超过设定温度时，自动切断电源不再加温，低于设定温度时，恢复加温，能使整个空间温度均匀，节能省电效果佳，节省了人工成本。

采用保温伞供温时，伞可放在房舍的中央或两侧，并在保温伞周围围一圈高约50厘米的护板，距保温伞边缘75～90厘米。护板可保温防风，限制幼雏活动范围，防止雏鸭远离热源。待幼雏习惯到保温伞下取暖后，从第三天起向外扩大，7～10天后取走护板。保温伞和护板之间应均匀地放置料桶和饮水器。保温伞育雏，1日龄的伞下温度控制在34～36℃，伞周围区域为30～32℃，育雏室内的温度在24℃。

（2）煤炉/热风炉供暖　多用于育雏时室内加温，保温性能较好的育雏室每15～25米²放置一个煤炉。煤炉下部有一进风管，通过调节管口大小来控制进风量，从而控制炉火温度，燃料用蜂窝煤或普通煤球。

煤炉育雏比较经济实用，保温性能稳定，但调节温度不便，运用于没有电力而有煤供应的温暖地方。用煤炉时要注意预防煤气中毒及发生火灾。

热风炉的供暖方式同煤炉一样，只是热风炉一般安装在舍外或棚舍一端，升温快，效能高，环保，简便、安全，但成本高。

（3）火墙或烟道

①地下烟道：地下烟道是一种用砖、瓦建造的加温设施，包括生火灶膛、烟道、烟囱三部分。

②生火灶膛：为了避免烟进入鸡舍造成煤气中毒，生火灶膛一般位于鸡舍外，生火灶膛一般宽90厘米，位于地下。

③灶膛与烟道的接口部位：为什么要特别强调这个部位，因为这个部位温度比较高，所以在建造的时候要加厚墙面，避

免入口处的温度过高。

④ 烟道：烟道是烟火经过的通道，灶膛内生火产生的烟从烟道通过后加热了烟道壁，从而对鸡舍进行了加温。烟道一般内直径35厘米。

⑤ 烟囱：竖直的烟囱将烟通向外界。

（4）红外线灯　红外线灯分亮光和没有亮光两种。每只红外线灯为250～500瓦，灯泡悬挂离地面40～60厘米处。离地的高度应根据育雏需要的温度进行调节。

在实际生产中，温度的适宜可看鸭识温（图5-20）。

① 温度适宜时，鸭只表现为精神活泼，食欲良好，身体舒展，活动自如，分布均匀，三五成群，呈满天星分布。安静不躁，叫声清脆，伸腿伸颈。

② 温度过高时，鸭只表现为远离热源、张口喘、饮水频繁、采食减少、脱水、抵抗力下降、后期吃料不长。

③ 温度过低时，鸭只表现为靠近热源，拥挤扎堆，闭目无神，易发生挤压而死，出汗（受凉），可引起卵黄吸收不良，抵抗力下降，终生生长不良。因此一旦发现鸭挤堆时应及时驱赶开。

④ 温度计的悬挂，始终离鸭背高5厘米（应该摆放在一侧的正中间）。

注意：因雏鸭合群性很强，所以有时温度适宜，鸭也常积堆而眠。

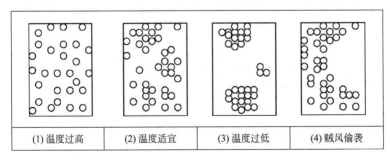

| (1) 温度过高 | (2) 温度适宜 | (3) 温度过低 | (4) 贼风偷袭 |

图5-20　整舍育雏时不同温度环境下的小鸭行为表现

关于鸭舍温度的控制，还应注意以下几点。

① 必须保持温度的恒定。如果温度忽高忽低，造成小鸭应激过大，会导致其体质下降、抗病力差，诱发疾病等。

② 夏季主要以通风降温为主；冬季以保温为主，适当通风即可，宁高勿低。

2. 湿度管理

刚出壳时，要求湿度在70%，育雏期间（1～10日龄）确保育雏室小气候稳定，湿度要求控制在60%～70%，以后逐渐降至50%～55%。生产中应避免高温高湿、高温低湿、低温低湿。

（1）湿度低　育雏温度高，排泄少，雏鸭体内水分通过呼吸散失，造成严重脱水，影响卵黄吸收。鸭舍干燥，尘土飞扬，易激发传染性浆膜炎。

（2）湿度高　高湿，不利于散热，感觉郁闷，鸭的排泄物产生大量的氨气、硫化氢等有害气体，有利于病原微生物的繁殖，易诱发曲霉菌病和肠炎。而当高湿低温时，不利于升温，不利于鸭只抵抗寒冷。

湿度是通过通风和加热来控制的，应注意以下几点。

① 如果湿度过大，可以在保证温度的情况下加强通风，最好选在中午或天气暖和时进行；查看水线及时找出漏水点。

② 如果过于干燥则及时加湿，可用清水喷雾或带鸭喷雾消毒，用喷雾器向舍内墙上、舍内空中等适当喷洒清水或消毒液。简单的操作是，可在火炉上加水盆，通过蒸发增加湿度。

3. 光照控制

1～3天采用全天强光照射，因为幼雏视力差，提供强光照以利于雏鸭延长采食时间，学会饮水，有利于卵黄吸收，促进生长发育，适应环境，增加抗应激能力。

4天以后每天保证23小时光照，1小时黑暗。光照强度以2～3瓦/米^{2}为宜，7天后降至1瓦/米^2。

14天后降至0.5瓦/米^2，以鸭能看到吃料的光线为宜。光照过强，易引起鸭群疲倦与啄羽现象。如果鸭群长期得不到自然光照，则需再加喂维生素D_3、维生素E、亚硒酸钠、鱼肝油等。阴天多云也必须保证24小时光照。

4. 通风换气

当鸭舍内氨气浓度超过0.002%，硫化氢浓度高于0.0025%，二氧化碳浓度超过0.15%时，对鸭呼吸道有明显的不良刺激，易导致疾病发生。育雏时棚舍封闭较严（特别是冬季育雏），炉子燃烧消耗棚舍中的氧气，与雏鸭呼吸争夺氧气，易造成棚舍缺氧或发闷，影响雏鸭心肺发育，严重时导致雏鸭伤亡。故育雏时棚舍应有最小通风量，根据天气状况保持空气流通与新鲜，但同时要注意防止形成贼风。

在寒冷的冬季，育雏4～5天后，雏鸭逐渐长大，体内各种器官逐日发育，吸入的氧气增加，呼出的二氧化碳增多，排泄的尿粪中的氨气、硫化氢等有害气体增多，空气刺鼻难闻，严重影响雏鸭生长，此时，通风换气十分重要，通风换气前育雏室应先加温1～2℃，当温度降低2～3℃时暂停通风。

通风的作用包括净化空气（驱散CO、NH_3、粉尘），散热降温，增加空气中氧气含量，调节舍内湿度。

通风调节方式：第二周后通风为主，温度为辅；夏天炎热时节，以通风降温为主，揭开南北两侧塑料薄膜，打开棚顶通风口，或正向送风，同时使用冷水喷雾降温，如安有纵向风机，可使用纵向风机通风控制；冬天气温较低时，20日龄前，根据情况打开南北小通风窗和棚顶通风口通风，后期可适当开侧风机通风（图5-21～图5-23）。

为保证良好通风，应注意以下几点。

图5-21 通风系统——通风管
（王兆山 摄）

图5-22 环境控制系统——负压风机（王兆山 摄）

图5-23 环境控制系统——小通风窗和通风管（王兆山 摄）

① 对肉鸭整个生长阶段来说，总的原则是：生长前期以保温为主，通风为辅；生长后期以通风为主，此时鸭已脱温，可不加温。

② 在育雏期通风换气，应掌握通风速度，切忌因骤然通风出现较大温差。并避免贼风与穿堂风，风速缓和。

③ 通过随时观察鸭舍温度和空气质量来调整进风量。也可以人工作出如下简易判断：氨气浓度0.0005%～0.001%，可以嗅出氨气味；氨气浓度0.001%～0.002%，轻微刺激眼睛和鼻孔；氨气浓度0.002%～0.003%，较强地刺激眼睛和鼻孔。

5. 饲养方式、密度

目前，商品肉鸭常见的饲养方式有地面平养、网上平养两种方式。应根据不同地区的气候条件，结合实际情况，选择适宜的饲养方式。当前各地区以网上平养为主。

（1）地面平养 其优点是投资成本较低，养殖操作简单，易于清洗消毒。但缺点是环境不易控制，饲养密度不能太高。采用地面平养，必须铺设水泥地面，以利于清洗消毒。地面平养应使用刨花、稻壳、锯末、麦秸、干沙等作为垫料。

（2）网上平养 网上平养就是使用塑料网，使肉鸭脱离地面约100厘米的养殖方式。通常用竹架、塑钢线网、铁网架等做成网床以隔离地面。这种饲养方式的优点是鸭与粪便隔离，减少了疾病的发生，环境易于控制，饲养密度较大，一次性投资的网上设备可以连续使用，是一种较好的饲养方式。

雏鸭的饲养密度同育雏季节、饲养方式、栏舍形式有关。根据现行简易标准棚设计及网上饲养方式，建议网上饲养密度为：第1周25～30只/米^2、第2周15～25只/米^2、第3周10～15只/米^2。同时，一棚雏鸭数量较多时，要分栏饲养，防止惊群，一般每栏500只为宜。

6. 饮水与采食

根据出壳时间长短来决定鸭入舍后何时饮水，以确保体内卵黄的吸收效果，利于生长发育，防止造成脱水、发育缓慢等现象。

雏鸭消化器官没有发育成熟，消化能力差，因此，必须在出雏24～72小时后饮3～4次水，然后再喂饲料，饲料不能喂干料，可用水拌湿，以手轻握自动散开为宜。

生产实践中应掌握的原则是：先水后料，无水不喂料。小鸭到达后应先饮水后开食，前3天以温开水为宜，在饮水中可添加3%～5%的葡萄糖或1/1000的多种维生素混合溶液。目的是为了恢复体力，抗应激，预防疫病。雏鸭入舍后及早饮水，将有助于剩余卵黄的快速吸收，从而增强雏鸭体质和抗病能力，提高成活率。方法是首先让小鸭进入采食布上，诱导小鸭学会饮水，然后再让小鸭用钟形饮水器饮水。前4天饮水器可离雏鸭近些，以方便鸭饮水，随其日龄增加，饮水器可远离雏鸭以保持鸭舍干燥。饮水密度为40只/个饮水器。

雏鸭饮水4～6小时后开始喂料。首先把开口料510撒在采食布上，诱导小鸭开食。前3天可将饲料撒在采食布上或平底料盘上饲喂，少加勤加，随吃随加，同时用中型料槽喂料，3天后撤去采食布，只留中型料槽，10天后换用料盆。开始给料可以用湿拌料（易采食、易消化、间接饮水）。可70只雏鸭共用1个料槽。

注意事项如下。

① 饲料浪费问题：雏鸭开食给料时，不要盲目加料；料筒下面要放置料盘，必须及时清理料盘，防止粪便污染造成浪费、滋生细菌。

② 换料：开口料换颗粒料时，要有3天过渡期：第一天1/3，第二天1/2，第三天2/3。

③ 确保供水后6～8小时，所有鸭都饮上水，70%的鸭有采食行为。过早开食饮水，影响卵黄吸收，易引起消化不良；过晚开食饮水，卵黄消耗过多，变得虚弱，抵抗力下降，发育不良。注意：饮水器勤刷洗、勤消毒，保证换水就消毒；水要少配、勤配，不要浪费。

六、22日龄至出栏的中鸭饲养管理

雏鸭从3周后为生长育肥期。此时，鸭子对外界环境的适应力增强，自我调节体温能力完善，食欲旺盛，生长快。应根据其特点调整饲养管理措施。具体有以下几个方面。

1. 饮水与喂料

加强喂料与饮水管理，及时缓冲换料，增加喂料量。17～19天换成中鸭料，31～33天换成大鸭料。肉鸭换料要有3天的过渡期，切忌突然换料，以防造成肉鸭应激、采食量下降而影响增重。夏天炎热，白天气温较高，鸭采食量减少，应抓住早晚凉爽的时间，此时鸭采食量增大，要供应充足饮水，及时加料。

2. 扩群

扩群前应饮用1～2天多维并且停料2～3小时，否则易造成鸭子应激、损伤。同时注意应根据鸭的强弱分栏饲养，每栏500只左右，群体数量不宜过大。

3. 温度

育雏期结束后一般不再加温，冬天夜间寒冷时，若鸭子打堆，可提起卷帘或适当加温。此时鸭子全身覆盖羽毛，保温性能好，抵御严寒能力强。鸭没有汗腺，气温较高时通过加大呼吸量散发热量，因此炎热季节容易中暑，应搞好降温，减少肉鸭的热应激。

4. 光照

育雏期光照，白天利用自然光，夜间照明，光照强度以鸭子能看见饲槽吃食和饮水就可以了，不宜太强，这样对鸭子增重和避免啄羽均有好处。

5. 密度

夏季扩群要快一点，第4周扩满棚，冬季扩群适当放慢。4周之后的饲养密度为：春天5～6只/米^2，夏天4～5只/米^2，秋天5～6只/米^2，冬天5～6只/米^2。

6. 适时出栏

商品肉鸭一般6周龄左右时活重达3千克以上（夏季除外），饲料转化率也最高，所以38～42天为其理想的上市日龄，此时应考虑出栏。

七、肉鸭饲养消毒工作

肉鸭养殖场的消毒包括养鸭场消毒和鸭舍内消毒等。

1. 养鸭场消毒（表5-3）

表5-3　商品鸭场环境卫生与消毒管理标准

项目	标准
场区大环境	环境整洁，物品、工具等定点摆放，不得随意摆放、丢弃；路面及其两侧地面平整，无杂草、垃圾、鸭毛、污物等；厂区裸露地面绿化覆盖率50%以上
饲养区与外界	有围墙、隔网等隔离措施，无可见鼠洞。与生活办公区有隔离和消毒措施。非饲养人员不得进入生产区。非场内人员禁止入场（尤其是鸭贩子等）
鸭舍、配房内	无裸露病死鸭只、无药袋、无其他杂物等，各种线路清晰条理不杂乱，无乱拉乱扯
鸭舍周围	通风口周围植被不高于30厘米，无垃圾杂物、鸭毛；舍外周有排水沟、有新鲜石灰水喷洒面

續表

項目	標準
淨區、污區	淨區、污區分明，淨道、污道分清，交叉或接近處設有消毒用具，有隔離等消毒屏障。鴨苗車、飼料車走淨道；毛鴨車、出糞車、死鴨處理走污道
廢棄物、污染物	廢棄物定點存放，按時回收、處理。病死鴨、糞便、墊料、疫苗瓶等污染物不得裸放。死鴨、疫苗瓶焚燒
消毒	鴨場大門口設汽車消毒池和人員腳踏消毒池，汽車消毒池長、寬、深分別為4米、2.5米、0.2米，消毒液可用3%的火鹼水，每周更換1～2次。每周用3%的火鹼水場區地面消毒1～2次（每平方米約300毫升）；鴨苗車、飼料車、免疫車、抓鴨隊車等須經消毒後進入；生活區的各個區域每周選用雙鏈季銨鹽噴霧消毒1～2次。污染區用10%～20%新鮮石灰水噴灑；鴨舍入口處設有消毒盆，消毒液新鮮有效
廁所與水溝	廁所地面無雜物、污水，大便後隨時用水沖刷等覆蓋；場區道路兩旁有排水溝，溝底要求硬化，溝內無明顯雜物、排水順暢，不積水，有一定坡度，排水方向從清潔區到污染區
飼養工藝	採取"全進全出"的飼養工藝；禁止飼養其他畜禽
衛生管理	有管理制度，飼養區環境衛生落實到人，重視飼養區衛生管理

2. 鴨舍內消毒（表5-4）

表5-4　商品肉鴨出欄後空棚消毒程序

消毒程序、項目	消毒操作要點
清理鴨棚	1. 移走料桶、飲水器、塑料網等；把噴霧線、水線升高至最高處； 2. 將舍內刀閘、風機、電機、漏電保護器全部用塑料布包扎； 3. 清除鴨糞，把棚內外打掃得乾乾淨淨，注意從污道運出，不得拋撒
檢查維修鴨舍及設備	1. 詳細檢查鴨棚內外、電線、燈泡、飲水器等，同時鴨棚自然通風乾燥、網床是否清潔； 2. 清除鴨棚外雜草雜物，清理棚外排水溝； 3. 仔細尋找棚內及其附近是否有老鼠洞，如有應填平以堵住出入口

消毒程序、项目	消毒操作要点
喷洒消毒	用双链季铵盐或聚维酮碘溶液喷洒网面、棚顶，选用泡沫消毒剂效果更好
安装设备	1. 网上饲养：将消毒好的网床整理好； 2. 安装好消毒好的塑料围网、料槽、饮水器，安装调整水线、挂好温度计； 3、鸭棚门口要设消毒盆，人员每次进入前都要消毒
熏蒸消毒	1. 关闭门窗和所有通风口，将棚内温度提高到20～25℃，相对湿度70%～75%，如温度不够要用炉子提温（密封窗户、进风口、门、下水道、墙体，逐个检查，确保密闭状态） 2. 老鸭舍每立方米空间用福尔马林28毫升、高锰酸钾14克；新棚鸭舍每立方米用福尔马林14毫升、高锰酸钾7克熏蒸，也可用成品熏蒸消毒剂； 3. 每两间可放一个熏蒸瓷盆，盆中先放入高锰酸钾再放少许水，最后从离舍门远端的盆开始依次倒入福尔马林，速度要快，出来后立即将门封严； 4. 熏蒸时间越长，消毒越好，最短不应少于24小时
通风	打开门窗，通气孔，自然通风1～2天，至舍内熏蒸气味完全散去无刺鼻的甲醛味为止，然后关闭门窗及通风孔待用
补充菌种	经熏蒸消毒的网床，发酵床的表面菌种会被杀死，上鸭前要按初次添加量的10%～30%补充菌种，并做好翻耙

第四节 肉种鸭的饲养要点

肉种鸭的生产周期可分为4个基本阶段：育雏期0～4周龄；育成期4～18周龄；产蛋前期18～26周龄；产蛋期26～76周龄。

一、种鸭的生活习性

1. 性成熟早

母鸭年产日龄，早熟品种100～120日龄，晚熟品种

155

150～180日龄。公鸭早熟品种120日龄，晚熟品种160～180日龄便可配种。

2. 产量无明显季节性

鸭一年四季均可产蛋，但3～5月、8～10月为产蛋高峰期。

3. 繁殖率高

公鸭常年均有性活动能力。1公可以配多母。1只公鸭均可交配10只以上的母鸭。

4. 放牧生活有明显的规律性

鸭群放牧表现为浮游、采食、休息3个环节有节奏地交替进行。每日共出现3次全群积极采食高潮，3次集中休息。每次休息之后又开始浮游。

5. 耐寒怕热

鸭无汗腺，羽绒覆盖紧密，体表散热少，只能通过呼吸散热，因此高温环境对种鸭不利；由于羽毛是良好的隔热层，对寒冷的天气就比较耐受。

6. 合群性好

种鸭具有高度的合群性。公、母鸭合群，同群与异群合群，相互之间并不发生争斗。因此，在种鸭群中挑选10只左右具有"领袖"气质的花龄母鸭作头鸭（谓之"头笋"）。控制好了"头笋"，就有利于控制好整个种鸭群在放牧过程中的停止、前进、采食、转移等活动。

二、育雏期

1. 育雏期生理特点

4周龄以内的小鸭称为雏鸭，这一阶段是鸭一生中最先接触外界环境并且又是生长最快的时期。培育出发育良好的健壮雏鸭，与以后的产蛋率和健康状况有很大的关系。雏鸭的生理特点概括起来有以下几个方面。

（1）体温调节能力差。雏鸭出壳时间不长，绒毛稀短，自身调节体温中枢发育不成熟，不能抵御低温环境，应创造合适的环境温度，进行适当保温。

（2）消化器官容积小。雏鸭消化器官尚未经过饲料的刺激，容积很小，存食物的能力有限，消化功能尚未健全，应有一个逐步锻炼的过程。在管理上应少喂多餐，给予营养丰富而易于消化的饲料。

（3）适应新环境的能力较差。雏鸭刚从蛋壳中孵化出来，各种生理功能都比较弱，十分娇嫩，对外界环境也很陌生，在管理上应有一个逐步适应的过程。

（4）代谢功能旺盛，生长速度快。雏鸭生长很快，尤其是骨骼的生长更快，4周龄时的体重为初生重的11倍左右，所以需要丰富的营养物质，才能满足其生长发育的要求。

（5）抵抗力差，易发病死亡。雏鸭需加强饲养管理，应特别注意做好卫生防疫工作。

2. 种鸭接雏前期准备

（1）检查接雏前的各项准备事宜。设施设备齐全，调试运行正常；鸭舍空气新鲜，通风适宜，避免地面风侵袭；提前预温，使室内垫料以上0.2米之内空间温度达到31～33℃，入雏前升至33～35℃；备足饲料、药品、疫苗和各类工具、器械，入口的消毒设备要备足消毒剂；备足温开水，育雏前温度降至25℃左右；饲养人员经过技术培训。

（2）运雏车到达后，先对车体进行消毒才能进入生产区。在生产区门口，准备卸鸭。接雏人员分育雏室内部接雏人员和育雏室外部接雏人员两部分，各司其职。育雏室外接雏人员将运雏箱卸下并检查鸭群，将雏鸭小心平稳地搬到育雏舍门口。育雏室内接雏人员不出育雏舍，在鸭舍门口与室外接雏人员交接，并按照正确的箱数摆放在各圈育雏栏的一个合适的角落。

（3）运雏箱全部卸下后，将运雏车驶离生产区。育雏室外接雏人员对车辆经过的区域进行严格消毒。

（4）公母分栏饲养。

（5）撤出雏鸭箱，由室外人员将其转移到指定区域焚烧销毁，3%火碱水消毒所经过的区域。

3. 管理要点

（1）育雏舍提前预温　在雏鸭到达鸭舍前，对育雏鸭舍进行提前预温。不同季节，提前预温的时间不同。一般地，春、秋季在进雏前2天开始预温，夏季在进雏前1天，冬季在进雏前3天，使鸭舍的各个区域角落，尤其是垫料充分吸热，冬季更重视预温工作。

（2）雏鸭舍温度　雏鸭绒毛短，体温调节能力较弱，既怕冷又怕热，育雏第1～4天，舍内温度控制在31～33℃，以后每周降低3℃，直到18～22℃为止。合理的温度能够使雏鸭均匀地分布于整个育雏区域，若鸭子扎堆或远离火源，说明温度控制得不合理。鸭群免疫后或受到应激时，需要暂时提高鸭舍内的温度1～2℃。

（3）湿度控制要点　在育雏第1～7天，相对湿度保持在65%～70%，以后逐渐降至50%～55%，若环境过分潮湿，容易产生大量氨气、硫化氢等气体，容易引发霉菌病。若舍内过分干燥、尘土飞扬，则容易引发大肠杆菌与呼吸道病。所以，在环境潮湿时，则需要添加干净且干燥的垫料，保持舍内干燥卫生；在环境过干时，则通过喷雾增湿。

（4）育雏鸭饲养密度要点　合理的密度是抓好均匀度保证鸭群健康的基础（表5-5）。密度大，垫料易潮湿，氨味重易引起各种疾病，如"啄癖"（即叼毛）、呼吸道病、浆膜炎等，应根据要求适时扩群。根据鸭舍的实际情况，将鸭舍划分为数个

表5-5　不同饲养阶段育雏鸭饲养密度

日龄	密度/（只/米²）（舍内）	备注
1周龄	20～25	从14日龄后，根据实际情况，若外界环境温度适宜可将鸭只放到运动场活动
2周龄	10～15	
3周龄	5	
4周龄及以上	3.3	

面积相等的栏，每圈大约饲养300只鸭子为宜。注意：先提高新鸭舍的温度再扩群。

（5）光照管理要点　1日龄24小时光照，2日龄23小时，以后每天减少1小时，直至降至每天14小时光照。光照强度以7瓦/米^{2}为宜。鸭舍内的灯头、灯泡吊放整齐，高度合理一致。

① 光照强度20勒克斯。光照均匀，无死角，减少阴影。

② 每周擦拭一次灯罩，保证无蛛网，无灰尘沉积。

③ 电工定期检查、维修电路及灯头。鸭舍饲养员做好保养及维护，有损坏的及时更换。

④ 保持配电箱的卫生，每周1次用毛刷清扫，保持干净无灰尘。

⑤ 早晚按时开关灯，白天舍外光线强时及时关灯，舍内光线暗时及时开灯。

⑥ 鸭舍照明系统应和一台备用发电机相连接，以便电力中断时可以及时送电，做好安全防护防止用电事故。

（6）通风与换气　虽然育雏期保温很重要，但由于雏鸭生长发育快，代谢旺盛，舍内氨气和硫化氢气体等有害气体容易超标（氨气不宜超过0.002%，硫化氢不宜超过0.0025%，二氧化碳不宜超过0.15%），易造成鸭群呼吸道疾病。因此，在保证温度的同时，适时通风是必要的。10日龄前以保温为主，通风为辅。通风时应从顶部开通风口，防止穿堂风、贼风。刮南风时通北边，刮北风时通南边。保持垫料干燥，每天打扫运动场，保持卫生，在鸭舍门前放消毒盆对进出人员的鞋进行消毒。每周2次带鸭消毒，疫情严重时1天1次，30～70毫升/米^2，喷头朝上，离地面1米高，使水珠从上朝下呈伞状落下。

（7）饮水管理要点

① 雏鸭到达后，应均匀分布使鸭子安定下来，休息20～30分钟，将电解多维等育雏药物加入温开水中，并装入饮水器供鸭子饮用。

② 观察鸭群，如有鸭子显示对水不感兴趣，应人工助饮，

将它们的嘴放在饮水器中浸一下，引导它们喝水。

③ 根据情况，每1～2小时更换一次水，尤其是真空饮水器，添加药物时必须确保2～3小时内饮完，防止造成药物浪费或药效发生变化，防止大肠杆菌超标对雏鸭造成影响。

④ 每次更换水时，必须将开食盘和饮水器用清水刷干净，每天用消毒溶液洗刷2～3次，然后用清水冲洗干净。

⑤ 及时清理开食盘和饮水器内的稻壳及污染物质，保证饲料卫生。

⑥ 开饮特别重要，各栏必须有人看守，引导雏鸭及时饮水。雏鸭3～7天饮用温开水，水温要适当（25℃左右），避免过冷过热或突冷突热造成的应激。饮水中加适量的电解多维和抗生素。提高抗应激能力，预防疾病的发生。

（8）喂料操作要点

① 0～28日龄，每天为每只鸭子提供定量的喂料，一般前3天自由采食，从4日龄开始限制饲喂量（表5-6）。要求，每栏鸭数、算料、称料准确，采食面积充足，撒料要快速、均匀、成片不成点，以保证鸭能同时吃上料。

② 喂料次数。

方法一：第一周8次，第二周6次，第三周4次，第四周2次，第五周1次。

方法二：1～10日龄6～8次，勤喂少添；11日龄后，采用一次性投料，这样有利于鸭群均匀度的控制。

③ 饲喂供料原则：必须遵循"先饮水，后喂料，无水不喂料"的原则。

④ 种鸭饲料料号换料时间。

0～7日龄：育雏破碎料。

8日龄～8周龄：育雏小鸭颗粒料。

9～17周龄：育成料。

18～22周龄：预产蛋期料。

23周龄以后到淘汰：产蛋料。

换料期间注意事项如下。

① 提前3天饮用多维，防止换料造成应激。

② 转换过渡时间5天，每天换1/5。

③ 算准每天每栋的料量，按比例算出需用的各料号的饲料用量称准。

④ 用经过消毒的专用铁锨拌3遍，装袋过秤，加入料箱。

表5-6　0～28日龄喂料计划

日龄	温和天气		炎热天气	
	公鸭/（克/只）	母鸭/（克/只）	公鸭/（克/只）	母鸭/（克/只）
1	2.5	2	2.5	2
2	6.4	6.1	6.4	6.1
3	8.4	9.2	8.4	9.2
4	11.1	12.3	11.1	12.3
5	14.8	15.4	14.8	15.4
6	18.4	18.4	18.4	18.4
7	22.1	21.5	22.1	21.5
8	27.5	26.2	27.5	26.2
9	33.4	31.3	33.4	31.3
10	39.8	36.9	39.8	36.9
11	46.7	42.8	46.7	42.8
12	54.1	49.2	54.1	49.2
13	59	53.3	59	53.3
14	63.9	57.4	63.9	57.4
15	68.9	61.5	68.9	61.5
16	73.8	65.6	73.8	65.6
17	78.7	69.7	78.7	69.7
18	83.6	73.8	83.6	73.8
19	88.5	77.9	87.9	77

日龄	温和天气		炎热天气	
	公鸭/（克/只）	母鸭/（克/只）	公鸭/（克/只）	母鸭/（克/只）
20	93.5	82	92.1	80
21	98.4	86.1	95.7	83.1
22	103.3	90.2	99.3	86.1
23	108.2	94.3	103	89.2
24	113.1	98.3	106.6	92.1
25	118.1	102.4	110.3	94.7
26	123	106.5	113.5	97.2
27	127.9	110.6	116.6	99.8
28	131.3	114	117.7	101.6

三、育成期

1. 育成期种鸭的特点

育成鸭一般指5周龄至开产前的中鸭，又称青年鸭，是从育雏期至产蛋的一个过渡阶段。在这个时期内，鸭生长发育迅速，活动能力很强，能吃能睡，食性很广。鸭子既要生长羽毛，又要生长骨骼和肌肉，同时内脏器官的生长也很快，充分利用青年鸭的特点，给予丰富的营养物质，进行科学的饲养管理，加强锻炼，提高生活力，使其生长发育整齐，开产期一致，为产蛋期的高产稳产打下良好基础。育成期种鸭的特点。

（1）体重增长快。

（2）羽毛生长迅速。

（3）性器官发育快，青年鸭到10周龄后，在第二次换羽期间，卵巢上的滤泡也在快速长大，到12周龄后，性器官的发育尤其迅速。为了保证青年鸭的骨骼和肌肉的充分生长，必须严格控制青年鸭过快的性成熟，对提高今后的产蛋性能是十分必要的。

（4）适应性强，随着日龄的增长，体温调节能力增强，对外界气温变化的适应能力也随之加强。由于羽毛的着生，御寒能力也逐步增强。青年鸭可以在常温下饲养，饲养设备也较简单，甚至可以露天饲养。青年鸭随着体重的增长，消化器官也随之增大，储存饲料的容积增大，消化能力增强。此期的青年鸭表现出杂食性强，可以充分利用天然动植物性饲料。

（5）神经敏感，合群性很强，可塑性较强，适于调教和培养良好的生活规律。在放牧的时候，如果牧地天然饲料丰富，或活动场地好，鸭常常整天奔波，不肯休息。在每次吃饱以后，就要让它洗澡、梳毛，然后入舍睡觉，养成这个习惯以后，育成鸭生长很快。

2. 育成期种鸭的饲养管理

（1）育成期目的

① 保持鸭群的每周增重，尽最大可能接近目标体重，因为在育成结束时，鸭群体重过重或过轻，都将严重影响鸭群的产蛋数量和受精率的高低。

② 尽最大可能提高鸭群均匀度，使育成末期均匀度大80%（按上下浮动5%计算）。因为鸭群均匀度的高低将影响产蛋数量鸡蛋重的均匀度，进而影响商品鸭的整齐度。

③ 使群体成熟与性成熟趋向一致。

（2）公母分开饲养　由于公鸭与母鸭是根据不同要求选育的，是属于不同的品系。

母鸭是从繁殖性能即产蛋数量上选育的，而公鸭是从增重遗传即增重速度和胴体特征上选育的，所以对公母进行分饲，以达到各自的目标要求。

为使公鸭有适当的性记忆，在4周龄末时挑选体重偏大的母鸭，这些母鸭被称为"盖印母鸭"。按公母4.5∶1的比例放入公鸭栏内，否则，将严重影响受精率。

（3）限制饲喂　限制饲养的目标是使鸭群体重控制在目标体重范围内，控制体重是通过每天喂料量来达到的。

① 在4周龄末，喂料前对鸭群按10%的比例抽测体重，每栏进行测重，所得平均体重与目标体重进行对比，确定相应的栏圈每天的喂料量。

冬季：若平均体重低于目标体重，按28日龄的喂料量；若平均体重高于目标体重，按26日龄的喂料量；若平均体重达到目标体重，按27日龄的喂料量。

春、秋、夏季：若平均体重低于目标体重，按27日龄的喂料量；若平均体重高于目标体重，按25日龄的喂料量；若平均体重达到目标体重，按26日龄的喂料量。

② 以后每周末称重分别计算公鸭和母鸭的平均体重，分别将体重与目标体重作比较，确定下周喂料量。

若平均体重低于目标体重，则适当增大每天喂料量5～10克/只；若平均体重高于目标体重，则维持目前的喂料量；若平均体重达到目标体重，则增加一个小量（3～5克）的每天喂料。

③ 周末称重时间放在饲喂前空腹时，为了尽量减少应激，可于早晨4点进行，称重鸭只数目为每一栏全数目的10%，称重应定时、定点、定先后顺序。

④ 称重后将平均体重与生长曲线作比较，将各栏实际体重与目标体重相比较，确定相应栏下一周只鸭喂料量。

⑤ 只鸭喂料量确定以后，将喂料量乘以每一栏的鸭子数，计算出每一栏的饲料总量。

⑥ 每天称取每栏的喂料量，等鸭群全部到达采食位置，将饲料撒在足够大的面积上，以便让鸭子有同等进食的机会。

⑦ 8周龄时，将育雏料换成育成料。

⑧ 定期清点每栏鸭子只数，防止鸭只串栏，以免影响体重控制的效果。

⑨ 要考虑到环境温度的降低会增加鸭子对于维持体温所消耗的能量增加。饲料成分质量和颗粒质量都会影响鸭子所得到的营养量，从而影响发育。

（4）均匀度

① 均匀度是衡量鸭群限饲效果，预测鸭群开产整齐度，蛋重均匀度及产蛋数量的一项重要指标，育成期种鸭均匀度标准要求如表5-7所示。

表5-7　各周龄育成期种鸭均匀度标准要求

周龄	均匀度（上下浮动5%）
8	60%
12	70%
16	75%
18	80%
20	80%

② 体重均匀度由鸭子的个体体重计算求出。通常是以鸭群平均体重加减5%范围内的鸭群个体体重的百分数来表示。

③ 每天定量目测调群，将鸭群中过大或过小的鸭只挑出，分别放入大鸭栏，并及时调出或调入鸭子后每栏的喂料量。

④ 若鸭群均匀度过差，可用大称重的办法调群。

a．将鸭群按其体重分成大、大中、小中、小等若干组，将每组每天喂料量拉开，小的多喂，大的少喂，来使鸭群提高均匀度。

b．降低鸭群密度及群体大小。

c．增加或改变采食与饮水空间。

（5）光照控制　　光照对育成鸭的性成熟有着重要的作用，可通过控制光照时间使鸭子性成熟与体成熟趋向一致。

在5～17周龄维持自然光照，或14小时恒定光照，从17周龄开始，每周加1小时逐递增至17小时光照，以后始终保持17小时光照。白炽灯光照强度6～7瓦/米^2。节能灯（暖光灯）也适用于鸭子的光线照明，由于其照明功率高，每平方米需要白炽灯标准瓦数的25%～30%即可。

17周龄：早6:00～晚8:00。

18周龄：早5:00～晚8:00。

19周龄：早4:00～晚8:00。

20周龄：早4:00～晚9:00。

（6）育成期温度　　育成期适宜的温度是18～21℃；各地可根据实际情况，对鸭舍在温度过高（30℃以上）或过低（0℃以下）时，进行人工调节。冬季做好防寒保暖工作，夏季做好防暑降温工作。

（7）鸭舍垫料的卫生管理　　垫料可以采用吸水性好的材料，如稻壳、刨花、木屑、破碎的花生壳、麦秸、稻草等。实际生产中，使用稻壳比较普遍。严把稻壳的质量关，坚决避免因存储不当或因阴雨天气造成发霉变质而导致稻壳浪费。稻壳在装卸和使用过程中应坚决避免任何人浪费，稻壳每天随用随拉。每天要勤翻稻壳，加强窗户的通风，增加稻壳内水分的蒸发速度，尽最大力量保持稻壳的干燥洁净。在鸭舍地面上添加新垫料的频率取决于鸭子的周龄、气候以及所使用的饮水系统的类型等。

（8）其他　　在育成期间，尤其在5～8周龄，鸭群容易因腿病发生而淘汰增加的情况。其主要原因是创伤引起的葡萄球菌关节炎。控制方法如下。

① 加强饲养管理，减少应激，清除一切可能发生外伤的因素。

② 加强垫料管理，防止垫料过湿而板结和夹杂异物。

③ 严格饮水区竹排的管理，防止毛刺裂缝等。

④ 随时修整出鸭口，防止鸭子出入时损伤。

另外，在运动场上放适量的沙粒，让鸭子自由采食；每天还要定期让鸭子增加运动量，确保鸭子体质强健。

（9）种公鸭的饲养管理要点　　因种鸭是大型父母代，为了确保全期种蛋有较高的受精率，公鸭需严格按以下方法饲养。

18周龄前，公母鸭分开饲养，但公鸭栏中须按（4.5～5）:1

的比例放入盖印母鸭混养。

公鸭饲养面积应达1.2米²/只，必须要保持合理的饲养密度并且运动场不能积水。

公鸭栏水池每天换水2次。

育成鸭每天赶鸭逆时针转圈运动2～3次，每次赶2～3圈即可。

10周龄以后的体重与标准体重相比，若是差距较大，应及时调整喂料量，体重偏轻的小公鸭及时补料减少淘汰率（将小公鸭每天下午抓出补料50克/羽一次，然后放回鸭群，连续一周，效果很好）。

达到18周龄时，按公鸭与母鸭1∶5的比例分配到各个母鸭栏保留少量合格的后备公鸭，随时替换大群中出现的不合格公鸭，同时把不合格的公鸭淘汰。

四、产蛋期种鸭

1. 产蛋期种鸭的选择

种鸭的好坏，直接影响后代的生长速度、体形大小和产蛋性能，可根据体形外貌和生产性能进行选择。

（1）根据体形外貌选择　体形外貌是一个品种的重要特征，也是生产力高低的主要依据。因此，选择的种鸭必须具有本品种的固有特征。同时更应侧重于经济类型鸭的选择。

① 种公鸭的选择。应选择头大，颈粗，胸深，背宽而长，嘴齐平，眼大而明亮，腿粗而有力，体格健壮，精神活泼，生长快，羽毛紧密，有光泽，性欲旺盛的种公鸭。

② 种母鸭的选择。以产蛋为目的，选择的母鸭应体长而丰满，但不肥胖；嘴长、眼大而灵活，头稍小，颈细长，腿粗壮，两腿间的距离宽，胸部要深宽，臀部丰满、下垂而不擦地，尾部宽扁、齐平，走路稳健、觅食力强，羽毛细致。麻鸭的斑纹要细，如果以产肉为目的，应选择体长、背宽，胸深而突出，羽毛丰满，行动迟缓、性情温驯，生长快的母鸭。

（2）根据生产性能选择　产蛋力同鸭的成熟期和换羽期的早晚以及蛋的重量等因素有关，一般开产日龄早，换羽迟，蛋形大，产蛋持续时间长，产蛋力就强；相反，开产迟，换羽早，停产时间长，蛋形小，产蛋力必然弱。

产肉力为肉用型鸭选种的重要指标之一，包括体重、生长速度、育肥能力和肉的品质等。因此，选种时应选同群中生长最快、体重较大，并符合本品种特征者为好。

鸭的繁殖力通常指产蛋量、受精率、孵化率和雏鸭的成活率等。繁殖力的强弱与经济效益关系密切，繁殖力强则经济效益大，反之则弱。

2. 产蛋前期种鸭的饲养管理

产蛋前期为鸭群由育成期向产蛋过渡期，必须为鸭群开产有一个好的开端做好准备工作。青年鸭开产时身体健壮，精力充沛。这个时期的管理要点如下。

① 营养方面。根据产蛋率上升的趋势，增加日粮的营养浓度，增加采食量，以满足产蛋的营养需要。在20周龄时就开始使用产蛋饲料，要求粗蛋白质由15.5%上升到19% ～ 19.5%，代谢能11.30兆焦/千克左右。一般母鸭群开始产蛋后立即按每只鸭每周6 ～ 10克幅度增加供料，一方面促进鸭子的体成熟，另一方面诱导鸭群尽快达到5%的产蛋率并及时上升到产蛋高峰期。

② 看蛋重的增加趋势。初产时蛋只有65克左右，到30周龄时，可达到标准蛋重90 ～ 95克，产蛋的初期和前期，蛋重都处在不断增加之中，增重的势头快，说明饲养管理恰当，增重的势头慢，或蛋重高低波动，要从饲料营养及采食量上找原因。

③ 看产蛋率的上升趋势。本阶段的产蛋率是不断上升的，最迟到32周龄，产蛋率应达到90%左右。产蛋率如高低波动，甚至下降，应注意鸭体的健康状况以及饲料的营养浓度，或饲料是否有霉变等。

④ 注意体重变化。樱桃谷肉用种鸭20周龄时的标准体重：母鸭3120～3150克，公鸭3710～3760克，每周要进行空腹称重，体重应维持原状，体重有较大的增加或下降，说明饲养管理有问题。在此期间绝不可让鸭体发胖，尤其是自然交配的公鸭，一般母鸭在此阶段不会发胖，应注意防止营养不足，鸭体消瘦。

⑤ 加强卫生消毒工作。运动场及周围环境要每天进行药物消毒一次，鸭舍要保持清洁干燥，在产蛋率达50%和90%时，要对鸭体进行药物净化。

（1）第18周龄时　对鸭群进行最后一次称重，分别记录鸭群公母的体重及均匀度，作为以后鸭群发挥生产性能好坏的参考指标。将喂料箱放入各个栏圈内。喂料方式：一种是料量递增法，保持原来地面喂料方式，每周增加10克的料量，直到自由采食，使用料箱。第二种是时间递增法，将地面饲喂变为每天2小时的料箱喂料。此过程需3天过渡喂料，且必须在每天喂料量有剩余时实施。

（2）第18～22周龄时　每周增加喂料时间，至21周龄时增至7小时，然后维持。在21周龄时，将预产料逐渐过渡到产蛋期料，过渡期为一周。公母鸭混群：在18周龄时，清点鸭子数，对鸭子按1只公鸭5只母鸭的比例，均匀地将鸭子分布于各栏圈。在20周龄以每3～4只母鸭1个产蛋窝的比例，沿栏圈边放入产蛋箱，并在产蛋箱中铺5～10厘米厚的垫料。每天向产蛋箱与地面撒适量垫料，以维持干净环境。光照按光照程序加光。严格按照免疫程序接种疫苗。正确操作，尽量减少应激。比如：饮营养药、选择适宜的天气、疫苗的预温及摇匀、针具的消毒、针头更换、操作轻柔等。

（3）第22～25周龄时　维持17小时光照时间，喂料时间不变。逐渐使日常工作和管理程序稳定，给鸭群创造一个稳定的环境。

（4）公母鸭混群操作要点　混群时间一般在18～20周龄，

具体依鸭体成熟和性成熟程度而定。混群前2天饮用多维，以防应激，共5天。整群：将公、母鸭群中鉴别错误、病、弱、残、体姿不正及外貌不符合本品种特征的个体全部剔除依据公母比例（1：5），鸭舍面积确定每栏鸭子数，根据每栏有的鸭子数决定每栏的进出数目及顺序。确定每个栏的鸭数。

（5）料箱的管理要点　饲料必须每天清理一次，以计算每天平均料量；每天将料箱彻底清空一次，防止料箱底部沉积发霉。料箱的四角必须用砖垫起，使料箱底部同垫料间有一定的距离，防止料箱腐烂及料霉变。随着垫料的增厚，料箱四角的砖随时添加抬高料箱。

3. 产蛋期种鸭的饲养管理

大多数品种的肉种鸭群从26周龄开始产蛋率达5%，正式达到开产的水平。

（1）设置产蛋箱　每个产蛋箱尺寸为40厘米长、40厘米高、30厘米宽，每个产蛋箱供4只母鸭产蛋，可以用5～6个产蛋箱连在一起组成一列。产蛋箱底部铺上干燥柔软的垫料，垫料至少每周更换2次，越清洁则蛋越干净，孵化率越高。产蛋箱一般在22周龄放入鸭舍，在舍内四周摆放均匀，位置不可随意更改。

（2）光照管理　每日提供16～17小时光照，时间固定，不可随意更改，否则严重影响产蛋。

（3）垫料管理　地面垫料必须保持干燥清洁，当舍内潮湿时应及时清除，换上新垫料，可以每日增添新垫料，并尽可能保持鸭舍周围环境的干燥清洁。

（4）种蛋收集　及时将产蛋箱外的蛋收走，不要长时间留在箱外，被污染的蛋不宜作种用。鸭习惯于凌晨3～4时产蛋，早晨应尽早收集种蛋，集蛋越及时种蛋越干净，破损率越低。初产母鸭可在早上5时拣蛋。饲养管理正常时，通常母鸭在7时以前产完蛋，而产蛋后期产蛋时间可能集中在6～8时。应根据不同的产蛋时间固定每天早晨收集种蛋的时间。迟产的蛋也应及时被拣走，若迟产蛋数量超过总蛋数5%，则应检查饲养管理制度是否正常。集蛋完毕后，立即在工作间选蛋，选蛋时合格蛋、破碎蛋、双黄蛋、畸形蛋应单独放筐。收集的种蛋尽快放入熏蒸消毒柜中消毒，并转入蛋库储存。种蛋储存时间不宜过长，一般15天后应进行孵化。

（5）种公鸭的管理　配种比例为1∶4，有条件的可按1∶5或1∶7的比例混养。公鸭过少，精液质量不均衡；若公鸭过多也不好，会引起争配，使受精率降低。大型肉鸭正常阴茎一般长9～10毫米，应淘汰阴茎发育不良或阴茎过短的公鸭。对性成熟的种鸭还可进行精液品质鉴定，不合格的给予淘汰。

（6）预防应激反应　要有效控制鼠类和寄生虫，并维持种鸭场周围环境清洁安静，保持环境空气尽可能新鲜，必要时可调节通风设备，使环境温度在适宜范围内。寒冷地区温度应维持在0℃以上。

（7）细节管理　日常管理过程中要观察入微，及早发现问题，采取相应的措施。

① 观察产蛋。产蛋率是不断上升的，直至产蛋高峰过后开始下降，如果产蛋率高低波动，甚至出现下降，就要从饲养管理上找原因。产蛋时间一般为深夜2:00～8:00，若每天推迟产蛋时间，甚至白天产蛋，应及时补喂精料。蛋鸭所产的蛋形也应细致观察，蛋的大端偏小是欠早食，小头偏小是欠中食。正常的鸭蛋光滑厚实，蛋壳薄而透亮；鸭蛋壳有沙眼或粗糙，甚至软壳，说明饲料钙质不足或维生素D缺乏。

② 观察鸭活动。健康高产的蛋鸭精神活泼，行动灵活，下水后潜水时间长，上岸后羽毛光滑不湿。鸭怕下水，不愿洗浴，下水后羽毛沾湿，甚至沉下，上岸后双翅下垂，行动无力，是产蛋量下降的预兆。应立即采取措施，增加营养或检查鸭是否患病。

③ 体重检查。鸭产蛋一段时间后，体重维持原状，说明饲

养管理得当；如果鸭体重较大幅度地增加或下降，说明饲养管理有问题。开产以后的饲料供给要根据产蛋率、蛋重增减情况作相应的调整，最好每月抽样称测蛋鸭1次，使进入产蛋盛期的蛋鸭体重恒定在标准体重范围内。

4. 产蛋高峰期种鸭饲养管理

根据产蛋率的不同，产蛋期还可分为产蛋高峰期和产蛋后期，这两个阶段管理要点也有所差异。产蛋高峰期饲养管理的重点是保高产、力求将产蛋高峰维持到48周龄以后。管理要点如下。

① 营养上保证满足高产的需要，日粮中增加粗蛋白质的含量，可以达到19.5% ～ 20%，同时适当添加蛋氨酸和胱氨酸，要求含量在0.68%以上。

② 合理补充适当的钙、磷，并在日粮中增加维生素A、维生素D和鱼肝油、多种维生素等，也可在日粮中加入骨粉或在运动场上堆放贝壳粉，让种鸭自由采食。

③ 应适当控制饲喂量，一般每只鸭每天平均精料采食量为225 ～ 250克，喂料量过多，一方面造成成本的浪费，另一方面会引起种公鸭的过肥而影响种蛋的受精率。

④ 保持环境安静，避免应激影响种蛋品质。

⑤ 勤拣蛋，减少污染蛋、破壳蛋等。

⑥ 注意鸭群的健康状态，产蛋率高的健康鸭子，精力充沛，下水后潜水的时间长，上岸后羽毛光滑不湿，水珠四溅，这种鸭子产蛋率不会下降。如鸭子精神不振，不愿下水，或下水后羽毛沾湿，甚至下沉，说明鸭子营养不足，必将出现减产，要立即采取措施，补充动物性蛋白质和鱼肝油、维生素等，同时应注意疾病的防治。

5. 产蛋后期种鸭饲养管理

母鸭经过大半年的产蛋，身体疲劳，既有保持80%产蛋率的可能，也有急剧下降停产换羽的危机。此阶段的管理要点如下。

① 适当增加营养，补充动物性蛋白质饲料。

② 由于此时母鸭已达到体成熟，并且蛋重保持稳定，母鸭对营养的需求开始减少，应随着产蛋率的下降而酌情减料，减料可采取试探性减少法：即每只鸭每日减少3克，连喂4天，若此期产蛋率下降幅度较大，应立即恢复原料量，若产蛋率下降正常，证明减料正确，应按此方法继续减料。

③ 每天保持17小时的光照，不能减少，如产蛋率已降至60%时，可以增加光照时数直至淘汰。

④ 观察蛋壳质量和蛋重的变化，如出现蛋壳质量下降，蛋重减轻时，可增补无机盐添加剂和鱼肝油等，最好另置无机盐盒，任其自由采食。

⑤ 克服气候变化的影响，使鸭舍内的小气候变化幅度不要太大。

⑥ 及时淘汰残、次种鸭以及停产的母鸭，如果受精率下降，可适当替换部分公鸭。

⑦ 加强卫生防疫，可在日粮中拌入多种维生素等，以提高种鸭的抗病能力。

6. 种鸭夏天防暑降温管理要点

① 搭建遮阴棚：在饮水槽上方搭建遮阴棚，要求高1.8～2米、宽6～8米，长以饮水槽长度为准，遮阴棚尽量在夜间搭建，搭建期间要投喂维生素C，减少应激。

② 勤换水槽水：水槽须每天清洗，保持饮用水清洁凉爽。

③ 浴池水：保持每天换2～3次，脏了一定要及时排干并清扫干净。

④ 中午气温高，要让鸭群进入内栏，但内栏必须建有饮水系统，保证有水有料。

⑤ 夏天雷雨、大风等恶劣天气较多，容易造成停电停水，鸭舍毁坏等，因此要备好发电设备，加固鸭舍等。

⑥ 夏天高温，造成种鸭采食量偏少，为确保种鸭高产稳产须额外添加微生物制剂调节肠道菌群。

⑦ 添加抗热应激药物，如维生素C、多维、柠檬酸等。

⑧ 中午高温时不能惊动鸭群，但早、晚添加料时应轻轻赶动鸭群，晚上凉爽采食量多，要确保有饲料并在拣蛋时才关鸭。

7. 恶劣天气时的管理措施

冬天气温低，每年都会出现冰冻、雨雪等恶劣天气，严重影响种鸭的正常生产，现在做好冰冻、雨雪等恶劣天气的种鸭管理，预防工作做以下提示。

① 下雨天一定要打开鸭舍内栏门，让种鸭进入内栏，千万不能让种鸭淋到雨雪。

② 鸭舍内栏一定要保持干燥、勤垫稻壳。

③ 不要让种鸭吃到雪水雪块，而引起肠道疾病，特别是后备鸭喂料前要及时打扫干净运动场，看好机会及时喂鸭。

④ 如产蛋种鸭在内栏时间太长，有饮水岛的，可用饮水岛，没有的在内栏门口或走廊内放上桶、盆装好水让鸭喝。

⑤ 保证饲料供应，一般要求储备3～5天的饲料。

⑥ 在饲料添加抗寒、抗应激、增强体质的药物。

⑦ 下雪期间在饲料中添加好预防肠道疾病、感冒的中药。

⑧ 随时关注天气预报，做好防范措施，如鸭舍保暖，备好除雪工具等。

⑨ 做好种蛋的保温工作，种蛋要及时放到房间内并用草帘或毯子等盖好，蛋库温度要求不能低于5℃，避免影响种蛋质量。

8. 生物安全

由于近几年养鸭行业的蓬勃发展，养殖者水平参差不齐，使疫病在生产中时有发生和流行，造成养殖业环境的恶化，从而给众多养殖者在饲养过程中造成困难。要想取得成功，必须做到"预防为主，防重于治"的原则，并将此原则真正落实到工作中。

（1）工作人员必须具有高度的责任心和强烈的防疫意识 在生物安全体系中，人是最重要的因素。因为人既是制度

彩色图解科学养鸭技术

的制定者，又是传播禽病最直接、最常见的媒介。由于工作人员的疏忽和失误而诱发的禽病最常见、最容易被忽视，也最难防范。

（2）树立强烈的防疫意识，阻断疾病传播通道

① 严格控制场外人员与车辆入场，对来场参观者与外出归来的工作人员必须彻底消毒洗澡，更换场内工作服后才能进入生产区。

② 场内工作人员在进入鸭舍前，必须自觉消毒，脚踏消毒后，方可进入鸭舍。

③ 每天死亡的鸭子要集中做无害化处理，深埋或焚烧。

④ 经常灭鼠、灭雀，杜绝猫等动物进入鸭舍，杜绝传播疾病的媒介。

（3）重视饲养卫生条件并搞好带鸭消毒工作

① 进苗前的消毒：老鸭舍要求空栏1个月以上方可进苗，进苗前15天须把栏舍内、外、周围清洗打扫干净，并用20%的生石灰乳或3%的烧碱水进行全场泼洒消毒。进苗前3天全场再用消毒药喷洒消毒，禁止未消毒的人员、物料、车辆进入。

② 接种疫苗用的器具（如饮水器、喂料桶等）洗净，消毒水浸泡一天，再用清水洗干净晒干，垫料需晒干并用菌毒杀消毒，其他不宜洗的用品，用消毒水浸湿布消毒。

③ 鸭场定期消毒：在正常情况下，每周两次用3%～5%的火碱水对生产区大环境消毒。运动场每天要打扫干净，栏舍内的蜘蛛网及栏舍周围的树叶、杂草要清理干净后再消毒，要求每两天消毒一次。消毒药水要选用对鸭子影响较小的，一个月更换一个品种，用量用法一定要正确。

④ 带鸭消毒：每天带鸭消毒一次，用季铵盐类消毒剂或过氧乙酸来净化空气，减少粉尘，防暑降温的作用，冬季水温要高些（30～45℃），夏季可低些，喷雾量掌握在每平方米30～50毫升，一个月更换一个品种，用量用法一定要

正确。

⑤ 鸭粪消毒：每天清理的鸭粪运到粪场，堆积发酵并在表面泼洒20%的石灰乳或消毒药水。

⑥ 鸭场门口的消毒：鸭场谢绝参观，严禁外来车辆及人员进入鸭场，内部人员进入鸭场须更换专用衣服、鞋子。鸭场内禁止饲养其他家畜和家禽。

（4）搞好免疫接种工作和预防用药

① 根据当地疾病流行情况，制定本场免疫程序，选择接种免疫。

② 选择高效药物对鸭群进行预防。

（5）疫情处理预案　鸭群一旦发生传染病，依据疫病流行的三个环节（传染源、传播途径和易感动物），迅速切断任一环节，以达到预防、控制和消灭传染病的目的。

① 及时作出正确的临床诊断，必要时进行化验室分析，并做好附近鸭场的各项预防工作。

② 控制传染源，经诊断为传染病后，应迅速隔离封锁。呈报至公司，视情况决定是否就地扑灭，防止疫情扩大和传播。

③ 做好消毒和尸体处理，通过严格的消毒和杀死病原体做无害化处理，再用其他化学药物对鸭舍地面和运动场进行消毒。

④ 紧急接种，为迅速控制和扑灭传染病的流行，对疫区内尚未发病鸭群进行应急性防疫接种，对某些传染病能取得较好效果。

总之，鸭场生物安全体系是指：防止病毒、细菌、真菌、寄生虫、昆虫、啮齿动物和鸟类等有害生物进入、感染或威胁正常鸭群所应采取的一系列安全措施。生物安全主要着眼于为鸭子生长提供一个舒适安全的环境，提高鸭群的抵抗力，尽可能地使其远离病原体的攻击。其中心思想是严格的隔离、消毒和检疫，关键控制点在于对人和环境的控制，目的是控制有害生物进入养殖场，保障鸭群安全（表5-8～表5-11）。

表 5-8 父母代种鸭饲养管理要点

管理领域	饲养阶段			
	育雏期（0～4周龄）	育成期（4～18周龄）	产蛋前期（18～25周龄）	产蛋期（25～75周龄）
鸭舍	良好隔离，彻底清洗和消毒，避免地面风	具有不利气候情况下保护鸭子的基本设施，良好舒适的环境条件，足够的通风，始终提供新鲜、干净的环境		
		在炎热的气候地区，鸭舍的设计需要特殊的考虑，技术台可提供建议		
饲养面积	每300只鸭子，一个直径4米的育雏圈，至7日龄，从第二天起，逐渐增加育雏圈直径，在7日龄至21日龄期间，提供0.2米²/鸭的饲养面积，在28日龄时，将饲料面积增加到0.45米²/鸭。不要耽误育雏圈的面积	提供0.45米²/鸭的饲养面积	在18～20周龄，将鸭子移入产蛋栏内，将饲养面积增加到0.33米²/鸭	每只鸭子0.33米²的饲养面积

管理领域	饲养阶段		
加热	育雏器下方35℃，在28天内，逐渐将温度降低到环境温度。保持最低的育雏器热量	通常不需要人工加热	如果鸭舍内温度低于1℃，需要额外加热，在鸭舍里使用自然冷却，如提供水池，或者蒸发冷却，有助于增加产蛋期能力
饮水	初始28天内，每100只鸭子提供一自动饮水器，最初的2天，每100只鸭子，另加一饮水器，在到达后的4小时内，饲料盘内加额外的水	每250～300只鸭子，提供一个2米长的饮水槽（至少每只鸭子13毫米的饮水空间）	每250～300只鸭子，提供一个2米长的每只鸭子13毫米的饮水空间）。通过增加饮水槽的数目，使用池式饮水池，或者提供水池，以最大限度地增大水的供应量
饲养类型	初始期饲料	生长期饲料至20周龄，然后使用产蛋前期饲料	产蛋期饲料

管理领域	饲养阶段		
喂料设备	每100只鸭子一只喂料盘，16天后逐渐改为地面喂料，使用称盘称量每天的喂料量	称盘用于每周的体重检查和称量每天的喂料	每250只鸭子，一个长2米，两边喂料的喂料箱（每鸭16毫米的喂料空间）。喂料箱须有盖子，以便控制喂料	每250只鸭子，一个长2米，两边喂料的喂料箱（每鸭16毫米的喂料空间）。喂料箱须有盖子，以便控制喂料
喂料方法	每天按规定量喂料。炎热气候下，在接近最初28天时，每天的喂料量略低于规定定量	根据平均体重和生长期目标体重的关系，每周调整喂料量	每周增加喂料时间，以使在21周龄时，喂料时间达到每天7小时	维持7小时的喂料时间至蛋重稳定，再次调节喂料时间以使蛋重接近目标蛋重86克（大型和中型）/89克（特大型）。随着鸭子进入产蛋期，增加喂料时间至每天11小时，一旦蛋重稳定，然后调节喂料时间使蛋重取得90克（大型和中型）/93克（特大型）
光照	第1天24小时，以后每天减少1小时，至第7天时17小时，然后维持17小时的光照时间（4:00～21:00或自然光照）	每天17小时的光照，4:00～21:00或自然光照	每天17小时的光照或每周增加1小时直至17小时。随着鸭子接近产蛋期逐渐改变光照程序为18小时，每天2:00～20:00	每天17小时的光照，4:00～21:00，每天2:00～20:00 每天18小时的光照，每天2:00～20:00

彩色图解科学养鸭技术

管理领域	饲养阶段			
交配比例	母鸭单独饲养，公鸭单独饲养，但每4.5只公鸭应伴有一只母鸭	母鸭单独饲养。公鸭单独饲养，但每4.5只公鸭应伴有一只母鸭	在18～20周龄的在一时间，以1只公鸭5只母鸭的比例混合饲养	整个产蛋期，1只公鸭5只母鸭
垫料	较薄地撒在栏圈地面上，以保持鸭舍的干燥和鸭子的干净			
产蛋巢			在22周龄，每3只母鸭提供1只产蛋巢	整个产蛋期，每3只母鸭1只产蛋巢
记录	死亡数，剔除数，栏圈日常检查	死亡，剔除，体重，喂料量，日常栏圈检查	死亡，剔除，每产蛋栏圈鸭子数	死亡，剔除，产蛋量，喂料量，日常栏圈检查
总体饲养管理	鸭子到达前，彻底清洗和消毒鸭舍，预先调查疾病情况，并准备好必要的疫苗，将1日龄鸭清点入育雏圈	特别注意体重的控制和饲料的分布，以保证鸭子个体均匀	准确清点鸭子，进入产蛋栏圈。在一天中最热的阶段，避免干扰鸭子	小心观察每天的产蛋量下降超过10%，立刻调查原因。在一天中最热的阶段，避免干扰鸭子

表5-9　父母代肉种鸭光照程序

日龄/天	光照时间/小时	控光时间
1～3	24	—
4	23	19:00～20:00
5	22.5	19:00～20:30
6	22	19:00～21:00
7	21.5	19:00～21:30
8	21	19:00～22:00
9	20.5	19:00～22:30
10	20	19:00～23:00
11	19.5	19:00～23:30
12	19	19:00～24:00
13	18.5	19:00～00:30
14	18	19:00～01:00
15	17.5	19:00～01:30
16	17	19:00～02:00
17	16.5	19:00～02:30
18	16	19:00～03:00
19	15.5	19:00～03:30
20	15	19:00～04:00
21	14.5	19:00～04:30
22	14	19:00～05:00
23天～17周	14	19:00～05:30

表5-10　父母代种鸭推荐参考免疫程序

免疫程序					
年龄	疫苗名称	剂型	头份	剂量	部位
1日龄	免疫鸭肝储备部分鸭肝抗体	弱毒苗	2	0.3毫升	颈皮
7日龄	禽流感H9	油苗	—	0.5毫升	颈皮
14日龄	禽流感疫苗H5（Re-11+Re-12）+H7	油苗	—	0.5毫升	颈皮
21日龄	鸭瘟DVE	活苗	3	0.5毫升	颈皮
35日龄	禽流感H9	油苗	—	0.5毫升	颈皮
7周龄	禽流感疫苗H5（Re-11+Re-12）+H7	油苗	—	0.5毫升	颈皮
8周龄	鸭瘟DVE	活苗	2	0.5毫升	颈皮
15周龄	禽流感H9	油苗	—	0.8毫升	左胸
16周龄	禽流感疫苗H5（Re-11+Re-12）+H7	油苗	—	0.8毫升	右胸
19周龄	鸭肝DVH+鸭瘟DVE	活苗	鸭肝炎疫苗2头份，鸭瘟疫苗3头份	0.5毫升	左胸
22周龄	禽流感H9	油苗	—	0.8毫升	颈皮
23周龄	禽流感疫苗H5（Re-11+Re-12）+H7+坦布苏病毒疫苗	油苗+活苗	—	0.8毫升+2倍量	颈皮

彩色图解科学养鸭技术

免疫程序					
年龄	疫苗名称	剂型	头份	剂量	部位
*产蛋高峰后（40周龄后）每隔3个月免疫一场流感油苗（H5+H9）根据抗体情况决定油苗免疫的先后顺序和剂量。					
42周龄	鸭肝+鸭瘟	活苗	—	鸭肝炎疫苗2头份，鸭瘟疫苗3头份	颈皮
46周龄	禽流感疫苗H5（Re-11+Re-12）+H7+H9	油苗	—	1毫升	颈皮
58周龄	禽流感疫苗H5（Re-11+Re-12）+H7+H9	油苗	—	1毫升	颈皮
*60周龄后根据抗体情况决定油苗免疫时间。开产后，每月进行抗体检测，抗体水平最低在8以上，低于8应考虑加免。鸭肝、鸭瘟中和抗体在100以上。					

注：免疫流感疫苗前必须先做试验（10～20只），注射剂量比免疫程序规定大0.1毫升，观察3～5天后确定油苗安全后，再大群免疫注射。

表5-11 父母代肉种鸭日常管理工作程序

周龄段	时间	工作内容
育雏期（0～4周龄）	4:00～5:00	整理操作时间，更换操作门口的消毒盆，并对操作间消毒
	5:30～7:00	换水、喂料、调整鸭舍内环境，调温和通风
	7:00～7:30	早饭
	7:30～11:30	换水、喂料、调整鸭舍内环境，调温湿度和通风、消毒
	11:30～12:00	午饭
	12:00～17:00	换水、调整鸭舍内环境，调温湿度和通风，打扫运动场、拦鸭、消毒
	17:00～17:30	称料、写报表、弱鸭的护理

第五章 肉鸭科学饲养方法

183

周龄段	时间	工作内容
育雏期 （0～4 周龄）	17:30～18:00	晚饭
	18:00～18:30	填写工作记录，计划晚间及第二天工作
	18:30～次日 4:00	值班（值班员将开食盘、饮水器、采食布清洗、消毒、换水、喂料）
	特别工作：免疫，翻垫料，投药，弱雏单独护理，光照时间控制等。	
育成期 （4～18 周龄）	4:00～4:10	起床，整理操作间，更换操作间门口的消毒盆或换脚踏池
	4:20	仔细观察鸭群状况，及时上报观察结果
	4:50	消毒、放水、喂料、调整鸭舍环境
	5:40	观察饮水槽内的水位
	6:30	整理宿舍卫生、洗漱
		早餐
	6:50	早会安排工作、领药
	7:20	换水、整理鸭舍内外环境卫生
	7:50	整理饲料及包装，清扫操作间卫生
	8:20	清理舍外饮水区域的鸭粪
	8:50	整理垫料
	9:30	称料
	10:30	休息
产蛋期 （18～76 周龄）	3:50	起床、换消毒盆水，清刷水槽
	4:00	开灯、供水
	4:05	拣第一遍蛋、挑选、装箱处理
	5:30	拣第二遍蛋、挑选、装箱处理
	6:50	洗刷水槽供水、关灯
	7:00	早饭
	7:30	拣第三遍蛋、挑选、装箱处理

周龄段	时间	工作内容
产蛋期（18～75周龄）	8:30	拉料、倒料、叠料袋、周末称料、计算料理
	9:00	洗刷水槽供水
	10:40	舍内带鸭消毒，拣地面鸭蛋
	11:30	午饭
	12:00～14:00	午休、值班（拣运动场蛋，高温季节必须保证每个水槽都有水，观察异常情况）
	14:00	清理运动场鸭粪，刮扫干净并运走
	16:30	洗刷消毒水槽
	17:00	清扫运动场、洗浴池
	17:30	拉稻壳、铺稻壳
	18:00	开灯、洗刷、晚餐
	19:00～20:00	加水、加药
	20:50	关运动场的灯
	21:00	关舍内灯，开夜间照明灯，听鸭群呼吸情况

注：1. 拣蛋时间根据蛋数灵活调整。

2. 5:00～11:00运动场每两小时拣蛋一次。

3. 周一刷洗水槽，饮水消毒，周四清扫盆内蜘蛛网，周日擦洗灯线及灯泡。

4. 周二、周五进行运动场及外环境消毒。

5. 早晨开灯、傍晚关灯时间根据当地日出。日落时间随时调整，以节省电。

第六章
蛋鸭科学饲养方法

第一节　雏鸭

一、雏鸭的生长发育特点与管理要点

1. 雏鸭生长发育的三大特点

（1）雏鸭的生长发育特别迅速　4周龄时雏鸭的体重已经比初生时的体重增加24倍左右，8周龄（56天）时雏鸭的体重比初生时体重增加60倍左右，基本接近成年蛋鸭体重，外形看起来也和成年鸭差不多。

（2）雏鸭体温调节功能弱，难以适应外界环境　刚出壳的雏鸭个头小，机体特别娇嫩，而且由于雏鸭体表的绒毛稀少，体内体温调节功能发育还不完善，所以雏鸭体温调节功能相对很弱，保持体温的能力很差，对外界环境的适应性也差，抵抗力弱，如果雏鸭的饲养管理稍有不善，则容易引起疾病，造成雏鸭死亡。育雏舍温度过低或过高时雏鸭特别容易被冻坏或被热坏，低温引起打堆压死闷死，高温则引起雏鸭干渴脱水而死。

（3）雏鸭的消化器官容积小，消化能力弱　雏鸭生长发育特别快，因而饲料转化率高。雏鸭由于本身个体小，因而其消化器官容积也小，又因为刚出生，消化器官没有得到锻炼，所以消化能力弱。针对雏鸭的这个特点，雏鸭必须少喂多餐，便于消化利用，特别是饲喂雏鸭容易消化吸收的优质饲料。

2. 养好雏鸭的管理要点

要想养好雏鸭，必须从雏鸭出壳起，就给雏鸭创造适宜雏鸭生长发育的最佳生活条件，并精心地进行雏鸭的现场饲养管理，最后才能得到满意的育雏效果。具体来讲，要育好雏鸭，就必须认真地抓好以下几个关键环节。

（1）控制好育雏的温度，是养好雏鸭的前提和基础　接养初期，由于雏鸭体温调节功能很弱，自己保持体温的能力很差，所以育雏舍（棚）内的温度保障要稍微高一些。随着雏鸭饲养日龄的增加，雏鸭保持体温的能力渐渐增强，育雏舍的室温就应该逐渐下降，给雏鸭慢慢适应鸭舍温度变化的时机，直到不进行人工加温适应育雏舍室温为止，表6-1给出了蛋鸭雏鸭4周龄以内的参考育雏温度。

表6-1　蛋鸭雏鸭4周龄以内的参考育雏温度

日龄	育雏室温度/℃	育雏器温度/℃
1～7日龄	25	30～25
8～14日龄	20	25～20
15～21日龄	15	20～15
22～28日龄	15	20～15

育雏时还要考虑育雏舍内温度不能波动过大，否则一时冷一时热，雏鸭因此受到过大应激，容易发生感冒而生病。育雏3周龄以后，雏鸭自身已具有一定的抗寒能力，只要饲料饮水充足，管理精细到位，一般不需要额外加温。一般来说，夏秋季节（包括5月～9月和4月、10月的部分时间），外界温度较高，

接养雏鸭基本上不需要人工加温，只要及时做好鸭舍的保暖或降温工作即可。

在育雏现场管理上，只要及时认真观察雏鸭的活动状况，即可知道育雏的温度是否合适。当育雏舍内温度过低时，雏鸭会缩颈耸翅，互相堆挤在一起，并发出急促的"吱、吱"尖叫声，并且会堆成两三层，扒开堆在一起的雏鸭，会发现有些雏鸭身上湿漉漉的，像淋了水一样。这时要及时扒开雏鸭堆并及时驱赶雏鸭，并且马上把舍温升高，直到鸭群活动正常为止。否则会因为温度过低而打堆压死大量雏鸭。而舍内温度过高时，雏鸭会远离热源（热源附近一只鸭也没有），到育雏舍内温度较低的地方，并且饮水显著增加，这种状况如果持续过长，就会有部分雏鸭造成脱水，并且在随后的两三天内死亡。这时应及时降低舍内温度（可采取通风换气或者减少加温来进行降温），并及时给雏鸭身上喷水。温度适宜时，雏鸭在育雏舍内均匀地散开，或采食，或饮水，或睡眠，睡眠时喜欢挨在一起睡，或三五成群，多数上百只睡在一起，在舍内这里一片，那里一片，睡时伸长脖子，样子很可爱。

（2）掌握好育雏的湿度，是育雏成功的关键之一　鸭子虽然是水禽，但是鸭舍也需要经常保持干燥与清洁，尤其在育雏时期，雏鸭适应环境的能力还很弱，因而环境的湿度不能过大，育雏舍内圈窝不能潮湿，垫草必须保证每天24小时都是干燥舒适的。雏鸭在吃过饲料或下水游泳回来休息时，一定要睡在干净的垫草上，以利于雏鸭生长发育。

（3）保证育雏舍有新鲜的空气，有助于育雏成功　雏鸭需要新鲜空气，但在实际生产过程中，由于更多的时候要考虑保温问题，特别是冬春寒冷季节保温尤其重要，此时育雏室往往太密闭，造成育雏室内空气污浊，低矮的棚舍内累积了大量的二氧化碳（CO_2）、硫化氢（H_2S）、氨气（NH_3）等有害气体，用煤炉升温时还会产生一氧化碳，污浊的空气，不仅饲养人员憋气、难受，而且这些气体会严重刺激雏鸭的上呼吸道，因此容易诱发各种呼吸道疾病，严重时还会造成中毒、死亡。所以，育雏室一定要定时通风换气，天气寒冷时，一般选择在13:00～15:00通风换气，换气时间根据季节不同可控制在15～60分钟，具体时间长短则须据当时的气温、风力、湿度和鸭舍内温度和棚舍内空气的污染程度而定。朝南的窗户，要适当敞开，以保持室内空气新鲜。但换气时，要防止冷气流直接吹到雏鸭身上，否则雏鸭易患感冒等呼吸道疾病。

（4）合理的光照对雏鸭很重要　雏鸭特别需要日光照射，太阳光能提高雏鸭的体表温度，促进雏鸭体内合成维生素D，有利于雏鸭骨骼的生长发育，并能增进食欲。在不能利用自然光照或者自然光照时间不足的条件下，可以用人工光照来弥补光照需求。在育雏期内，除用较暗的光通宵光照外（方便雏鸭吃料、饮水和防止鸭子惊群），每天可有一段时间（一般在喂料时）用强光刺激雏鸭，以利于雏鸭的生长发育。

（5）适当的饲养密度让雏鸭养得更好　合理的饲养密度既有利于雏鸭生长发育，又能充分利用育雏场地。不同的蛋鸭品种或者配套系、不同的雏鸭日龄，饲养密度也有所不同，具体饲养密度需要灵活调节。蛋鸭的饲养密度高于肉鸭，一般1～2周龄每平方米饲养雏鸭25～35只，3～4周龄每平方米饲养15～25只，以后根据雏鸭生长发育的具体情况来调节雏鸭饲养的密度，育雏末期达到每平方米10～12只。

二、育雏方式与饲喂方法

1. 育雏的基本方式

育雏的基本方式有自温育雏和加温育雏两大类。首先要根据季节、当地气候条件、育雏室保温情况、饲养蛋鸭品种等因素来综合选择用自温育雏还是加温育雏，以及加温育雏选择何种加温方式。

（1）自温育雏　自温育雏主要利用雏鸭本身的温度，一般在春末至秋初期间，外界气温较高时采用（长江流域在4月下旬至9月下旬，气温较高，适宜于采用自温育雏）。在无热源的保温器具内，通过增减雏鸭数量和保温器皿覆盖与否来调节育雏舍小环境的温度。这种育雏方式的优点是节省能源，设备简单易操作，但受环境条件影响较大，育雏小环境温度受环境温度波动而波动，不易控制在一个稳定的温度范围内。有阳光时，可将雏鸭赶到阳光下活动、采食、饮水，夏季要避免强烈太阳光照射过长时间，可在树荫下的阳光里活动最好。

特别注意：气温过低的冬季、春季、北方地区或育雏室保温条件较差时一般不宜采用自温育雏。自温育雏在南方夏秋季节应用较广泛，一般适用于500～1000只的小规模育雏。育雏规模超过1000只以上的育雏采用自温育雏会相对麻烦，不易操作。

（2）加温育雏　通过人工加温达到育雏所需要的温度，通常在冬季、早春和秋末使用，其他季节也可把加温作为辅助手段来使用。这种育雏方法要求条件较高，需要消耗一定的能源，因而育雏的费用也相对较高。用以加温的器具主要有火炕（火墙、烟道）、煤炉木屑炉、红外线灯泡、电热伞、电热毯、暖风炉等，也有直接用电热毯上铺塑料薄膜供雏鸭活动的简易加温方式。

① 用火炕（火墙、烟道）加热升温，其热量从地面以下向上攀升，非常适合于雏鸭卧地休息的习性。雏鸭卧伏在地面上感到全身暖洋洋的，而且由于地面得到加热所以地面一般很干燥，育雏室内比较清洁，室内空气也好，育雏效果非常令人满意，特别是在没有电源的地方也可广泛使用。其缺点是劳动量相对较大（需要专人加热升温），房舍的利用率也不高，因而此方法在北方寒冷地区应用较多，育雏也相当成功。

② 用煤炉或木屑炉加温，用铁皮管通气散热，这是农村最常用的方法之一，10年前在南方地区使用较多，目前该方法使用逐步减少或者淘汰。此方法虽然经济实用，管理方便，但很容易引起育雏室内空气污浊，要注意经常通风换气。必须注意，一定要安装排气装置，向室外排废气、排烟雾，以防止人和雏

鸭一氧化碳中毒。换煤时动作要迅速，要防止煤气、煤烟进入育雏室或育雏棚内，如果煤烟、煤气进入育雏棚，要注意及时换气防止中毒。

③ 红外线灯泡和电热伞加温法。该方法保温稳定可靠，室内清洁卫生，雏鸭舍内垫草干燥，现场管理方便，可以节省人工。缺点是耗电量太大，红外线灯泡经长时间不停息使用后容易损坏，一般一个育雏期后，红外线灯泡损坏可达30%～40%，在能源价格越来越高的今天，其经济成本显得太高。在气温不是太低时可采用，或者作为煤炉、木屑炉加温的辅助设备，在下半夜至凌晨低温时加温，保证育雏棚舍温度的稳定性。

④ 电热毯加温法。在长江以南地区，气温较高时可采用，简便易行，应用方便。在电热毯上铺上塑料薄膜，雏鸭在薄膜上活动、饮水、采食，但要及时清理或更换薄膜。电热毯加温法也可应用于其他加温育雏的辅助方法。

⑤ 暖风炉加温法。饲养规模大，鸭舍建设设计先进的种鸭场也可采用暖风炉加温法。该设备在大型鸡场应用较为广泛。一般采用焦煤作为燃料，自动温控暖风炉加热，吹进清洁暖风，经1～4小时可将育雏舍温度提高到要求温度，是冬季育雏加温的理想方式之一，是蛋鸭规模化育雏加温的主导方法及发展方向。

注意事项如下。

a．不能在经常停电的地区采用红外线灯泡和电热伞加温法，尤其是冬季，即使使用也要辅助其他升温设施，否则损失惨重。

b．红外灯打开时千万不要把水滴洒到红外线灯泡背面上，烧烫的灯泡遇上无意抛洒的冷水水滴很容易引起灯泡爆炸，造成雏鸭的较大应激。

2. 雏鸭的饲喂方法

（1）适时开水　刚孵出的雏鸭第一次饮水称为"开水"，"开水"一般在雏鸭出壳20～35小时后进行，有条件的话最好控制在出壳24小时内"开水"，太迟"开水"容易引起雏鸭"老口"，导致雏鸭脱水，增加育雏死亡率。雏鸭进入育雏鸭舍后要先"开水"，后"开食"，饮水有利于湿润、刺激消化道，为"开食"做准备。"开水"的方法有多种，可以将雏鸭放在鸭篓内，将雏鸭连同鸭篓慢慢浸入水中，使水刚刚没过雏鸭脚趾，但不能超过膝关节，雏鸭在水中边嬉戏边饮水。"开水"的另一种方法是，将雏鸭放到塑料布上，塑料布四周的下边垫竹竿或木条，使其中水不外流，水深不超过3厘米，任雏鸭自由饮水、活动。

特别需要注意的是，冬春寒冷季节，"开水"所用之水必须是温度在20℃以上的温水，千万不能直接用未加温的冷水，否则会因湿毛冻死雏鸭。

（2）适时开食　雏鸭第一次喂料称为"开食"，"开食"通常在"开水"后15分钟左右进行，有的紧接"开水"之后就喂料。天气寒冷时，"开食"就在鸭篓内进行，一般都将雏鸭放到塑料布上，先洒点水，使垫布略潮湿，然后放出小鸭。喂料时，在布上撒料要撒得均匀，撒得散开，使雏鸭采食时不会拥挤，以免雏鸭互相践踏，使体质较弱的雏鸭也有机会吃到饲料。

特别需要注意的是，只要"开食"的第一天所有的鸭子都能吃进一点东西，雏鸭以后就比较容易养了。

（3）在出壳后20～30小时开食较为适宜　开食过早，由于雏鸭身体软弱，采食活动能力较差，而且腹腔内还有未吸收完的蛋黄供应能量，容易造成雏鸭消化不良；开食过迟，则雏鸭不能及时补充所需的养分，使雏鸭体内养分消耗过多，过分疲劳，降低了胃肠的消化吸收能力，成为"老口"雏，"老口"雏不但采食能力差，体质虚弱，而且总也长不好，容易生病，非常难养。

（4）饲喂次数与喂量　10日龄以内的雏鸭，每昼夜喂6次（基本上每4小时喂料一次，这是根据雏鸭的生理特点来确定的，雏鸭消化器官容积小，消化能力弱，吃进的饲料大约4小时排空），即白天喂4次，夜晚喂2次；11～20日龄的小鸭，每昼夜喂4～5次，即白天和夜晚各减少1次。雏鸭的给食量，开始3天要适当控制，只让它吃七八成饱；3天以后，就要放开喂料，每次都要让它吃饱，但不能过饱。喂量随日龄变化而变化。例如，蛋鸭50日龄内日累积喂食量大致上可根据如下公式计算：$g=2.5 \times n$（$n+1$）$/2$（式中g为日累积采食克数，n为日龄）。

3. 蛋鸭育雏的管理要点

（1）掌握合适的温度，保持室温相对稳定　雏鸭要求的适宜温度见表6-1，如果条件有限，达不到这个育雏期鸭舍标准温度时，能够维持育雏鸭舍的温度略低或略高一点也行，但一定要保证育雏舍内温度不能波动过大，否则忽冷忽热应激大，雏鸭最易发病。应激后发病的雏鸭不仅不好养，而且其均匀度会比较差。

要想知道舍内温度是否适合，不仅仅可以查看育雏鸭舍内放置的温度表度数，还可以通过观察雏鸭在育雏舍内的分布与休息姿势来作出正确的判断。如果棚舍内雏鸭三五成群散开来卧伏休息，头脚伸得很开，或者雏鸭行动较为悠闲，无怪叫声，说明温度合适；如雏鸭缩颈耸翅，互相堆挤，并发出急促的"吱、吱"尖叫声，这说明温度太低，需要保温或升温；如果雏鸭散得很开，而且远离热源，在热源下没有雏鸭，说明舍内温度过高，需要适当通风换气或降温。

特别注意：合适的温度是养好雏鸭的前提和保证，冬春季节尤其重要。

（2）及时分群，严防打堆　雏鸭天性喜欢玩耍、打堆，尤其在育雏温度较低，雏鸭饮水后绒毛潮湿时更是如此。打堆时，被挤在中间或被压在下面的雏鸭，轻则全身"湿毛"，重则窒息死亡，稍不谨慎，便感冒致病，俗称"蒸窝"。因此，育雏阶段除保温条件达到之外，还要严防雏鸭打堆造成应激死亡。

大群雏鸭一般不能混合在可以自由活动的场地饲养，应隔成若干200～400只的小群。即使打堆，危害也较小。没有条件分群的鸭场，实行大群育雏时应安排足够的饲养人员24小时轮流换班，定时喂水，定时喂料，定时驱赶雏鸭，严防雏鸭打堆。

特别注意：饲养管理人员要随时注意检查10日龄以内的雏鸭，尤其在雏鸭临睡前和刚睡着后，更要多次检查，发现打堆，要及时分开，以免引起不必要的损失。

（3）从小调教下水，逐步锻炼放牧　下水调教要根据气候条件和雏鸭体格情况，通常5～10日龄后可以调教下水。赶鸭下水要慢，每天下水1～2次，每次5分钟，10日龄后增加到3～4次，每次5～10分钟，以后逐渐延长时间。下水时的水温应不低于15℃，水温低于15℃时，雏鸭尽量不要下水。每次放水后都要在运动场背风处休息、理毛，待羽毛干后再赶入鸭舍。准备实行放牧饲养的鸭群，在育雏后期要逐步锻炼雏鸭放牧出行的能力，出行地点由近及远，出行时间由短及长，慢慢锻炼。

（4）搞好清洁卫生，及时预防接种　随着雏鸭日龄增大、排泄物不断增多，鸭舍极易潮湿、污秽。这种环境会使雏鸭绒毛沾湿、弄脏，并有利于病原微生物繁殖。必须及时将污秽物打扫干净，勤换垫草，保持干燥清洁。圈窝的垫草干燥松软，雏鸭才能睡得舒服，睡得长久；潮湿的圈窝，雏鸭睡下后由于不舒服，常常会"起哄"。久而久之，不仅影响生长，甚至会使腹部绒毛烂脱。

育雏期间，要严格按照本场蛋鸭（种鸭）免疫程序的规定，在技术人员带领下和指导下及时进行有关疫苗的预防接种，接种时要特别认真仔细，稍有马虎大意，就会有部分雏鸭"漏免"或免疫失败，免疫的同时要在饲料或饮水里添加有效的（对本场内相关细菌菌株高度敏感为有效）国家许可的抗生素药物预防细菌性疾病。但在弱毒活疫苗免疫接种期间前后各3天时间内，禁止使用消毒药品带鸭消毒或饮水消毒。

4. 蛋鸭育雏的目标要求

雏鸭饲养的成败直接影响到鸭群的健康发展和鸭场生产计划能否完成，以及鸭的生长发育、今后蛋鸭种鸭的产蛋量和种蛋的品质。在育雏期提高雏鸭的成活率是鸭场的中心任务，在实际生产中，雏鸭成活率的高低是直接衡量鸭场生产管理水平和技术管理措施的重要指标之一。

有研究表明，蛋鸭雏鸭35日龄的生长发育是否正常达标，直接决定了其一生的产蛋性能高低。所以，蛋鸭的育雏对蛋鸭养殖场来说至关重要。要养好雏鸭，就是要做到让雏鸭吃好、喝好、睡好、玩好、运动充分，营养全面有保障，自由健康地成长发育。

育雏期目标要求：到育雏结束时，育成鸭群生长发育符合该品种（或者配套系）体重标准，体重达到育雏期末要求的相关品种标准，育雏期末成活率夏秋季节应达到96%以上，冬春季节应达到93%以上。

5. 蛋鸭育雏的日常管理细则

① 掌握合适的温度，保持室温的相对稳定。雏鸭要求的适宜温度如表6-1所示，如果条件有限达不到上述标准温度时，育雏舍温度比标准温度略低或略高一点也行，但育雏舍内温度波动不能过大。如果育雏舍内忽冷忽热，温度波动大，频繁的冷热刺激容易导致雏鸭因应激而发病，发病的雏鸭不好养，成活率也不高，不易达到育雏目标。

② 实时"开水""开食"。"开食""开水"一般在雏鸭出壳后20～35小时内进行最好，一般先"开水"后"开食"，"开水""开食"要按照前面所讲的有关要求严格进行，时间过迟过早都不太好。喂水或者撒料时要同时呼唤雏鸭，数次饲喂后，雏鸭可形成条件反射，便于雏鸭的饲喂。

③ 冬春季节育雏，由于外界日光照射时间偏短，光照强度较差，所以育雏时每天要保证几小时的强光刺激雏鸭。强光刺激可在给雏鸭喂料时进行，用250瓦或275瓦的红外灯挂在离地50～80厘米处照明，红外灯的强光照不仅有利于促进雏鸭的骨骼生长发育，而且可以刺激和促进雏鸭"开食"，还能够增加部分舍温以及给雏鸭温暖感觉。

④ 10日龄以内的雏鸭，每昼夜撒料饲喂6次，平均每4小时撒料一次，白天撒料饲喂4次，夜晚撒料饲喂2次；11～20日龄的雏鸭，每昼夜撒料饲喂4～5次，白天饲喂3次，夜晚饲喂1～2次，撒料每次要撒开撒薄撒匀称，有利于雏鸭同时进饲。雏鸭的给食量，开始3天吃七八成饱；3天以后，每次都要让它吃饱，但不能过饱。

⑤ 育雏期通常在5～10日龄后开始调教雏鸭下水。下水时间每天1～2次，每次5分钟，10日龄后增加到每天3～4次，每次5～10分钟，以后逐渐延长时间，下水时水池水温应不低于15℃。

⑥ 及时分群，严防打堆。大群雏鸭一般不能混合在可以自由活动的场地饲养，容易打堆压死，应分隔成若干个200～400只的小群分栏饲养。在育雏温度偏低又无法升温时，应定时驱赶分散雏鸭，防止过于拥挤造成伤亡。

⑦ 合理的饲养密度有利于雏鸭生长发育。蛋鸭育雏饲养密度一般为：1～2周龄每平方米饲养雏鸭25～35只，3～4周龄每平方米饲养雏鸭15～25只，以后根据雏鸭生长发育的具体情况来调节饲养的密度，育雏末期为10～12只/米^2。

⑧ 雏鸭舍要经常保持干燥和清洁。由于雏鸭适应环境条件的能力弱，所以育雏舍内环境的湿度不能过大，育雏舍内圈窝不能潮湿，每天要及时清除污秽潮湿的粪便和垫料，铺上干净干燥的垫草。雏鸭在吃过饲料或下水游泳回来休息时，睡在干净干燥的垫草上，有利于雏鸭的生长发育。

⑨ 雏鸭需要呼吸新鲜空气。冬春寒冷季节，育雏室内空气污浊严重，棚舍内累积了大量有害气体，易诱发各种呼吸道疾病，育雏室要定时通风换气，一般在中午13:00～15:00，通风时间可控制在15～60分钟。朝南的窗户，要适当适时敞开，以保持育雏室内空气新鲜。换气时，要防止进来的冷气流直接吹到雏鸭身上，以防雏鸭被吹感冒。其他温暖季节也要注意育雏舍内空气，随时注意通风换气，保证雏鸭有新鲜空气可呼吸，

缺氧会导致雏鸭发育不良。如果用暖风炉将加热的新鲜空气送入育雏鸭舍最好。

⑩ 严格按照蛋鸭（种鸭）免疫程序在技术人员指导下及时进行有关疫苗的预防接种，接种时要认真仔细，防止部分雏鸭"漏免"或免疫失败，并在饲料或饮水里添加有效的药物预防细菌性疾病。但在弱毒活疫苗免疫接种期间前后3天，禁止使用消毒药品带鸭消毒、鸭舍消毒或饮水消毒。可以添加电解多维饮水以缓解应激并加强免疫效果。

⑪ 育雏舍要保持相对安静而不受干扰的小环境，防止雏鸭受到惊吓。同时还要防止老鼠、野猫、黄鼠狼等偷吃雏鸭。

⑫ 雏鸭要饲喂营养全面且易消化吸收的全价颗粒饲料，最好购买使用正规大型饲料公司生产的优质雏鸭颗粒料，千万不要饲喂劣质饲料，绝对不能饲喂霉败变质的饲料，否则影响雏鸭以后的产蛋性能。

⑬ 用煤炉（或木炭）加热升温的育雏棚舍，饲养人员要时刻检查管道接头是否漏气，防止饲养员和雏鸭发生一氧化碳中毒。

⑭ 育雏第一周非常关键，不仅要搞好各项管理细节，而且在饮水中要添加维生素及预防细菌性疾病的药物，防止肠道或者呼吸道细菌感染。

第二节　青年鸭

一、青年鸭的主要生理特点

1. 环境适应能力强. 饲料适应性广

育成期的蛋鸭（或种鸭）又称为青年鸭。随着饲养日龄的增大，青年鸭的体温调节能力逐渐增强，对外界环境温度变化的适应能力也大大加强，第8周后已经完全能够适应外界的气温条件；青年鸭的消化道生长迅速，消化器官增大迅速，消化能力也大为增强，可以充分采食、消化、吸收、利用天然动物性饲料、植物性饲料，青年鸭的杂食性大大增强；育成期的蛋鸭不但体格健壮，而且免疫功能好，抗病力强，应在此时进行免疫接种和驱虫工作。

2. 体重增长速度加快

以绍兴鸭为例，虽然4周龄时其体重已达到出生重的24倍，但是28日龄以后，其青年鸭的体重绝对增长速度加快，到42～44日龄时，体重的绝对增长速度达到体重的增重高峰，然后体重增重速度又逐步减慢，到110日龄时其体重接近成年蛋鸭体重，110日龄以后体重增重速度相当慢。

3. 羽毛生长迅速

蛋鸭的羽毛主要在青年鸭阶段长成，以绍兴鸭为例，育雏结束时，雏鸭身上还覆盖着绒毛，麻羽将要长出，而到42～44日龄时胸腹部的羽毛已经长齐，到达"滑底"，52～56日龄已长出主翼羽，80～90日龄已换好第二次新羽毛，100日龄左右已长满全身羽毛，两边主翼羽已"交翅"。如果青年鸭饲料营养太差，在鸭群开产后，会出现鸭群产蛋一边上升一边掉大毛的现象。

4. 性成熟迅速

在60～100日龄时，青年鸭性器官发育很快，母鸭卵巢上的卵泡快速增长，蛋鸭性成熟时间一般要早于肉鸭。此时，要适当限制饲养，限饲可以限制饲料质量，也可以限制饲料的数量，其目的均在于防止青年蛋鸭过于肥胖和过早性成熟，不利于以后产蛋性能的发挥。

二、青年鸭的饲养方法

青年鸭的饲养方法主要有室内圈养法、半舍饲半圈养法、放牧饲养法、上笼饲养法等几种，下面就分别简单介绍一下这几种育成方法。

1. 室内圈养法

育成鸭的整个饲养过程始终在鸭舍内进行，称为全舍饲圈养或关养。一般在鸭舍内采用厚垫草（料）饲养，或是网上地面饲养，或是栅栏地面饲养。由于吃料、饮水、运动和休息全在鸭舍内进行，因此，饲养管理比放牧饲养方式要严格得多。育成舍内必须设置足够的合理的饮水系统和排水系统。采用厚垫料饲养法的，舍内垫料不仅要铺厚，而且要经常翻松，必要时还要弄得外面翻晒，以保持舍内垫料干燥。地下水位较高的地区养鸭室内育成时不宜采用厚垫料饲料，可选用网状地面育成法或栅栏地面饲养法，这两种地面要比育成鸭舍原本地面高出60厘米以上，鸭舍地面用水泥铺成，并有一定的坡度（每米落差6～10厘米），便于清除鸭粪。网状地面最好用涂塑铁丝网，既结实耐用又可以防止腐蚀生锈，网眼为24毫米×12毫米，大小适中，既可漏下鸭子的粪便，又不会卡住鸭子的脚。栅状地面可用宽20～25毫米、厚5～8毫米的木板条或25毫米宽的竹片，或者是用竹子制成相距15毫米空隙的栅状地面，这些结构都必须制成组装式，可拆可安装，方便冲洗和消毒。

这种室内圈养法的优点是：①可以人为地控制鸭舍内饲养的小环境，受外界因素气候环境制约较少，有利于科学养鸭，达到稳产高产的目的；②由于集中饲养，便于向集约化生产过渡，同时可以增加饲养量，提高劳动效率；③由于不外出放牧，减少寄生虫病和传染病感染的机会，从而提高成活率。但是此法饲养成本相对较高，饲养户可根据自己的经济条件来决定是否采用该办法。山东、河南等地区由于地下水位低，又没有足够的水面让鸭子下水，因此多采用室内圈养法育成蛋鸭，而且很成功。网上饲养效果最好，关键是要及时清理鸭粪，防止舍内空气污浊。

青年蛋鸭的圈养技术要点如下。

（1）选择适当的群体大小与饲养密度　青年蛋鸭圈养的规模，可大可小，但每个鸭群的组成不宜太大，应根据蛋鸭舍的面积来规划，以500～2000只为宜。分群时，要尽可能做到群体内鸭子日龄相同，大小一致，品种一样，性别相同。青年蛋鸭的饲养密度随鸭子年龄、季节和气温的不同而变化。一般可按以下标准掌握适当的饲养密度：4～10周龄时，每平方米饲养10～15只；11～20周龄，每平方米饲养8～10只，饲养密度随鸭子年龄或体重增加而逐渐降低。夏季的饲养密度比春秋可稍稍下降，每平方米少养2～3只。冬季的饲养密度则可比春秋季节适当增加，每平方米多养2～3只。

（2）适当加强运动　可以促进圈养蛋鸭骨骼和肌肉的发育，防止蛋鸭体形偏肥，影响以后产蛋性能的发挥。室内圈养的青年蛋鸭由于饲养条件所限制，不可能像放牧的鸭子那样自由活动或长途跋涉而得到锻炼，所以必须由本栋的饲养员来强制性地让它活动。方法是每天定时驱赶鸭群在鸭舍内进行转圈运动，每次运动5～10分钟，每天转圈活动2～4次，经过运动锻炼后的青年蛋鸭体形及健康状况良好。

（3）蛋鸭饲养员要多与鸭群接触　以便提高鸭子胆量。圈养青年鸭天性胆子小，蛋鸭神经尤其敏感，所以蛋鸭饲养员要在青年鸭时期，充分利用给蛋鸭喂料、喂水、换草等机会，多与鸭群接触。如喂料或换草的时候，饲养员可以站在料盆或料草旁边，仔细观察采食的情况，让鸭子在自己的身边自由走动，不仅可以及时观察病残鸭，而且可以锻炼提高鸭子胆量，每一群蛋鸭从雏鸭到青年鸭再到产蛋及淘汰，应固定人员饲养，中途不要随便换人，换人不利于蛋鸭群的稳定和高产。

（4）鸭舍内要通宵点灯，弱光照明　青年蛋鸭培育期间，不要用强光照明。白天用自然光照即可，夜里通宵采用弱光照明。光照强度控制在5～10勒克斯即够，用几瓦的彩灯或15瓦的白炽灯照明，以便鸭子夜间饮水，并防止因老鼠或鸟兽走动时惊群，晚间光线过强，则会诱发蛋鸭性成熟提前，不利于蛋鸭的高产稳产。

（5）必须建立一套稳定科学的管理程序　圈养蛋鸭的生活

环境，比放牧鸭稳定，要根据鸭子的生活习性，定时作息。一段时间作息制度形成后，就应该尽量保持作息制度的稳定，不可随意变动，以利于蛋鸭的正常生长发育。

青年蛋鸭的具体作息制度、操作规程可因地制宜，因人而异，但一定要保持相对稳定，不可随意变动。

2. 半舍饲半圈养法

鸭群饲养固定在鸭舍、陆上运动场和水上运动场，三者面积之比蛋鸭为1:1:1，种鸭为1:2:3，该方法也不外出放牧。蛋鸭吃食、饮水可设在棚舍内，也可设在棚舍外。棚外一般不设饮水系统，饲养管理要求与全圈养基本一致，但又不如全圈养那样严格。其优点与全圈养一样，就是减少疾病传染源，便于科学地饲养管理，这种饲养方式一般与养鱼的鱼塘、水库、小型湖泊等结合在一起，形成一个良性生态循环。它是我国当前养鸭中采用的主要方式之一。该法在江汉平原一带普遍采用，但是在经济发达的浙江省、江苏省已经被禁止。两省份明令禁止在河流、湖泊岸边养殖家畜家禽。有条件的地方，运动场面积可适当加大，水围面积可适当缩小，减小水围面积是蛋鸭养殖生产中经验的总结，可有效降低蛋鸭的日常消耗，节约饲料成本。

3. 放牧饲养法

育成鸭的放牧饲养原本是我国延续了近百年的传统的饲养方式，随着我国蛋鸭产业近20年来规模化现代化的发展变化，放牧饲养这一养殖模式今后将逐渐减少。但在局部地区如长江流域及长江以南水稻产区（湖北、湖南、江西、浙江等地）将存在较长时间。农户通过在稻田放牧青年鸭，青年鸭拣食散落在田间的稻谷、麦穗，减少粮食在稻田的浪费，每只青年鸭放牧60～90天，可节约饲料成本10～15元，具有特殊的地域经济生态意义，故作简单介绍。

（1）采食训练　在开始放牧之前，要根据放牧场地及其主要的野生饲料情况，有针对性地对鸭子进行采食训练。如在稻田、麦地、小河、小溪、湖泊、水沟、海滩等地，需对鸭子分别训练采食落谷、麦穗、螺蛳、小鱼、小虾、小蟹、昆虫、青草、浮萍等野外动植物饲料。鸭子的采食、觅食欲望很强，蛋鸭尤其如此，一般经1～2次调教即可。

放牧的鸭群一定要在饲料中添加B族维生素，以抵消野生动物（小鱼、小虾、螺蛳、昆虫）体中的硫胺素酶的作用。

（2）信号调教　鸭子具有强烈的合群性和从众行为，并有一定的等级序列。因此，可以用固定的信号和动作进行训练，使鸭群建立起听指挥的条件反射。一群鸭子，少则几百只，多则数千只，放在野外，没有经过调教的鸭群，很难控制。轻则分散逃跑，严重时则发生惊群、互相践踏致死。放牧训练要从育雏期开始，用固定的口令训练，反复重复，久而久之，这种训练口令就能被鸭群理解，并习惯遵从口令，放牧管理非常方便。

（3）放牧方法　一条龙放牧法：这种放牧法一般由2～3人管理（视鸭群大小而定）。由最有经验的牧鸭人（称为主棒）在前面领路，另有两名助手在后方的左、右侧压阵。使鸭群形成5～10个层次，缓慢前进，把稻田的落谷和昆虫吃干净。

满天星放牧法：即将鸭驱赶到放牧地区后，不是有秩序地前进，而是让它散开来，自由采食。先将有迁徙性的活昆虫吃掉，留下大部分遗粒，以后再放牧。

定时放牧法：鸭的生活有一定的规律性。在一天的放牧过程中，要出现3～4次积极采食的高潮，3～4次集中休息和浮游。根据这一规律，在放牧时，不要让鸭群整天泡在田里或水上，而要采取定时放牧法。

（4）放牧路线的选择　每次放牧，路线远近要适当。鸭龄从小到大，路线由近到远，逐步锻炼，不能使鸭太疲劳；往返路线，尽可能固定，便于管理。过河、过江时，选水浅的地方；上下河岸，选坡度小、场面宽广之处，以免拥挤践踏。在水里浮游，应逆水放牧，以便于觅食；有风天气放牧，应逆风前进，以免鸭毛被风吹开，使鸭受凉。每次放牧途中，都要选择1～2个可避风雨的阴凉地方，在中午炎热或遇雷阵雨时，都要把鸭赶回阴凉处休息。

5种情况下，不可放鸭：①施用杀虫剂、除草剂未满半个月，并且未经大雨冲刷的场地；②带有传染病的鸭子走过或发生过蛋鸭疫病的地方；③秧苗刚种下或已经扬花结穗的稻田；④水面辽阔、水流湍急的地方；⑤被矿物油污染的水面。

4. 上笼饲养法

长期以来，环境气候条件一直是制约我国养鸭业发展的一个重要因素。在北方地区，冬季持续时间较长，且气候寒冷，多数采用地面平养的饲养方式。由于难以调控鸭舍内外的小气候条件，蛋鸭一直处于不利环境的应激状态之中，影响了蛋鸭生产潜力的有效发挥，导致了"南蛋北调，北饲南调"这一不合理现象的长期存在。蛋鸭在气候寒冷地区进行笼养不仅可行，而且也能达到较好的生产性能。与平养方式相比较，笼养具有单位面积载禽量大、饲养管理操作方便、生产效率高、饲料转化率好、有利于防疫、蛋品卫生等许多优点。

蛋鸭笼养方兴未艾，操作方法与笼养蛋鸡相似，但是笼具要求差别太大，不能照搬蛋鸡笼具。根据我们利用特别设计专用蛋鸭笼具对荆江蛋鸭高产系（湖北省农业科学院畜牧兽医研究所培育的一种高产蛋鸭新品系，已经通过湖北省科技厅成果鉴定，各项生产性能达国际领先水平）进行笼养试验，在长江流域及长江以北地区笼养的荆江蛋鸭高产系和南方平养相对比，产蛋量没有显著差异，饲料转化率、成活率、蛋品质量等指标都有不同程度的提高，取得了满意的效果。

目前在江南水网密布地区进行蛋鸭笼养生产实践，除了要注意蛋鸭专用笼具的问题外，笼养蛋鸭的鸭粪处理也是需要进行积极解决的问题，由于笼养蛋鸭鸭粪含水率特别高，不适合直接利用或者堆积发酵，所以利用鸭粪种植莲藕及水生蔬菜是目前认为较好的生态循环利用模式。

三、青年鸭的饲养管理要点

1. 严格按照要求进行限制饲喂，目标是控制体重

放牧鸭群由于运动量大，能量消耗也较大，且每天都要不停地找食吃，整个过程就是很好的限制饲喂过程，只是放牧饲料不足时，要注意限制性补充饲喂，特别是个体弱小的青年鸭，要单独挑出来进行补饲。而室内圈养和半圈养鸭则要重视限制饲喂，否则会造成不良的后果。

限制饲喂一般从8周龄开始，到16～18周龄结束，早熟的小型蛋鸭限制饲喂要适当提前1～2周开始，提前1～2周结束。当青年鸭的体重称量结果符合本品种的各阶段适当体重时，也不需要限制饲喂。采用哪种方法（主要为限制饲料质量和限制饲料数量两大方法）限制饲喂，各养鸭场可根据本场的饲养方式、管理方法、蛋鸭品种、饲养季节和环境条件等因素综合而定。

不管采用哪种限制饲喂方法，限制饲喂前都必须按照要求给鸭群抽样称测体重。限制饲喂开始后，每两周必须对整个鸭群抽样称重一次，并及时调整限制饲喂的饲料的质量或数量。整个限制饲喂过程是由称测体重—按照体重大小分群—分别确定饲料量（营养需要）三个环节组成，循环往复进行。限制饲喂的目标任务就是最后将整个鸭群的体重控制在一定范围内，如小型蛋鸭开产前的体重只能在1.4～1.5千克，超过1.5千克则为超重，会影响其产蛋量。

2. 及时进行分群与调节饲养密度，目标是保证发育正常

分群可以使鸭群生长发育一致，便于管理。在育成期分群的另一个原因是，育成阶段的鸭对外界环境十分敏感，尤其是在长毛血管时，饲养密度较高时，互相挤动会引起鸭群骚动，使刚生长的羽毛轴受伤出血，甚至互相践踏破皮出血，导致生长发育停滞，影响今后的开产和产蛋率。因而，育成期的鸭要按体重大小、强弱和公母分群饲养，一般放牧时每群为

500～1000只，而舍饲鸭主要分成200～300只为一小栏分开饲养。其饲养密度，因品种、周龄而不同。一般5～8周龄，养15只/米²左右，9～12周龄，12只/米²左右，13周龄起10只/米²左右。

3. 按照青年蛋鸭的饲养要求严格控制光照，目标是控制性成熟

光照的长短与强弱也是控制性成熟的方法之一。育成期蛋鸭的光照时间宜短不宜长。有条件的鸭场，育成期蛋鸭于8周龄起，光照时间人工控制在每天8～10小时，光照强度控制为5勒克斯，其他时间必须采用朦胧光照。

四、青年鸭的免疫及注意事项

1. 疫苗接种方法与要求

青年鸭常用的疫苗接种方法有注射免疫法和饮水免疫法两种。

（1）注射免疫法（肌内注射法、皮下注射法）　肌内注射法可在胸部、腿部、尾部、肩部等部位肌内注射，皮下注射法多采取颈部或胸部皮下注射。注射各种疫苗时，必须按说明书规定的稀释倍数和注射部位进行，稀释液一般用灭菌注射用水或蒸馏水。注射时必须确认已注入皮下或肌肉内（灭活疫苗应肌内注射），若发现针头穿过皮肤而将疫苗注射到体外（即漏免），则必须重新注射，绝不能将疫苗注入腹腔或胸腔，针头容易戳破内脏而导致鸭子死亡。

（2）饮水免疫法　饮水免疫法简单易操作，节省人力，但免疫效果不均衡，因而鸭群产生的抗体水平不整齐。饮水免疫法必须提前做好一切准备工作，并按照规定的程序做好，才能保证免疫成功。现将饮水免疫法的注意事项简述如下：①必须用不含有氯离子或其他消毒剂、清洁剂的凉水来稀释活疫苗。若用含氯的自来水时，要先煮沸放置过夜后再使用；②为增加疫苗的活力和保证疫苗活力的持续时间，最好在稀释液中加入0.2%的脱脂奶粉，以中和水中的金属离子；③用来饮水免疫的用具要清洗干净，且表面不含消毒剂，饮水器的数量要充足，能够保证所有的鸭子30分钟内同时喝到疫苗水；④稀释的疫苗液数量要充足准确，这需要提前预测鸭群的每日饮水量，并根据停水时间计算出免疫需要的饮水量，才能保证疫苗剂量为2倍剂量时，每只鸭在1小时内饮到规定剂量的疫苗；⑤根据外界气温情况，采用饮水接种前，一般停止供水3～6小时，同时停料。

2. 接种疫苗时应注意的事项

（1）严格按说明书要求进行疫（菌）苗接种　疫苗的稀释倍数、剂量和接种方法等都要严格按照说明书规定进行。

（2）疫苗应现配现用　稀释时绝对不能用热水，稀释的弱毒活疫苗不可置于阳光下暴晒，应放在阴凉处，且必须在2小时内用完，最好1小时内饮完或者注射完毕。

（3）接种疫苗的鸭群必须健康状况良好　只有在鸭群健康状况良好的情况下接种，才能取得预期的免疫效果。对生活环境恶劣、已经发生疾病或者处于亚健康状态、营养缺乏等情况下的鸭群接种，往往效果不佳或者免疫失败。

（4）妥善保管、运输疫苗　生物药品怕热，特别是弱毒苗必须低温冷藏，要求在0℃以下，而灭活疫苗也应保存在4℃左右为宜，不可冻结。要防止温度忽高忽低，运输时必须有冷藏设备。若疫苗保管不当，不用冷藏箱提取疫苗，存放时间过久而超过有效期，或冰箱冷藏条件差，或反复冻融，均会使疫苗降低效价或活力，影响免疫效果。

（5）选择恰当的疫苗接种时间　接种疫苗时，要注意母源抗体和其他病毒感染时对疫苗接种的干扰和抗体产生的抑制作用。

（6）接种疫苗的用具要严格消毒　对接种用具必须事先按规定消毒。遵守无菌操作要求，对接种后所用容器、用具也必须进行消毒，以防感染其他鸭群。

（7）注意接种某些疫苗时能用和禁用的药物　在接种禽霍

乱活菌苗前后各5天，应停止使用抗菌药物。而在接种病毒性疫苗时，在前2天和后5天要用抗菌药物，以防接种应激引起其他疾病感染，但是接种弱毒活疫苗前后各3天禁用消毒药物消毒，以防疫苗被杀死。各种（菌）疫苗接种前后，均应在饲料中添加比平时多一倍的维生素，增强鸭群抗应激的能力，以保持鸭群有强健的体质，并快速产生抗体水平。

由于同一鸭群中每个个体的抗体水平不一致，体质也不一样，因此，同一种疫苗接种后的反应和产生的免疫力也不一样。所以，单靠接种疫苗预防传染病往往有一定的困难，必须配合综合性防疫措施，才能取得预期的效果。同时，有条件的蛋鸭场在免疫后2～3周（14～21天）可对鸭群抽样采血及时进行免疫抗体水平监测，以确定免疫效果。

五、青年鸭的日常管理细则

（1）限制饲喂　严格按照蛋鸭品种或者配套系要求进行限制饲喂。限饲一般从8周开始，到16～18周结束，小型蛋鸭可提前1～2周。限制饲喂前必须抽样称重，当其体重符合本品种的各阶段适当体重时，则不需要限饲。限制饲喂开始后，每两周必须称重一次，并及时调整限饲的质或量。限制饲喂由称体重、按体重分群、确定饲料量三个环节组成，循环往复，最后将鸭群的体重控制在一定的标准范围内。

（2）及时分群　分群使鸭群生长发育趋于一致，便于管理。当饲养密度较高时，鸭群互相挤动引起骚动，甚至互相践踏而破皮出血，最终鸭群生长发育停滞。青年鸭按照体重、强弱和公母分群饲养，放牧时每群为500～1000只，舍饲鸭分成200～300只为一小栏饲养。分群时，尽可能做到群体内鸭子日龄相同，大小一致，品种一样，性别相同。

（3）控制光照　按照青年鸭的要求严格控制光照。光照的长短与强弱是控制性成熟的方法之一。有条件的鸭场，育成期蛋鸭于8周龄起，光照时间控制在每天8～10小时，光照强度为5勒克斯。

（4）调整饲养密度　青年鸭的饲养密度随年龄、季节和气温而变化。一般按以下标准掌握：4～10周龄时，饲养10～15只/米^2；11～20周龄，饲养8～10只/米^2。夏季的饲养密度可稍微下降，少养2只/米^2；冬季的饲养密度可适当增加，多养2只/米^2。

（5）加强运动　促进圈养蛋鸭骨骼和肌肉的发育，防止偏肥，影响产蛋性能。室内圈养的青年鸭由于条件所限，不能像放牧的鸭子那样活动而得到锻炼，饲养员每天必须定时强制性地驱赶鸭群在鸭舍内进行转圈运动，每次运动5～10分钟，每天转圈活动不少于2～4次。特别是冬季寒冷时，鸭群下水前必须转圈热身好才能下水戏水。

（6）多与鸭群接触　饲养员应多与鸭群接触，以便提高鸭子胆量。圈养青年鸭天性胆小，圈养蛋鸭神经尤其敏感，饲养员要在青年鸭饲喂时期，充分利用喂料、喂水、换草等机会，多与鸭群接触。喂料或换草时，饲养员站在料盆或料槽旁，仔细观察采食情况，让鸭子自由走动，可以锻炼并提高鸭子胆量。

（7）固定饲养人员　每一群蛋鸭从雏鸭到青年鸭再到产蛋鸭以及淘汰出售，应由固定饲养人员饲养，中途不可随便换人，换人不利于蛋鸭群的稳定和高产。

（8）通宵点灯，弱光照明　青年蛋鸭培育期间，不要用强光照明，夜里通宵采用弱光照明，以便鸭子夜间饮水，并防止因老鼠或鸟兽走动时惊群，晚间光线过强，则会诱发蛋鸭性成熟提前，不利于蛋鸭的高产稳产。

（9）定时作息　建立稳定科学的管理程序。圈养蛋鸭的生活环境，比放牧鸭稳定，根据鸭的生活习性，定时作息。作息制度形成后，尽量保持作息制度的稳定，不可随意变动，以利于蛋鸭的正常生长发育。

（10）免疫接种　青年鸭免疫功能好，抗病力强，及时做好免疫接种工作。严格按照本场免疫程序在技术员指导下进行有关疫苗的预防接种，接种认真仔细，防止"漏免"或免疫失败，同时在饲料或饮水里添加有效的药物预防细菌性疾病。但在弱毒活疫苗免疫接种期间前后3天，禁止使用消毒药品消毒或饮水。

（11）免疫监测　在免疫后2～3周（14～21天）对鸭群抽样采血及时进行免疫抗体水平监测，确定免疫效果。

（12）驱虫　及时做好青年鸭的驱虫工作。

（13）其他工作　放牧饲养要做好采食训练、信号调教、定时放牧、选择路线以及掌握不能放牧的几种情况等工作。

第三节　产蛋鸭

成年母鸭从开始产蛋到淘汰为止，通称为产蛋鸭。产蛋鸭实行圈养后，一般只利用第一个产蛋年（即500日龄左右）。因为第二个产蛋年的产蛋率、受精率、饲料转化率、蛋品合格率均不如其第一个产蛋年。蛋用型品种的公鸭性成熟一般来说要比母鸭晚20～30天，所以种公鸭到160日龄左右方可与母鸭交配。种公鸭的利用期为一个配种期（即一年）。要饲养管理好产蛋鸭及产蛋种鸭，应了解和掌握以下几个方面。

一、产蛋鸭的生活特性

要想养好产蛋鸭，多产蛋，必须充分了解产蛋鸭的生活习性，并按照客观规律科学地进行饲养管理，才能最大程度地发挥产蛋鸭的产蛋性能。一般来说产蛋鸭具有以下7大特性。

1. 喜水性

产蛋鸭喜欢在水上觅食（水草、小虫、小鱼、小虾、螺蛳等）、洗澡、理毛、嬉戏、求偶等，可以说除了睡觉、产蛋外，蛋鸭的其他一切活动都可以在水中进行。

2. 喜干燥怕潮湿

蛋鸭从水里上岸后，边休息边用嘴将自己身上的羽毛理燥，保持身体的干爽清洁。如果蛋鸭舍内外的场地太潮湿或积聚污水，污染了鸭子的腹部绒毛，就会严重影响蛋鸭的休息和产蛋。

3. 耐寒性能好

蛋鸭的羽毛外紧内松，而且绒毛细密，表面还涂有尾脂，有一定的防止水分渗透的功能。所以，成年蛋鸭的耐寒性较好，在0℃时蛋鸭仍能在水中活动自如。舍温在5℃以上、营养满足需要的情况下，蛋鸭仍能正常产蛋。如果鸭群羽毛不是正常的光滑油亮状态，则最低室温必须保证在12℃以上，才能保证鸭群的正常产蛋性能。

4. 合群性很强

蛋鸭圈养时能合群生活，互相之间很少有争斗行为发生。但每个鸭群的数量不宜过大，如果鸭群数量大，则可分成若干个小群，每个小群以800～1000只为最好，每个小群最多可达2000羽左右。

5. 食源广泛

蛋鸭消化能力很强，代谢旺盛，食谱也很广泛。一般的植物性饲料和动物性饲料都爱吃。但所食饲料必须营养全面，尤其是在产蛋高峰期，蛋鸭更加喜食鲜活的动物性饲料。

6. 生性敏感易受惊吓

产蛋鸭虽然比青年鸭胆子相对大些，喜欢接近饲养人员，但它们仍然改变不了"性急胆小""反应灵敏"等适应鸟类繁殖后代的特殊习性。一旦突然遇到强光、高声、黑影、陌生人、家畜、野兽等强烈刺激，鸭群就会突然骚乱、惊群起哄、互相践踏，影响产蛋，甚至伤残，引起卵黄性腹膜炎，或造成停产。

7. 生活极具规律性

蛋鸭在一天之中，其饮水、运动、洗澡、交配、理毛、歇息、产蛋等各项生理活动的安排，极易形成生活规律（条件反射），这种条件反射一旦形成就难以改变。如果任意改变就会影响鸭群的产蛋量。

二、影响圈养半圈养蛋鸭产蛋的主要因素

蛋鸭实行圈养及半圈养后，由于受到生活环境条件的严格限制，其日常运动量、营养供应、光照、温度、湿度等都受到人为控制。如控制不合理，满足不了产蛋鸭的基本生理需求，就会直接影响蛋鸭的产蛋量。而产蛋量下降后，要想再恢复，不仅相当困难，而且回升要花很长时间，特别是在冬季，要恢复产蛋就更加困难。所以在蛋鸭日常的生产管理中，必须时刻高度注意鸭群的各种细微变化，尽早找到影响产蛋的因素，并且尽快地采取相应改进或补救措施，才能最大程度地保持和发挥蛋鸭的高产优势。具体来讲要注意以下因素。

1. 品种选择是否合适

圈养蛋鸭的目的是多产蛋，必须饲养高产蛋用型优良品种或者二元、三元良种配套系。不要饲养肉用型品种、兼用型品种或者一般的地方品种，否则，其产蛋性能及经济效益就不太理想。因为蛋用型鸭具有成熟早、产蛋量高、耗料省、性情温和、便于圈养管理等优点，而肉用型和兼用型品种很多方面远远赶不上蛋鸭。所以说，良好的蛋鸭品种是保证高产的前提和基础。

2. 体形是否肥瘦适中

产蛋鸭的体形不宜太小或太大。一般掌握在成年体重以1400～1650克为宜。体重太小的鸭子，往往是产蛋高峰期持续时间很短，产蛋总量较低，蛋形偏小；体形太大的鸭子，圈养时往往容易肥胖，而肥胖母鸭的性功能和卵巢发育较差，因此偏肥的母鸭往往耗料多，反而产蛋率偏低。

3. 开产时间是否在体成熟时

应该让蛋鸭在恰当的时间开产。一般高产蛋鸭在100～120日龄开产，开产时体重为1350～1450克，此时蛋鸭发育均匀，羽毛整齐光亮，光滑紧凑，叫声洪亮，举止活泼，开产后2～3

周就可达到产蛋高峰。如果鸭群开产太早，则鸭群里多数鸭子往往还未达到体成熟，容易引起早产早衰，产蛋期相对就变短。如果鸭群开产太迟，则母鸭容易发胖，鸭群的产蛋性能也受到影响。

4. 年龄因素的影响

圈养蛋鸭一般只利用第一个产蛋年，即养到500日龄左右，在群体的产蛋率降到65%以下时或者淘汰鸭价格高时就赶紧淘汰，可以取得较好的经济效益。而要进入第二个产蛋年，则需经过2个月（甚至更长的时间）休产换羽期。虽然第二产蛋年的蛋形大些，但产蛋率比第一个产蛋年明显下降。而且往往部分鸭在第二产蛋年有食蛋癖的恶习出现。此外，第二个产蛋年的饲料转化率也明显下降，经济效益相应降低，继续饲养经济上不划算，除非鸭蛋行情特别好，才考虑饲养第二个产蛋年。

5. 地理因素的影响

由于全国各地地理环境不同，气候差异较大。有些地方品种虽然能适应本地气候，在其他地区就不一定能保证高产。故从外地引进蛋鸭要考虑这个因素，尤其是引进青年鸭更应注意地理气候适应性的问题。简单地说，引进蛋鸭后的饲养管理、环境条件等均应参照产地情况来制订，让青年蛋鸭有一个逐步适应本地气候的过程。

6. 光照时间和强度的影响

适宜的光照能促进母鸭的滤泡发育成熟和排卵。产蛋鸭在产蛋进入高峰期后需要每昼夜保证16小时的光照。在秋末和翌年早春，仅靠白昼的自然光照显然不够，每天早晚必须人工补充光照。补充光照时应逐渐增加，每次增加不能超出1小时，一般是每周增加半小时，一直加到16小时光照为止。光照一旦增加后就不可以再减少，更不要忽早忽晚，忽照忽停。每昼夜的光照时间（自然光照＋人工补充光照）最长不要超出17小时。如果光照过长，会使鸭早产，并影响鸭子休息而减少产蛋。光照强度以每平方米6～7勒克斯为宜，最强每平方米不得超过8

勒克斯，并不要忽强忽暗。光照过强，会使鸭敏感性增加，烦躁不安，甚至出现啄羽癖。养鸭户一般以每18米²鸭舍，安装一盏25瓦普通灯泡即可。灯泡高度应离地面2.0米高，灯与灯之间的距离应均匀相等，灯泡上加上灯罩，并且要注意经常将灯泡上的灰尘擦拭干净，保持灯泡应有的亮度。此外，由于各地的电压不稳定，如果电压低于220伏特，则应换上瓦数稍大些的灯泡；反之，则换瓦数稍小些的灯泡。如果在蛋鸭后备期增加光照，会使鸭早产。早春鸭开产时间比夏鸭早，比秋鸭更早，表6-2为不同饲养期蛋鸭的光照时间和强度。

表6-2　不同饲养期蛋鸭的光照时间和强度

周龄	光照时间/天	光照强度
1周龄	24小时	8～10勒克斯
2～7周龄	23小时	5勒克斯，另1小时朦胧光照
8～16周龄或8～18周龄	8～10小时或自然光照	晚间朦胧光照
17～22周龄或19～22周龄	每天均匀递增，直至16小时	5勒克斯，晚间朦胧光照
22周龄以后	稳定在16小时，临淘汰前4周可增加到17小时	5勒克斯，晚间朦胧光照

7. 营养需要的影响

产蛋鸭代谢旺盛，除了维持本身生命活动外，还需要大量营养来供应产蛋。所以，蛋鸭日粮中必须要保持足够的营养物质，否则不可能实现高产。此外，蛋鸭圈养后，不像放牧鸭那样可以自己去觅食一些动物性饲料和矿物质，完全受圈内环境的限制，所以，必须及时调整日粮中的营养平衡，人工补充添加剂，满足蛋鸭的全面营养需要。

（1）能量和蛋白质　一般情况下，蛋鸭具有"依能而食"的特性。日粮中能量高时，采食量相应减少；能量低时，采食量会相应增加。但是，环境温度偏高时（夏季），采食量亦会减少；反之（冬季）采食量就会增加。能量过高时，母鸭偏肥胖，产蛋量减少；能量过低时，母鸭体形偏瘦，亦会影响产蛋。采食量的多少，相应会影响蛋白质和其他营养物质的摄食量。一般体重1500克左右的蛋鸭，每天需采食精料150克左右。在产蛋高峰期（产蛋率90%左右时），每天需要获得代谢能16.736千焦左右，那么，每千克饲料中应含代谢能112.968千焦，能量过高容易造成脂肪肝。

蛋鸭蛋白质的需要比较重要，它直接影响到产蛋率、蛋重和种蛋品质。特别是蛋氨酸、赖氨酸、色氨酸等几种必需氨基酸必须保证。产蛋高峰期每天需要粗蛋白质27 ~ 28克，饲料中应含蛋白质18% ~ 19%，蛋白质过低易造成痛风症。

（2）钙、磷、维生素A、维生素D　钙、磷、维生素A、维生素D不足或比例不当，易出现软壳蛋、破损蛋及产蛋减少。在添加钙剂时，还需要考虑粉状钙和粒状钙同时添加，有利于蛋鸭长时间的消化吸收与利用。有条件的地方，应饲喂全价颗粒饲料为宜。因为这种商品饲料具有营养全面、饲喂方便、很少浪费、产蛋稳定等优点。当然，饲料生产厂家应根据不同的品种、不同产蛋期和不同使用季节做相应调整。

8. 寄生虫的影响

圈养蛋鸭常见寄生虫，体外有虱，体内有吸虫和绦虫。寄生虫会使被寄生鸭消耗营养而影响产蛋。圈养蛋鸭要定期驱除寄生虫。

9. 疾病因素的影响

凡是发病均对鸭的产蛋产生严重影响。大群投药时，某些药品对同群健康鸭的产蛋也有影响。

10. 应激因素的影响

许多因刺激因素产生的应激作用，均会引起蛋鸭产蛋量下降。例如突然变换饲料品种，或者饲喂霉变、适口性差的饲料；断料、断水时间过长而造成饥渴状态；接种疫苗；高声、强光、畜兽的惊吓；环境温度的突然大幅度改变；舍内空气流通不畅造成有害气体过高；迁移鸭舍等。

11. 沙砾的影响

添喂沙砾对蛋鸭虽然无营养价值，但是鸭无牙齿，不溶性沙砾进入鸭的肌胃内，随着肌胃的强力收缩，能协助磨碎肌胃内的内容物，有利于饲料的消化吸收。放牧鸭能在野外自由觅食到沙砾，而圈养蛋鸭、笼养蛋鸭、网床养殖蛋鸭必须人工定期添喂，否则不利于消化，影响产蛋。

12. 食蛋的影响

蛋鸭在营养不足或者鸭群疾病发生时，会产下软壳蛋、薄壳蛋、沙壳蛋，这些畸形蛋易被鸭子踩破在鸭舍内。如不及时清除，易被营养差的鸭子采食。久而久之，这些食蛋的个别鸭子易养成食蛋癖。这些鸭子会啄食刚产出的正常蛋而影响蛋的收集量。

13. 鸭群规模的影响

蛋鸭的单群饲养规模不宜过大，一般放养鸭群单群以500～1000只为宜，圈养半圈养单群以1000～2000只为宜，圈养种鸭的单群数量以不超过1000只为好。蛋鸭单群群体过大（如3000～5000只），则蛋鸭个体之间有影响，群体产蛋达不到正常的产蛋高峰。同样一批蛋鸭，在品种、营养、疾病防控、日常管理相同的情况下，2000只一群可比3000～4000只一群产蛋高峰时产蛋率高出5%～10%。如果群体过大，可用木栅栏分隔成几个小群体，分开饲喂、饮水、运动、戏水等，同样达到较好的生产效果。种鸭生产群分隔成500～800只的小群，则种鸭群的种蛋受精率更好。

三、圈养蛋鸭的阶段管理及阶段目标任务

圈养蛋鸭的阶段划分，一般从初产蛋至300日龄为产蛋前期阶段；300～400日龄为产蛋中期阶段；400～500日龄为产蛋后期阶段。由于3个阶段的产蛋鸭均有不同的生理变化，因此在

管理上亦应有所区别。

1. 产蛋前期阶段

这个阶段的蛋鸭身体发育成熟，精力旺盛，产蛋率和蛋重均逐渐上升，直至产蛋达到高峰期。如遇早春季节开产的蛋鸭，则更有利于产蛋上升，因为早春季节的自然光照和气温呈上升趋势。在这个阶段的饲养管理要根据蛋鸭的体重状况和产蛋上升状况，及时调整日粮中的营养水平。具体要点如下。

（1）定期抽样称测体重　将蛋鸭群体每月抽样称重一次，对照所饲养品种或者配套系的标准体重。抽样称重应在早晨空腹时进行，抽样称重数量一般不少于全群鸭数的5%，抽样方法为随机抽取。如发觉蛋鸭体重偏瘦，达不到该品种或者配套系阶段标准体重时，要逐渐提高饲料质量，尽快使蛋鸭体重达到阶段标准体重。如果抽样发现蛋鸭体重过于肥胖，明显超过该品种或者配套系阶段标准体重时，则应及时适当减少精料，多喂些粗料或青料，或降低日粮中代谢能含量，尽快使蛋鸭体重再回到阶段标准体重。如其抽样称重体重仅仅稍微偏重一点，对蛋用型鸭群来说，其影响不大，则应当稳定鸭群饲料质量，维持鸭群阶段体重。

（2）及时增加饲喂的餐数　每天饲喂次数应从3餐增加到4餐。即白天喂3餐，21:30左右加喂1餐。在控制喂料量稳定的情况下，将鸭群24小时的喂料量分为4次进行饲喂。

（3）逐步加强饲料营养　如果是自己加工配料的蛋鸭饲养场，从蛋鸭鸭群的产蛋率上升到20%时，就逐渐在基础日粮中添加进口鱼粉（国产鱼粉掺假太严重，最好不用，否则适得其反）、蚕蛹粉等优质动物性蛋白质饲料，添加量从少到多，直至全群产蛋率达到90%以上的高峰期，方可稳定动物性蛋白质添加量。一般每羽蛋鸭日耗精料达150克左右，其中优质鱼粉的添加量20克左右。平常在青年鸭饲料中加有大量啤酒糟的蛋鸭场，此时可相应减少啤酒糟的量，增加精料的量，同时也相应添加进口鱼粉或蚕蛹粉等动物性蛋白质的含量。直接购买饲料厂生产全价颗粒饲料的蛋鸭养殖户，本阶段可以组建减少产蛋前期饲料（或者青年鸭饲料）的用量，增加产蛋高峰期蛋鸭颗粒饲料，直至完全换用产蛋高峰期蛋鸭饲料。

（4）逐步加长光照时间，最后稳定光照时间　本阶段蛋鸭的每昼夜光照时间最低不少于14小时，应从短到长逐渐增加，达到16小时，然后稳定下来。如果本阶段的自然光照为11～12小时，则在本阶段与蛋鸭饲料的更换同步进行，每周增加0.5小时人工光照，直至增加到每天14小时光照。然后继续观察鸭群产蛋情况，如果鸭群产蛋继续稳步上升，则再按照每周0.5小时的方案继续增加人工光照时间，直至全天光照达到16小时为止。

总之，蛋鸭产蛋初期的饲养管理，目标任务就是运用各种手段，尽快地把蛋鸭群体的产蛋率推向产蛋高峰，并尽力保持住稳定的产蛋高峰。

2. 产蛋中期阶段

这个阶段（300～400日龄）由于经过100多天的连续产蛋的高峰期，对蛋鸭体力消耗较大，鸭群体质有所减弱。一旦营养跟不上需求，产蛋量就会迅速减少。如果不及时补充营养，就有可能出现停产换羽情况。因此，本阶段的饲养难度相对较大。如果遇上梅雨季节或盛夏炎热季节，本阶段的饲养难度就更大了。本阶段的目标任务就是需要平时在日常生产中仔细观察鸭群，及时从管理上采取相应对策，力争使蛋鸭的产蛋高峰期保持到400日龄之后。在日常管理中主要应注意观察以下几个方面。

（1）鸭群的体重变化　本阶段还要继续定期抽样称重鸭群，这个阶段鸭群的平均体重应保持和初产时的体重相当。若抽样发现鸭群体重有明显减轻趋势，势必会影响鸭群产蛋高峰期的持续，必须及时调整鸭群营养水平，使鸭群的体重尽快跟上来，维持产蛋稳定。

（2）平均蛋重的变化　此阶段的平均蛋重应该比较稳定或者稍有增长趋势。如果此阶段的平均蛋重减轻了，则是鸭群产蛋量快要下降的先兆，应及时查明平均蛋重减轻的原因，并及时采取相应补救措施。

（3）蛋壳厚度、颜色的变化　本阶段的鸭蛋蛋壳应该是很厚实很光滑的，而且色泽鲜明。如果出现薄壳蛋、沙壳蛋、软壳蛋或者蛋形变长的蛋增加等，则说明饲料中矿物质不足或钙质代谢出现障碍。则应及时给鸭群补充钙质或维生素D，数量要足够到位，不可马虎拖延，否则产蛋率会很快下降。

（4）产蛋时间的变化　鸭群的正常产蛋时间应集中在深夜1～3时。若鸭群（或部分鸭）的产蛋时间逐渐推迟到早上或白天，也是产蛋减少的先兆，应及时查明产蛋时间变化的原因，并及时采取相应补救措施。

（5）鸭群神态的变化　仔细观察鸭群，如果鸭子无精打采，行动迟钝，走路不稳，不敢下水，从水面上岸后羽毛理不燥，拱背缩颈蹲伏瞌睡等，这是营养不足的表现，这也是减产或停产的先兆。这时必须及时加强营养，直至鸭子精力充沛，羽毛光滑，上岸时羽毛上的水呈珠状溅落，很快理燥毛时，才能保证稳定的较高的产蛋量。

在这个阶段的饲养管理，应注意以下几点。

① 调整营养。要求每只蛋鸭每日采食精料稳定在150克左右，最好是饲喂全价中期颗粒饲料。如果饲喂基础配合料，则要求配合料的粗蛋白质含量在20%左右，最低不低于18%，并要求氨基酸相对平衡（氨基酸平衡很重要）；否则应添加鱼粉、酵母粉或蛋氨酸等蛋白质饲料。同时还要添加多种维生素和钙质，尤其要添加维生素A、维生素D、维生素E和颗粒状的钙质。

② 稳定光照。每日的光照时间应恒定在16小时，不得随意变更。当大雨或者梅雨天气时，鸭群被整体关在鸭棚内，光照不足，应补充光照，满足16个小时。

③ 维持室温。要求产蛋鸭棚舍内的温度尽量不要低于5℃，也不要高于30℃。如超出这个范围，则要尽量采取有效的升温

或降温措施，把蛋鸭棚舍内的温度控制在5～30℃。

④ 稳定操作规程。每天的日常管理程序要基本保持稳定不变，不要随意改变。本阶段如果遇上冬春寒冷季节，半舍饲半圈养的蛋鸭，尽量缩短下水时间，在下水前一定要"噪鸭"到位。

3. 产蛋后期阶段

蛋鸭经过250天的持续产蛋，进入了产蛋后期阶段。产蛋高峰期就难以保持了，产蛋率逐渐下降。如果各阶段的饲养管理都很得当，则蛋鸭在450日龄前还可以保持85%的产蛋率，500日龄前还可以保持80%～75%的产蛋率。如果此时饲养管理稍有不当，鸭群产蛋率就会迅速下降，甚至休产换羽。如果鸭群产蛋率降至60%以下，短期内一般难以恢复，必须等鸭子换掉老毛，新毛长齐方可恢复大群产蛋。但自然换羽需要停产2～3个月，故应趁早淘汰鸭群或者人工进行强制换羽。蛋鸭产蛋后期阶段的饲养管理要点如下。

（1）根据体重和产蛋率的变化及时调整饲料喂量或营养浓度。对于产蛋率较高而体重偏轻的鸭子，应添加动物性饲料和鱼肝油；对于产蛋率较高而体重过于肥胖的鸭子，应降低饲料中的能量浓度或增喂粗饲料，但蛋白质的摄食量仍应保持原量或略为增加。

（2）保持16小时稳定的光照时间，根据生产需要还可增加1小时，但绝对不能减少。如遇冬天，应采取早晚人工补光。

（3）操作规程应稳定不变，尽量避免各种因素的刺激，尽量防止应激而减蛋。每次放鸭下水前，在舍内或运动场上噪鸭数圈，以增加其活动量，遇上冬春寒冷季节，本阶段半舍饲半圈养的蛋鸭，最好不下水。

四、圈养蛋鸭（半圈养半舍饲）季节管理要点

1. 春季饲养管理

每年的3～5月份既是春暖花开、万象更新的时候，也是

蛋鸭一年中的产蛋旺季。这时气候温和，气温回升，日照延长，鸭群容易饲养管理。如果此时饲料供应正常，营养满足鸭群生理需要，管理细心妥善到位，则鸭群的产蛋率可达90%以上，优秀个体可超过100%。但仍然需要注意以下几点。

（1）随时注意保暖防寒流　早春在长江中下游地区，尚有寒流频频侵袭。因此，这个季节仍需要准备好鸭舍保暖用的草披、垫草、塑料薄膜。一旦寒流来临，能及时挡风保温，不至于影响鸭群产蛋。

（2）及时通风防早热　往往有的鸭舍从冬天一直到春季都严密封闭保温，一旦春季早热，鸭舍内的温度突然上升，舍内氨气浓度增加，致使鸭群骚动不安或者生病而减蛋。因此，要注意随天气变化，天晴有阳光、温度升高时要及时打开门窗通风换气，密切注意天气预报，及时与鸭场的日常管理进行紧密联系，采取主动预防措施。

（3）勤换垫草保干燥　春季气温回暖后，鸭舍内的垫料不宜过厚，应定期清除。因为春季温度回升，湿度加大，特别适合霉菌的生长，垫料饲料都要防止霉变。每清一次垫料要及时消毒一次，防止鸭子感染霉菌，饲料盆或者料槽要定期清理，防止饲料霉变，清除霉变饲料。随时保持鸭舍内的清洁卫生，否则鸭群易感染病菌，并引发疾病。如果遇上阴雨天气，应缩短放鸭时间或者暂时不放，防止鸭羽毛潮湿、不洁而患病。

（4）加足饲料保证营养　由于春季蛋鸭的产蛋率高，新陈代谢旺盛，对营养的要求也高。所以，要让鸭子充分吃饱，不要怕吃过头。否则，鸭群会因营养水平低而体质逐渐减弱，影响以后的产蛋量。

2. 梅雨季节管理（半圈养半舍饲）

6月份我国南方（主要为长江以南）各省先后进入梅雨季节，此时往往阴雨连绵，高温高湿，鸭舍内潮闷（又湿又闷热闭气）。有些低洼地区常有洪水发生，对鸭子的饲养环境更为不利，是蛋鸭管理上的难关，稍不注意就会使产蛋率下降

10%～20%。这个季节要做好以下措施。

（1）及时修好水面运动场围栅　如果水面运动场设在河流上或溪沟边，由于梅雨季节降雨多，小溪、小河因暴雨而发生水流暴涨、流量大、流速快，水面运动场的围栅特别容易被暴涨的水流及水中杂物冲垮，应及时修理好围栅。围栅的外沿最好加圈一条水花生草带，防止浪急和水面上漂浮的污油进入栅内污染鸭身。

（2）经常铺垫整理好鸭滩　由于下雨多，鸭群经常上下进出爬滩，鸭滩的泥土会因雨水浸泡而松软，甚至会不断地被鸭子扒入水中，滩坡上出现坑坑洼洼或近90°的陡坡。因此，需要经常维修滩坡，铺垫平整，以免鸭子在下水时受伤，引起卵黄破裂性腹膜炎、输卵管炎或跛脚。如有条件最好用水泥固化鸭滩。

（3）适当延长鸭子舍外活动时间　这个季节的蛋鸭管理，原则上要做好"多放少关""早放迟关"。但鸭群在水上运动时间不宜过长。下雨时，不放鸭。

（4）加强鸭舍通风换气　本季节由于鸭舍内多潮闷，故应多开窗通风换气，草房鸭舍应卸下周围的草帘、尼龙薄膜等，加强鸭舍通风换气能力，及时调节鸭舍内的空气和温度、湿度。并且经常打扫卫生，勤清理鸭粪，勤换垫料，保持干燥凉爽，做到不发闷、不恶臭、不长霉菌。防止高温高湿造成鸭子氨中毒。鸭舍周围要开出一定深度的排水沟，降低鸭舍的地下水位。清除棚舍周围的杂草，防止蚊蝇滋生。

（5）潮湿季节要严防饲料霉败变质　本季节的配合饲料应当配有防霉剂或脱霉剂。养鸭户不宜过多储藏饲料，因为条件有限，所以饲料容易受潮发霉结块，购买全价饲料的农户，梅雨季节每次购买的饲料以不超过10天为好。使用配合饲料的饲养户，动物性饲料要现买现用，不能堆放过长时间。动物性饲料堆放时要经常检查，防止发霉、腐烂、发馊，以免感染肉毒梭菌和曲霉菌。并适当多喂些鲜嫩青饲料，促使食欲增加，弥补某些维生素的不足。

（6）梅雨季节要加强消毒工作　鸭棚每次出完鸭粪后，应彻底消毒一次，地面可撒一层石灰粉末或干燥的草木灰，再铺上干燥无霉的稻草，有利于吸收水分和消毒杀菌。鸭舍内的墙壁可用火焰喷射法消毒，也可用药水喷雾消毒。正在出粪时，严禁鸭子进棚翻腾，以免吃进霉败东西而引起中毒。

（7）及时驱虫　由于梅雨季节容易繁殖寄生虫，鸭子易感染寄生虫，所以这个季节要进行一次驱虫工作。常见的蛋鸭体内寄生虫有气管吸虫、肠道线虫和头部丝虫。可用吡喹酮或抗蠕敏拌料，一次性喂服，用以驱除吸虫和线虫；用球利灵驱除球虫，也能达到较好的驱虫效果。体外寄生虫则可用伊维菌素或者阿维菌素拌料来驱虫。在用伊维菌素或者阿维菌素驱虫时，应严格掌握用药剂量、稀释倍数、拌料均匀度，以及足够的食槽位子，驱虫时最好空腹时进行，以需要的药物量拌料，一次性喂服较好。

（8）防止鸭身上"烂毛"　如遇洪水时期，往往由于垫料过于潮湿，会使鸭子的腹部沾染污粪，洗不净，也理不干，污黑并湿，俗称"烂毛"，"烂毛"会严重影响鸭群产蛋。必须经常更换垫草，换草前先撒些粉末草木灰、砻糠灰等。鸭子上岸后，要在运动场上先梳理干燥羽毛后，再让鸭子入舍。

3. 夏季饲养管理

7～8月份是一年中的炎热季节，如果管理不妥，鸭群不但产蛋率会下降，而且会常常发生中暑或传染病。这个时期只要精心管理，重点搞好防暑降温工作，则鸭群产蛋率仍可保持在85%或90%以上。

（1）遮阳以防日射　蛋鸭在烈日暴晒下易发生中暑（日射病），特别是中午前后，要让鸭子在鸭舍前面的树荫下休息，没有树荫的一定要在鸭舍前的运动场上搭1～2个面积足够的简易凉棚，凉棚面积以每平方米养15只蛋鸭计算。如果是草房鸭舍，应将四周草帘卸空，改围矮篱笆和尼龙网。如果是较低的瓦房鸭舍，应在房顶上铺盖稻草或麦秆，再在上面用石灰乳浇白，阻拦太阳光的强烈直射。

（2）加强通风以防闷热　除大雨、大风天以外，要把鸭舍所有的门窗都打开，加速鸭舍内的通风换气，以保持棚舍内的空气新鲜。必要时，可用电风扇或者大排风扇进行适当排风。如果棚舍内过分干燥，可用少量凉水喷洒。也可在舍内放若干只水缸，清晨把缸储满凉水，有利于降低鸭舍内的温度。如鸭舍内过于闷热时，鸭子易产生热应激。重者中暑（热射病）；轻者食欲减退，张口喘气，振翅散热。对于已中暑的鸭，必须让鸭迅速转到阴凉通风处休息，喂给配有十滴水的饮水。也可在鸭嘴的两侧边沿、蹼的内侧、翅下内侧细血管处针刺适当放血（已经休克的鸭不宜放血，可用井水泼鸭的头部）。中午避高温喂料，经常喂些冬瓜、丝瓜之类青料，在每盆饮水中加入几滴十滴水，均有防中暑作用。对于食欲减退的鸭，可用青料诱食，饲料中添加酵母粉（占饲料的3%）、小苏打粉（占饲料的0.2%～0.25%）、维生素C（占饲料的0.04%），同时设法降低舍温，能增加采食量。

（3）青饲料稍加量　夏天可以稍多青料量，如水花生、水浮莲、嫩番薯藤头、瓜类等均可，能促进食欲。一般用量为日粮的70%，即每只蛋鸭每天120克左右。如鸭子过于肥胖，青饲料的添加量可加大些，最大用量可达日粮的150%，同时适当控制能量饲料。如果青饲料来源不足，则应将多维的添加量加大一倍，并把维生素D_3的量掌握在维生素A的10%～12%为好。如果能加配抗氧化剂更好。

（4）保证饮足清凉干净饮水　要保证蛋鸭在夜间能喝到饮水。饮水盆上应加栅罩，防止鸭子进盆洗澡而污染饮水。日出前应储好清水，以备白天饮用，饮用深井水更好。每次饮干的水盆须清洗后，方可再加饮水。

（5）提早放鸭、晚上乘凉　放鸭出舍要提早些，在5:30时放鸭较适宜。中午前让鸭吃饱后，在凉棚中休息。尽量避开午后高温饲喂饲料。下午关鸭时间要推迟。晚上舍内温度达到30℃以上时，必须让鸭群在运动场上露天乘凉，运动场上要配置清凉饮用水，但最迟不要超过晚上12时，必须让鸭群回棚舍产蛋。还要注意在乘凉处装上电灯，并要有人看管，防止鸟兽干扰。运动场上要勤打扫，保持地面清洁卫生。

（6）分小群饲养、降低密度　夏天鸭舍饲养密度以4只/米²蛋鸭为宜。饲养密度过密时会影响蛋鸭散热。每个蛋鸭饲养群体不宜过大，一般以500～800只为一群，一群蛋鸭以最多不超过1000只为宜。

（7）使用弱光电灯照明　夏季不需要人工补光。夜里只要在鸭舍内和运动场上开弱光灯，光照强度以鸭子能相互看得见、不引起鸭群骚动即可，太亮的光照反而不好。

（8）避雷雨防大风　在雷阵雨到来之前，必须把鸭子赶进舍内，关好窗户，防止雨水飘入棚舍内。雨后风力较小时，应迅速打开门窗或放鸭出舍，但不要让鸭子被雨冲淋。对于草房鸭舍，在台风到来之前，一定要加固，防止突然揭顶或倒塌。

（9）讲卫生防发病　夏天易滋生细菌，应经常搞好鸭舍环境卫生，每周将场地消毒1～2次。饲料中可加入少量大蒜沫，不仅能防止消化道疾病，而且还能促进食欲。如果接种鸭瘟等疫苗，应安排在产蛋前或低产期时。一旦发生疾病，必须及时隔离病鸭，请兽医诊疗。对于已死的病鸭及其污染物，必须进行妥善的无害化处理，并做好彻底消毒的工作。

4. 秋季饲养管理

9～10月份，正值冷暖空气交替的时候，气候多变，天气逐渐凉爽。由于前期鸭群产蛋较多，鸭群身体较为疲劳，而且越是高产蛋鸭，其身体越疲劳，管理上稍有不慎，鸭群就会大批换羽停产或急剧减产，此季节在管理上要更加细心谨慎。秋季管理要注意以下事项。

（1）及时加强营养　由于鸭群产蛋较多，已经疲惫不堪，只有营养加强，才能加速恢复体质，保持较高的产蛋率。在饲料的配合上，要增加动物性蛋白质饲料、维生素和无机盐类添加剂，并且不要随意变换饲料品种。日粮中的粗蛋白质含量应不低于19%～21%。

（2）避免浓雾　秋天的雾特别多，往往笼罩整个早晨。浓雾不仅湿度大、气温低，而且凝集了低空的病菌和尘埃，很容易使鸭群发病。所以，在浓雾未散之前一定要把鸭关在棚舍内，并关好门窗，等浓雾散后方可放鸭出舍，并及时打开全部的门窗通风换气。

（3）避食初霜　初霜出现在寒潮到来之时，而寒潮前后的温差很大。所以，初霜会令人觉得格外寒冷。如果在初霜未溶解之前就放鸭出舍，鸭子会自然地把初霜当作饲料啄食，霜对鸭的喙部感觉器官产生强烈刺激，进而会影响其产蛋功能。

（4）越冬准备　为了产蛋鸭群能够安全地越冬，养鸭户必须早早做好准备工作。如提前准备好充足的越冬垫草，如提前准备好越冬保温用的尼龙薄膜等保温保暖物质，不至于临时手忙脚乱。

5. 冬季饲养管理

每年的11月份至翌年的2月份，是一年中最寒冷的季节，也是鸭群产蛋容易下跌的时候。特别是1月份，气候最冷。冬季日照时间短，青料少，营养单调，产蛋条件较差。如果管理失误，产蛋率一旦下降后，那么整个冬天就难以恢复正常的产蛋率，其损失自然难以弥补。但是只要做到精心管理，尤其是做好鸭舍的防寒保温工作，冬季维持较高的产蛋水平（80%～90%）是完全有可能的。

（1）堵塞通气孔防止贼风　冬季要把鸭舍四周的通气孔全部堵塞住，尤其是在北面，遇上大风天气还应及时加围塑料薄膜，再加一层麻袋或草帘。南面无玻璃窗的要挂好草帘，遇晴暖天气，中午前后可卸掉大部分草帘，适当通风、透光；鸭舍无"灰顶"的，应离地面2～2.5米用木条或竹竿搭成夹层，铺上一层稻草，也就是搭盖棚中棚。必要时，加盖塑料薄膜，以减少鸭舍内热量散失。搭盖棚中棚可提高舍温3～5℃，冬季必须保持鸭舍内温度在5℃以上，否则产蛋率就会直线下降。鸭舍运动场的西北边沿也要筑一道高3米左右的挡风墙或草坡屏障。

（2）加垫厚草以保鸭舍干燥　鸭舍一般冬天不出鸭粪，有利于自然发酵产热。必须出粪时，则出粪后的首次垫草要厚，厚度至少在10厘米以上；次日早晨，还需加垫一次干草；以后见湿就垫，一般每天不少于2次，防止鸭群湿毛受凉。

（3）尽量减少舍外活动　放鸭出舍前，要先开窗通风，噪鸭10分钟，再放鸭出舍。冬天每天放水1～2次即可（条件较差的鸭场冬天不放水，特别是江汉平原的半圈养半舍饲蛋鸭，也最好不放水），风雪天要抢晴时放水或不放水。噪鸭方法是，饲养员拿着竹竿，慢慢地赶鸭在舍内绕圈慢跑数圈，直至鸭张嘴喘气为止。噪鸭不但能防止肥胖，还能增强抗寒能力，促进消化吸收等作用。早上放鸭要在霜化后进行，下午放鸭也应在15时前结束。下水前必须噪鸭，能增强御寒能力，洗澡也能充分。下水15分钟后即应赶鸭上岸。上岸后必须让鸭在运动场上理干羽毛，晒晒太阳，待羽毛充分干燥后再进鸭舍。但不宜运动过久，以免消耗过多的营养。冰冻天放水前，要先把冰块敲碎，清除后再进行。雪后放鸭，事先要除雪。

（4）通宵照明，人工补光　用弱光通宵照明是为使鸭子不惊，因鸭群在黑暗处胆小惊动，到处乱逃，会互相践踏，严重影响产蛋率（鸭群严重受惊后，从第四天开始产蛋率会降低10%～30%），甚至伤残。人工补光是满足蛋鸭在产蛋期所需要的生理需求。蛋鸭的生理光照时间14～16小时，并相对固定不变，否则会影响产蛋。冬天夜长昼短，自然光照已经不够产蛋期的生理需求。补充光照应该从天黑时开亮电灯直到晚上20时熄灭，次晨4时开亮至鸭舍内天亮后关灭。

（5）配料合理、精心饲喂　冬季蛋鸭饲料中应保持足够的营养成分。原则上应提高能量水平，降低蛋白质水平，因为蛋鸭需要消耗更多的能量来维持体温。本季节要求日粮中每千克饲料含有代谢能11.7～12.1兆焦，粗蛋白质18%左右。冬天饲料应该让鸭子昼夜自由采食，饲料盆一吃空就加料为宜。每天凌晨4时左右要检查一次鸭舍，如果食盆中没有饲料则应及时添加饲料，或供给温水让鸭饮用，防止蛋鸭产后饥渴。对产蛋率下降而体质较弱的鸭群，应及时在饲料中添加鱼肝油。缺乏青饲料时，要多添加一些多种维生素。

五、与蛋鸭饲养相关的养鸭设备和用具

养鸭设备和用具很多，如保温育雏设备、饲喂设备、孵化机具、鸭围、产蛋箱和鸭船等，我们仅简要介绍保温育雏设备和饲喂设备。

1. 保温育雏设备

按供温方法的不同，保温育雏设备可分为电热伞、煤炉、烟道、厚垫和自温育雏设备等。下面分别简单介绍如下。

（1）电热伞　电热伞一般用电热丝或红外线灯泡。育雏伞的一般规格：折边长为100厘米，高67厘米。一个电热伞可育300只雏鸭，但随其功率和直径的变化而变化。电热育雏伞的优点是卫生方便，不污染室内空气，雏鸭可自由地选择适宜的温度区，育雏效果好。管理劳动强度小，适合大规模育雏。但电热伞保温还需育雏室原有的较高温度，或者需要另外的保温设备（如煤炉）来提高室温。另外，电热伞的设备、能源成本相对较高。

在江汉平原地区，有蛋鸭养殖农户使用锅炉配合水暖空调进行育雏保温，室内没有燃烧煤炭产生的污浊气体，效果较好。如果室内再改为网上育雏，效果更佳。

（2）烟道　烟道有地下烟道和地上烟道两种。地下烟道叫地垄，地上烟道称火垄。我国北方农村的"火炕"实际上也属地下烟道的一种形式。地上烟道有利于发散热量。地下烟道可保持地面平坦，地面利用率较高，管理也很方便。烟道建在育雏室内，一头连接炉灶，燃烧焦煤（或无烟煤）或农家燃料作

热源，烟道另一头连接烟囱，烟囱设在育雏室的另一端以利于热能的充分利用。烟囱应高出屋顶1米以上，或者在烟囱出口处安装一个小型的抽风机抽风，效果更好。建造烟道的材料最好用比热较大的土坯，以利于大量吸热和延长保温时间。采用烟道来育雏，热量从地面向上升，极适合于雏鸭卧地休息的习惯。烟道保温时，由于水分被蒸发，所以育雏室的地面很干燥，干燥温暖的地面可防止多种疾病的发生。由于育雏室内空气较好，室内各部位又有一定的温差，体质强弱不同的雏鸭可以自由选择适合自己的地方。因此，育雏效果一般都很理想。烟道加热可以充分利用农村丰富的各种燃料，特别适宜于农村专业户使用。烟道加热保温育雏法在我国北方和山区特别适用。

（3）煤炉　煤炉加温育雏是农村中很常用的方法，投资少，使用方便。煤炉的进气口设在底层，可以通过调节进气口的大小来控制火势；煤炉的上方安装排烟管，用以散热和排出煤烟；排烟管要接到舍外，最好外露30厘米，并且连接处和弯头处不能漏气，以防造成雏鸭和饲养人员煤气中毒。煤炉外围一般还要安装一个木制的保温伞，四边长度相等，边长各为1.2米，高1.0米，这种保温伞每个可以保育雏鸭200～300只。

这种加温模式容易造成燃烧产生的污浊气体漏入鸭舍，造成中毒或者不良后果，有条件的地方最好不要采用。

（4）厚垫　厚垫育雏实际上是加温育雏和自温育雏相结合的方法。在进雏前，把育雏室彻底清扫、消毒，然后撒一层新鲜的石灰，铺上5～6厘米厚清洁、干燥的垫料，垫料可就地取材（如木屑、刨花或切短的稻草等）。在育雏的第一周，需要有热源加热。一周后，雏鸭调节体温的能力逐渐增强，垫料也开始发酵产热，就逐渐过渡到不加温。垫料脏了再铺上一层，其间不清扫，直至育雏结束后一次性清除垫料。柔软的厚垫既有保温作用，又能发酵产热。发酵时，还能消灭许多病原、产生维生素B_{12}等，有利于提高育雏效果。

（5）自温育雏设备　在气温较高的季节，可利用雏鸭本身新陈代谢产生的热量，在无热源的保温器具内进行育雏。其优点是投资少、节约能源，但受外界环境影响较大。气温过低的冬季不能采用。自温育雏的设备一般自行制作，利用稻草、塑料布、箩筐或芦席等，制作挡风保温的窝、筐等器具，依靠雏鸭自身的热量相互取暖或通过覆盖物的开合来进行调温。

2. 饲喂设备

（1）喂料工具　喂鸭的工具很多，可以因地制宜，自己制作或选购。最简单的如塑料薄膜、竹席、草席等，适用于饲喂雏鸭；青年鸭和种鸭可用塑料盆、金属盆、陶瓷钵等容器，也可用饲槽，还可以选用废弃的汽车轮胎来制作蛋鸭料筒。饲槽可选购成品，也能用木板、薄铝片、塑料板等材料自己制作，或用水泥砌成。饲槽的形状有多种，其横断面有长方形、半圆形、倒梯形、倒三角形等。选择时，应从实际出发，以不浪费饲料、清理方便为原则。还有一种较为复杂的喂料器——桶式喂料器，一般由金属或塑料做成，由上面的圆筒和下面的浅盘两部分组成。圆筒呈圆柱形或圆台形，无底，下缘与浅盘的底之间有3～5厘米的缝隙。浅盘的面积比圆筒大，中间设有一圆锥体，使圆筒内的饲料能随浅盘中饲料的减少而自动从缝隙中流出，从而使浅盘中的饲料不会过多，也不会停止供料。

（2）饮水器　饮水器的种类、式样很多，如真空饮水器、乳头饮水器、水槽、对开的大竹管、水盆、水池、PVP管等。下面介绍使用最多的水槽和真空饮水器。

水槽的材料和结构与饲槽大致相同，但水槽稍窄而浅。一般每条水槽由一个水龙头供水即可。水龙头连续开放，让其细水长流，基本上以水槽内保持1/3～2/3水深为宜。另外，在水槽末端槽壁上缘开一小缺口，让槽内水过多时可以由此流出。

真空饮水器主要供雏鸭饮水用。制作材料有塑料的（已成大规模生产的规格化产品），也有铁皮的。这种饮水器的外形及构造与桶式喂料器相似，所不同的是筒的上端是密封的，上端

图6-1 真空饮水器

和侧壁不能漏气。在靠近圆盘处有1～2个小圆孔，孔的位置约处于圆盘高度的1/2处。使用时，先将筒倒置装水，罩上圆盘，通过特制的栓销把圆盘与筒吻合固定。然后，整个饮水器翻转过来就可供水。当雏鸭饮水盘中水位低于小圆孔时，就有空气进入筒内，水就又流出来，直到重新盖住小圆孔（图6-1）。根据这一原理，养殖户可用广口瓶、饭碗等容器倒扣在圆盆上构成自制的简易真空饮水器，但容器口上应开1～2个小缺口。

六、圈养半圈养蛋鸭的管理程序

所谓管理程序，即圈养蛋鸭的每天操作规程。管理程序安排得好，不但能使饲养员的工作有条不紊，而更重要的是能使蛋鸭每天的生活（包括吃食、饮水、运动、配种、理毛、休息、产蛋等）有规律地进行；否则就会出现管理混乱，致使产蛋不正常或减少。管理程序的制订，应根据各地气候、不同季节、不同品种、不同饲养条件等实际情况综合考虑。现将江汉平原地区农村专业户圈养商品蛋鸭及其春季产蛋时期的管理简述如下，其他季节可随气候变化而适当调整。

1. 早晨（从5:30开始）

① 开门放鸭出舍，把水草撒在水面，让鸭洗澡、游泳、食草和交配。

② 入舍拣蛋，记录产蛋数量和重量，观察蛋的质量状况。

③ 将舍内的食盆、水盆、竹罩等用具搬出，洗净后放在运动场上。

④ 把饲料倒在食盆中饲喂。

2. 上午（从8:30开始）

① 把水草撒于水面，或喂其他青料，让鸭自由采食。

② 清理舍内，观察鸭粪状态，铺上新鲜干燥垫草。铺草时人倒退，以免踩脏和蹲紧新铺垫草。

③ 将食盆、水盆、盆罩洗净后搬入舍内，均匀放好，加上饲料和饮水。

3. 中午（11:00～13:00）

放鸭入舍，让鸭吃食后休息。

4. 下午（从13:30开始）

① 开门放鸭出舍，喂水草等。

② 将鸭舍内的食盆、水盆等拿出清洗，放在运动场上，加上饲料。

③ 舍内清理，铺上垫草。

④ 将食盆、水盆搬入鸭舍，加上饲料和饮水。

⑤ 17:30左右，舍内开亮电灯，赶鸭入舍。

5. 晚上（从21:00开始）

① 入舍检查鸭舍内情况。

② 加料、检查饮水情况。

③ 22时将亮光灯关灭，留弱光电灯通宵照明。

第四节　蛋种鸭

一、饲养蛋种鸭的基本要求

种鸭和蛋鸭的饲养方法大致相同，管理要求亦相差不大，但种鸭与蛋鸭的饲养目的却截然不同。饲养蛋鸭是为了获得较多的商品食用蛋，以此达到一定的经济利益；而饲养种鸭则是为了获得更多优质的种蛋，使之能够高效率地繁殖后代，并以出售雏鸭来取得一定的经济利益。从这一点来说，饲养种鸭的要求比饲养蛋鸭要高一些。除了养好种母鸭外，还需要养好种公鸭，以便获得较高的受精率和孵化率。种鸭的饲养管理应注意以下几点。

1. 确定优良蛋鸭品种

要养好种鸭，首先要确定和选好优良品种。如果想饲养蛋用型品种，其种鸭就必须选择性情温和、适应性广、抗病力强、体形适中、成熟较早、耗料省和产蛋率高的品种，如绍兴麻鸭、山麻鸭、金定鸭、荆江蛋鸭配套系等。种鸭场在确定饲养品种时还要充分考虑到当地人们的饲养和消费习惯，以此确定种鸭的毛色、体形大小等地方习惯要求。

现在国内蛋鸭种鸭规模生产企业已经与各省的科研院所进行技术合作，利用不同优良品种杂交配套生产二元杂交或者三元杂交配套系良种蛋鸭，以取得最佳的生产水平和最好的经济效益。

2. 多购少留、选优弃劣

养种鸭要求多购少留，留有选种余地。一般在购买青年鸭或者雏鸭时，要比实际留种数多购入30%左右或者更多。选种余地越大，所选留的品种质量就越纯正，种用价值就越高。在开产前进行一次选种，要求选留下来的种鸭与该品种的标准体重相符，群体内的个体大小匀称一致，其外貌特征也应与该品种的标准相一致。例如，绍兴麻鸭的标准特征：母鸭在100日龄时体重1300克，成年体重1400～1500克，雄鸭比母鸭轻50克左右。母鸭嘴长、颈长、身长、脚长、眼突、颈细、背宽、毛紧，成年时腹大圆垂，龙骨与耻骨间距为4指，耻骨间距为2指以上者，属优质品种。

3. 严格选择、养好公鸭

留种的公鸭必须按种公鸭的标准经过育雏期、育成期和性成熟初期三个阶段的严格选择和饲养，以保证用于配种的公鸭生长发育良好，体格强壮，性器官发育健全，精液品质优良，品种纯正。在育成期最好将公母鸭分群饲养，留种公鸭采用以放牧为主的饲养方式，让种公鸭多活动、多锻炼。选好的种公鸭在配种前20天才放入母鸭群中，此时的种公鸭应多放水中戏耍，少关养，以促使公鸭的性欲旺盛。为了提高公鸭的精液质量，保证种蛋的受精率，种公鸭应早于配种母鸭1～2个月孵出，因为相同品种的公鸭一般比同龄的母鸭晚成熟1～2个月。种公鸭习惯上在利用1年后淘汰，但有时也可延长利用两年。

4. 根据实际情况配好公母比

种鸭群的公母比太大或太小，对鸭群种蛋的受精率均有直接而明显的影响。在种鸭实际生产中，我们应根据所选留公鸭的体质、当时当地的气温高低和种鸭群当时实际的种蛋受精率情况，来确定或者调整公母比例，使之达到最佳配种比例。我国麻鸭类型的蛋鸭品种，种公鸭体形小而灵活，性欲旺盛，配种性能极佳。在早春和冬季，麻鸭类型的蛋鸭品种公母配比可用1：20，夏、秋季节公母配比可提高到1：30，这样的公母比例种蛋受精率可达90%或以上。实际生产中如发现种蛋受精率偏低，则应首先检查种公鸭有无问题，其次检查公母配比是否恰当。在配种季节，应随时观察公鸭配种表现，如果发现有伤残的公鸭应及时调出，并补充新种公鸭。种公鸭过多时，不仅会造成资源浪费，而且会给母鸭造成过多伤害，影响产蛋和经济效益。

5. 加强营养，保证配种需要

种鸭的营养要求，除了与蛋鸭需求相同的营养物质外，还应特别注意保证或者补充维生素E和色氨酸的含量。这两种营养物质，蛋鸭需求较少或有时基本不需要，但对种鸭的性欲及其种蛋的受精率、孵化率均有较好的帮助，是饲养种鸭时必不可少的营养要素。要求日粮中每千克饲料含维生素E 25毫克、色氨酸2.4克。饲料原料中以黄豆粕和鱼粉中的色氨酸含量较高。因此，种鸭饲料不可缺少豆粕或鱼粉。其他必需氨基酸的含量应略高于商品蛋鸭料中的含量。维生素E则需要从种鸭预混料中额外添加，不可缺少。公鸭的营养要求与母鸭略有不同，钙磷比例比母鸭要低。

6. 增加鸭群运动量，保证配种机会

种鸭的活动量应略大于商品蛋鸭，才能具有良好的性欲。比如半圈养商品蛋鸭的鸭舍、运动场、水棚三者的面积之比为1∶1∶1，而半圈养种鸭的鸭舍、运动场、水棚三者的面积之比需要为1∶2∶3。只有适当延长种鸭在棚舍外活动的时间，才能增加公母配种的机会，特别是早上在水面上活动对配种尤为重要。虽然说鸭群的交配是全日进行的，但总的来讲，清晨是鸭群的交配高峰期。因为鸭子属水禽，喜爱在水面上交配，所以要求水棚内的水质清洁，而且是水流缓慢的"活水"，保证种鸭的交配方便、安全。如果常把种鸭放在淤泥处进行交配，则易发生鸭的生殖器官性疾病，所产生的种蛋受精率和孵化率也会受到较大影响。

7. 清洁鸭舍，保证种蛋不受污染

种鸭舍的卫生条件要求要比商品蛋鸭舍高得多，种鸭舍内必须有良好的通风条件，随时保持空气新鲜，使种鸭能够安睡无扰。种鸭舍内的垫草也一定要随时保持干燥、清洁、柔软，千万不可被鸭子的粪便或其他污物所污染，污染的垫草一定要随时更换，防止污染种蛋。

8. 及时收集种蛋

每天应按照规定的时间及时收集种蛋，不要让种蛋受潮、受晒、玷污。对于已破损、畸形、污脏、软壳、沙壳、特大、特小等不合格的种蛋，应单独盛放，作商品蛋处理。产在水中的蛋，因蛋膜被水溶解，易感细菌，不能作种用。

种蛋从种鸭舍运送到种蛋储存库的路途中，要用棉毯遮盖，以防太阳照射，影响种蛋的孵化率。种蛋收集后及时挑选，然后熏蒸消毒，消毒后或孵化或上架储存。种蛋每次收集完成后一般要求马上在蛋库或者消毒间进行熏蒸消毒最好，可以及时杀灭种蛋表面的细菌或者病毒。地面平养的种鸭，每天最好收集种蛋3～4次，收集参考时间为4:00、7:00、10:00、14:00。

上架储存的种蛋一般每天要进行2次翻蛋，翻蛋角度为45°，早晚各一次。种蛋应该存放在空调蛋库，蛋库空调温度调节范围为10～22℃。蛋库要定期进行清洗消毒。

二、根据体形、外貌特征挑选种鸭

根据体形、外貌特征进行选择是鸭子选种的主要方法。除了蛋鸭本品种的体形外貌特征以外，蛋用型种母鸭的选择标准：头部清秀，颈细长，眼大、明亮，胸部饱满，腹深，臀部丰满，肛门大而圆润；脚稍高，两脚间距宽，蹼大而厚；羽毛紧密，两翼贴身，皮肤有弹性，耻骨间距宽；行动灵活敏捷，觅食能力强，体肥适中，胫、蹼、喙色泽鲜明。

选择"一紧、二硬、三长"的母鸭。"一紧"即羽毛紧凑细致，紧贴身体，行动灵敏，觅食能力强；"二硬"肋骨硬而圆，龙骨硬而突出，表明骨骼发育良好，体格健壮，生命力强；"三长"即"嘴长、颈长、身长"，这种鸭子容易获得水中的鱼虾和田野中的食物。身体长，腹部方正，臀部丰满且略微下垂的鸭，表明其生殖器官和消化器官发育良好，产蛋多。

腹部容量大，耻骨间距宽的母鸭：高产蛋鸭腹部柔软，泄殖腔大而圆润，耻骨薄而柔软，并有弹性，耻骨间距应有4指宽，耻骨与龙骨间距应有5指宽。

观察羽毛的光泽和脱落情况："春鸭一枝花，秋鸭丑八怪"是鸭子外貌与产蛋性能的经验之谈。春季鸭群开始产蛋，高产鸭羽毛细而有光泽，代谢旺盛，行动活泼，外表像"鲜花"一样漂亮。到了秋季，产蛋多的鸭由于养分消耗多，羽毛零乱没有光泽，腹部由于产蛋时间长，羽毛玷污不整齐，与公鸭多次交配，头顶与背脊羽毛变得稀疏，走路摇晃，像个"丑八怪"。而低产鸭在开产前羽毛零乱，没有光泽，但因产蛋少，停产换羽早，在秋季其羽毛反而比高产鸭整齐且富有光泽。

观察鸭喙的色素消退情况：开产前母鸭的喙多呈橙黄色。随着产蛋的增加，橙黄色逐渐消退，出现点状的灰黑色。蛋鸭越高产，其鸭喙的灰黑色越多。

水上牧游、岸上放牧：凡产蛋的母鸭在水上正常游牧时，鸭体下沉1/3，尾巴上翘，划游敏捷。凡产蛋鸭在岸上放牧时，行动迟钝，而不产蛋的母鸭在岸上放牧时，行动敏捷。

三、蛋鸭的配种

1. 配种年龄

蛋种鸭的配种应选择适当的年龄来进行，即鸭群达到体成熟的年龄。配种过早时，鸭群虽然已经达到性成熟，但还没到体成熟年龄，此时配种不仅对种鸭本身的生长发育不利，而且还会影响种蛋受精率。蛋用型公鸭性成熟早，正确的初配年龄在5个月以上为宜。

2. 配种比例

蛋鸭的配种性别比例随品种不同而有较大差异：蛋用型鸭的公母比例一般为1：（20～25）。配种比例除了由于品种不同而有差异外，还受到其他因素（季节、管理条件、年龄、合群时间）的影响。

（1）早春季节、深秋季节，由于气候寒冷，性活动受到影响，公鸭应适当提高比例，一般应将公鸭比例提高2%。

（2）在良好的饲养管理条件下，特别是放牧条件下，由于鸭子能获得丰富的动物源性饲料（如小鱼、小虾、螺丝、昆虫）补充需要时，公鸭的数量可适当减少，可以1：25；在完全圈养条件下，公母比例可加大为1：20或者1：18。

（3）1岁的种鸭性欲旺盛，精力充沛，公鸭数量可适当减少。大量生产实践证明：种鸭群内公鸭过多反而会造成鸭群的种蛋受精率降低。这是由于公鸭数量过多，配种时发生争斗，干扰了正常的交配活动，也容易导致本鸭群内母鸭死淘率上升。

（4）在繁殖季节来临前，适当提早合群对提高受精率有帮助。在大群配种时，常可见部分公鸭长时间不分散在母鸭群中，需十几天才会合群。因此，在大群配种时，提早把公鸭放入母鸭群中很有必要。

3. 种鸭利用年限与种鸭群结构

（1）种鸭的利用年限 鸭的寿命可长达20年，但饲养到3年以上就很不经济。母鸭第一年产蛋量最高，2～3年后逐渐下降。因此，种母鸭的利用年限以2～3年为宜，最好第一个产蛋周期结束就淘汰。种公鸭利用1年就可以淘汰。

（2）种鸭的鸭群结构 放牧种鸭群多由不同年龄的鸭组成。通常情况种鸭群结构组成为：1岁母鸭25%～30%；2岁母鸭60%～70%；3岁母鸭5%～10%。这种鸭群结构由于有老龄母鸭带领，因而放牧时觅食能力强，鸭群听指挥，管理方便，产蛋率稳定，种蛋合格率高。圈养蛋鸭一般是"全进全出"制。

4. 配种方式

蛋种鸭的配种方式有自然交配和人工授精两种方式。自然交配包括大群配种、小群配种以及人工辅助交配等方式。

（1）自然交配 自然交配是让公、母鸭在有水的环境中进行自行交配的配种方法。配种季节一般为2～6月份，即从初春开始到夏至结束。自然交配又可分为大群配种和小群配种两种方式。

① 大群配种：根据鸭群规模和配种环境将公母鸭按一定比例混合饲养。一般利用池塘、湖泊等水面让鸭嬉戏交配。这种方法每只公鸭和母鸭的交配机会均等，受精率较高。放牧的鸭群受精率更高，适合于繁殖生产群。大群配种时，要剔除体质差、年龄大的公鸭，因为这类公鸭没有竞配能力，不适合于大群配种。

② 小群配种：将公鸭和其将要配种的母鸭单间饲养，让每只公鸭和规定的母鸭配种，每个单间有单独的水栏，供配种使用。公鸭和母鸭均有编号，每只母鸭在规定的产蛋窝产蛋。这种方法的优点是可以准确记录雏鸭的父母，常用于蛋鸭的育种。

③ 人工辅助交配：即在公母鸭交配过程中需要提供必要的帮助才能顺利完成交配行为的交配方式。主要用于公母鸭体形

差异较大、自然交配比较困难的情况下。

（2）人工授精　鸭的人工授精在生产上应用很少。大部分鸭群公母比例大，受精率较高。但有鸭场利用人工授精技术对种公鸭进行选择，从而准确淘汰生殖器官发育不良、采精少和精液品质低劣的公鸭。大致分为采精、稀释和输精等过程。

① 采精。采精方法主要有假阴道法、台鸭诱情法和按摩法。三种方法中，以按摩法最为简单可行，成为最常用的一种方法。

按摩法常用的是背腹式按摩采精法。操作方法是，采精员坐在矮凳上，将公鸭放于膝上，公鸭头伸向左臂下，助手位于采精员右侧保定公鸭双脚。采精员左掌心向下紧贴公鸭背腰部，并向尾部方向按摩，同时用右手手指把握住泄殖腔环按摩揉捏，一般8～10秒可。当阴茎即将勃起的瞬间，正进行按摩的左手拇指和食指稍向泄殖腔背侧移动，在泄殖腔上部轻轻挤压，阴茎就会勃起伸出，射精沟完全闭锁，精液会沿着射精沟从阴茎顶部射出。助手立即使用集精杯收集精液；熟练的采精员完成整个过程大约30秒，熟练者单人即可操作。

按摩法采精要特别注意公鸭的选择和调教，要选择那些性反应强烈的公鸭作采精用。并采用合理的调教日程，让公鸭迅速建立起性反射。调教良好的公鸭只要在背部按摩就可以顺利地得到精液，同时可减少由于对腹部刺激而引起的粪便污染精液。

采精注意事项如下。

a. 采精时要防止粪便污染精液，所以在采精前4小时应停水停料，集精杯不要太靠近泄殖腔，采精宜在上午进行，下午采精种蛋受精率相对较低，主要是部分母鸭产蛋将精液带出。

b. 采集的精液不能在强光下暴晒，最好在温水里（40～42℃）保温、遮光，精液太浓的可用稀释液进行2～3倍稀释，一般用生理盐水即可，采出的精液在15分钟之内输精完毕效果最好。

c. 采精前公鸭不能放水活动，防止相互爬跨而射精。

d. 采精处要保持安静，抓鸭动作不能太粗暴。采精人员及接精人员要保持固定或稳定，可减少公鸭的应激，提高采精成功率和采精量。

e. 采精杯每次使用后都要清洗干净，使用前使用高压蒸汽锅消毒。寒冷季节采精，集精杯应在夹层充40～42℃的水保温。

f. 蛋鸭采精使用专用的接精杯，其深度要求10厘米以上，内径2～3厘米。

② 稀释。精液的稀释是指在精液中加入一定比例的稀释剂，以便较长时间保持精子，并保证精子的受精活力。稀释剂的重要作用是为精子提供能量，保障精子的渗透压和离子平衡。稀释剂中的缓冲剂可以防止乳酸的形成所产生的有害作用，同时扩大了体积。鸭精液稀释后常温保存30分钟后，会大大影响精子的受精能力。表6-3为几种常用的鸭精液稀释剂。

表6-3　常用的鸭精液稀释剂

名称	lake液体	生理盐水	磷酸盐缓冲液	BPSE液	等渗溶液
葡萄糖	—	—	—	—	5.7
果糖	1.0	—	—	0.5	
谷氨酸钠（H_2O）	1.92	—	—	0.867	—
氯化镁（$6H_2O$）	0.068	—	—	0.034	
醋酸钠	0.857	—	—	0.43	—
柠檬酸钠	0.128	—	—	0.064	
磷酸二氢钾	—	—	1.456	0.065	
磷酸氢二钾（$3H_2O$）	—	—	0.837	1.27	
TES	—	—	—	0.195	
氯化钠	—	0.9			

采精量和采精次数：蛋鸭公鸭一次采精量0.35～1.23毫升。

公鸭采精隔一天采一次，则所采精液质量较好。公鸭精液浓稠，呈乳白色。精子密度大，活力强，品质优良。

③ 输精。母鸭的泄殖腔较深，阴道部不像母鸡那样容易外翻进行输精。所以，采用一般的输精法受精率不高。经实践证明，采用输卵管外翻输精法与手指引导输精法受精率较高。

a. 输卵管外翻输精法：输精员左脚轻轻踩压母鸭背部，用手挤压泄殖腔下缘，迫使泄殖腔张开，暴露阴道口；再用右手将吸有精液的输精器从阴道口注入精液，同时松开左手。本方法部位准确，受精率高，但操作时阴道部易受到感染，不熟练时容易将蛋压破。因此，采用本办法时，要求输精员技术熟练，还要做好消毒工作，以防止阴道部感染。

b. 手指引导输精法：输精员用左手食指从泄殖腔口轻轻插入泄殖腔，向泄殖腔左下侧找到阴道口位置；同时，将输精器的头部沿着左手食指方面插入泄殖腔的阴道口；然后，将食指抽出，并注入精液。这一方法可借助食指指尖撑开阴道口，以便于输精，最适合于阴道口比较紧的母鸭。

输精量和输精间隔时间：鸭每次输新鲜精液 0.1～0.2 毫升，首次输精时应加倍。鸭子受精持续时间比陆上家禽短，一般输精 6～7 天后受精率急速下降。家鸭 4～5 天输精 1 次，就可获得较高的受精率。公番鸭和母麻鸭杂交时，每 3 天输精 1 次。母鸭宜在上午 8～11 时输精为好，因为此时母鸭子宫内的硬壳蛋还没有完全形成。

c. 人工授精注意事项如下：母鸭以 5～6 天输精一次为宜，而用瘤头鸭公鸭给家鸭输精以 3～4 天为佳；蛋鸭输精以 4～5 天一次为宜。

母鸭的每一次输精量可用新鲜精液 0.05 毫升，每次输精量中至少应有 4000 万～6000 万个精子，第一次的输精量加大一倍可获良好受精效果。也可采用连续 2 次输精然后再开始收集种蛋的方法来保证初期的种蛋受精率。

初产 1 个月内的母鸭不宜进行人工授精；母鸭群在换毛期亦

应停止人工授精。

d. 笼养公鸭管理注意事项：公鸭要在采精训练前15天上笼饲养，有条件的可以与母鸭同时上笼，或者提前30天上笼，公鸭上笼前最好进行乳头饮水调教、料槽采食调教，训练前剪掉肛门周围的羽毛，剪毛时要特别小心，防止剪伤皮肤。公鸭要饲喂专用的公鸭饲料，蛋白质含量达到18%以上，动物性蛋白质用进口鱼粉最好，钙、磷含量要比母鸭饲料更低，多维用量要达到种鸭的需求水平，防止影响精液质量。正式采精前一般要进行3～4次采精训练，在饲养管理得当，采精训练技术成熟的情况下，可成功训练出90%以上公鸭的采精。经过5次采精训练失败的公鸭可淘汰下笼。笼养公鸭最好单笼饲养，防止相互之间干扰或者爬跨，影响采精量。

四、种鸭群更新方式

蛋用型蛋鸭虽然产蛋期限有3～4年，但是蛋鸭在经过一个产蛋年后，势必要经过一个换羽休产期，时间大约2个月。在换羽休产期的经济效益是负增长的。同时，随着蛋鸭年龄的增长，它的耗料量会逐年上升，而它的产蛋量却逐年下降，种蛋的受精率、孵化率亦随之下降。尤其是近年饲料价格上升较快，饲养成本随之提高。淘汰老鸭价格比肉用鸭价格高，为此，笔者认为，圈养蛋鸭的利用年限不宜过长，否则经济效益不高。一般前一年孵出的鸭，经冬、春、夏季产蛋，到秋季蛋鸭需要换羽停产，即可淘汰上市，淘汰方式可采用以下两种。

1. 全进全出制

在同一群鸭中，其日龄相同、饲养管理相同，鸭的均匀度基本一致，就可同时淘汰。淘汰的时间应掌握在500日龄以后，产蛋率在60%以下时，全部淘汰。淘汰后的鸭舍进行彻底清粪、清洗、消毒。间隔半个月或更长时间，再次消毒后，方可重新养鸭。全进全出制的优点，一则有利于消灭鸭舍环境中的病原体，减少后面补棚鸭的发病，使新鸭入舍安全；二则每批鸭日龄相同，便于饲养管理。为了实现全进全出制，养鸭户在鸭的群体组成上不宜过大。

2. 挑选淘汰制

挑选淘汰一般也在秋末进行。在一个蛋鸭群体中，把低产鸭陆续挑选出来，陆续个体淘汰。将高产鸭保留下来，继续饲养，加强营养，继续产蛋。其方法：一是眼观。往往高产鸭由于产蛋多，身体偏瘦些，且腹部先脱毛，一边陆续少量换羽，一边产蛋。这些鸭的羽毛、喙、脚蹼等部位色泽变淡，走路稍有摇摆。而低产鸭由于停产时间多，消耗少，羽毛反而整齐，颈部变粗，身体肥胖，属挑选淘汰对象。二是手摸。高产鸭的腹部软而宽，略下垂，泄殖腔湿润松弛。耻骨间距2指以上，龙骨与耻骨间距可容纳一手掌。傍晚前，可在腹部触摸到次晨要产的蛋。而低产鸭则相反，应挑选淘汰掉。挑选淘汰的优点：可以减少饲料浪费，保留优良的鸭，继续增加收入。同时将公鸭进行一次全面的清理，挑选身体健康状况不佳或者生殖器官有问题的公鸭进行淘汰出售。

五、种蛋的选择、保存、运输、消毒

1. 种蛋的构造

种蛋包括胚盘、蛋黄、蛋白、蛋壳膜和蛋壳五部分。

（1）胚盘　蛋黄表面淡色的小圆点，未受精的叫胚珠。胚珠为没有分裂的次级卵母细胞。受精卵经多次分裂后形成胚盘，是胚胎发育的原基。

（2）蛋黄　呈半流动黄色球状，位于蛋的偏中心，由一层薄而透明的蛋黄膜包裹，富有弹性，以保护蛋黄的完整。陈蛋蛋黄弹性差，易破裂为散黄。

（3）蛋白　约占全蛋重的2/3，按其成分和功能可分为系带与系带层浓蛋白（或内浓蛋白）、内稀蛋白、浓蛋白（或外浓蛋白）和外稀蛋白四层。浓、稀蛋白的比例是随产蛋季节以及种蛋保存时间变化而变化。新鲜蛋浓蛋白较多，陈蛋稀蛋白增加。

蛋白内含有许多营养物质，供鸭胚生长发育的需要。

（4）蛋壳膜　分内、外两层：外层紧贴蛋壳叫外壳膜，内层直接与蛋白接触叫内壳膜。两层之间为气室。

（5）蛋壳　内层为较薄乳头状突起，外层为较厚海绵状结构，有气孔与内外相通。蛋壳外面有一层胶质状扩壳膜。新产下的蛋，胶护膜封闭壳上气孔。随着蛋的存放或孵化，胶护膜逐渐脱掉，空气进入，水蒸气或胚胎呼吸产生的二氧化碳向外排出。

2. 种蛋的选择

种蛋质量的优劣，不仅是孵化厂经营成败的关键之一，而且对雏鸭的质量和成鸭的产蛋性能有很大的影响。因此，对种蛋应进行严格的选择。

（1）种蛋的来源　种蛋应选自健康无病的高产种鸭群，以保证没有经蛋传播的疾病。

（2）种蛋选择的方法

① 外观检查。a. 看蛋的清洁度，凡被粪便和污物污染严重的蛋均不能用作种蛋，春夏季节更要注意这一点，因为春夏时期细菌繁殖特别快，被污染的种蛋不仅自身带有细菌，而且会传播给其他种蛋，严重影响种蛋孵化率。b. 蛋形应正常，鸭蛋一般要求蛋形指数在1.35～1.4的范围内，过长或过圆的以及其他畸形蛋均应剔除掉。c. 蛋壳质量好，蛋壳应致密匀正，厚薄适中。凡蛋壳过薄，壳面粗糙的"沙皮蛋"，蛋壳过于坚硬的"钢皮蛋"都不能作种蛋。d. 种蛋大小应符合品种要求，一般要求蛋重达到平均蛋重或略高一点。如荆江蛋鸭配套系平均蛋重68～70克，选种蛋时，68～72克的蛋都可孵化，达大或过小的蛋应剔除。

② 听音与照蛋透视。a. 听音：将蛋与蛋之间轻轻碰撞，听有无破裂声。凡破裂蛋都不能用于孵化，该项操作应由熟练工小心操作，否则会把好蛋碰破。b. 照蛋透视：通过专用照蛋灯照视来剔除破裂蛋、陈蛋、气室异位蛋、散黄蛋、血斑蛋和肉

斑蛋等。

3. 种蛋的保存

（1）保存温度　蛋鸭种蛋胚胎发育的临界温度是23.9℃。高于23.9℃时，种蛋胚胎就会开始缓慢地发育，但是这种发育是不完全和不稳定的，很容易造成胚胎早期死亡，所以夏秋季节气温较高时，种蛋应及时储存到有空调的低温蛋库；当温度低于23.9℃这一临界温度时，种蛋胚胎发育则处于静止休眠状态。但温度过低（4℃）时，种蛋胚胎生活力下降，低于0℃时，胚胎会受冻而降低孵化率。种蛋保存期间的温度可根据保存时间长短来确定。短期保存（5天以内），温度为15℃；保存时间长（5天以上），温度以10～12℃为宜。

（2）保存湿度　环境湿度对孵化率也有一定影响。种蛋保存适宜的相对湿度为70%～80%。湿度过低时，种蛋内水分会蒸发过多，直接影响孵化率，所以秋天气候干燥时，种蛋保存室应定时喷水提高湿度；夏季湿度过大时，种蛋容易发霉变质，在种蛋保存室放置一定数量的干燥剂，定时更换，可起到一定效果。

（3）种蛋保存中应注意的事项

① 逐渐降温。母鸭体内的温度是40.6℃，种蛋从产出到温度降至保存的适宜温度15℃之间，应是逐渐降温的过程，降温过快或过慢，对胚胎均有损害。同样，种蛋由保存室移至孵化室也应是逐渐升温的过程。

② 种蛋存放的正确状态。种蛋存放时应大端朝上，以保持气室呈正常状态。

③ 翻蛋。短期保存可不翻蛋。保存天数超过7天时，则需每天翻蛋1～2次，以防止胚胎与蛋壳膜粘连。不论采用哪种方法，保存期越大，孵化率越低，故最好采用新鲜蛋入孵。春、秋季最好不超过7天，夏季不超过5天，冬季不超过10天。有良好的种蛋保存条件以及有效恰当的管理时，种蛋的保存期可适当延长几天，并要保证每天至少翻蛋两次。

4. 种蛋的运输

种蛋运输是良种引进中不可缺少的环节。启运前，必须将种蛋包装妥善，盛器必须牢固透气，最好用统一规格的种蛋箱，每层蛋有蛋托相隔。装蛋时，蛋要竖放，钝端朝上，每箱都要装满。然后，整齐地排放在车（船）上。运输蛋的途中要平稳，尽量避免剧烈颠簸和震荡，以免造成蛋壳或蛋黄膜破裂，损坏种蛋。冬季运输时，要注意保温，夏季注意防暑和雨淋，高温季节长途运输时最好采用有制冷设施的厢式货车运输种蛋，否则胚胎在运输途中就会开始发育，孵化后会有大量的种蛋在孵化早期死亡。

经过长途运输的种蛋，到达目的地后，应及时开箱，取出种蛋，剔除破蛋，尽快消毒装盘入孵。

5. 种蛋的消毒

种蛋产出后，往往被粪便、垫草所玷污，鸭蛋尤其严重。过脏的蛋应淘汰，而轻度污染的蛋，却易被忽视。据研究，新生的蛋壳面细菌数为100～300，15分钟后为500～600，1小时后达4000～5000。种蛋被污染后不仅影响孵化率，而且会污染孵化器具，传染各种疾病。种蛋消毒的方法很多，目前常用的方法主要有福尔马林（40%甲醛溶液）熏蒸法和新洁尔灭消毒法。

① 福尔马林熏蒸法。将种蛋置于可以密封的容器内，按每立方米体积用福尔马林30毫升（浓度为40%）、高锰酸钾15克的剂量熏蒸消毒。消毒时，在蛋架的下方置一瓷碗，先放入高锰酸钾；再倒入福尔马林，迅速关闭门窗，熏蒸20～30分钟；然后，开门取出种蛋，送储蛋室储存。熏蒸时，室温保持在25～27℃、湿度在75%～80%效果最好。温度或湿度过低时，消毒效果较差。

② 新洁尔灭消毒法。用新洁尔灭原液（5%溶液）加水50倍，配制成0.1%浓度的溶液，水温为30～32℃，种蛋浸泡5分钟；然后取出晾干，送储蛋室保存。也可用喷洒法将药液喷雾

在种蛋表面上进行消毒。

六、种鸭场相关生产性能的测定和计算

1. 种蛋孵化率、育雏率、育成率

（1）种蛋合格率　种母鸭在规定的产蛋期内所产符合本品种、品系标准要求的种蛋数占产蛋总数的百分比。

种蛋合格率＝（种蛋合格数/产蛋总量）×100%

（2）受精率　受精蛋占入孵蛋的百分比。血圈蛋、血线蛋按受精蛋计算，散黄蛋按无精蛋计算。

受精率＝（受精蛋数/入孵蛋数）×100%

（3）孵化率

受精蛋孵化率＝（出雏数/受精蛋数）×100%

入孵蛋孵化率＝（出雏数/入孵蛋数）×100%

种母鸭提供健雏数：每只种母鸭在规定产蛋期内提供的健康雏鸭数。

（4）成活率

雏鸭成活率＝（育雏期末成活雏鸭数/入舍雏鸭）×100%

育成期成活率＝育成期末成活的育成鸭数/育雏期末入舍雏鸭数×100%

2. 体重

育雏期和育成期需称3次体重，即初生重、育雏期末重、育成期末重。每次称重不少于100只（公、母各半），称重前鸭断料6小时以上。成年体重包括开产期体重和产蛋期体重。

3. 产蛋性能

（1）开产日龄　个体记录群以产第一个蛋的平均日龄计算。群体记录中，蛋鸭按日产蛋率达到50%的日龄计算。

（2）产蛋量　按入舍母鸭统计。

入舍母鸭产蛋量＝统计期内的总产蛋量/入舍母鸭数

按母鸭饲养日数统计：

母鸭饲养日产蛋量＝统计期内的总产蛋量/统计期内

平均饲养母鸭只数

或 =（统计期内的总产蛋量/统计期内平均饲养母鸭只数累加数）/统计期日数

如果要测定个体的产蛋记录，要在晚间，逐个捉住母鸭，用手指伸入泄殖腔内，探查有无硬壳蛋进入子宫或引导部。将有蛋的母鸭放入自闭产蛋箱内关好，次日产蛋后放出。

（3）产蛋率　母鸭在统计期内的产蛋百分比。

按饲养日计算：

饲养日产蛋率 = 统计期内总蛋产量/实际饲养日母鸭

只数的累加数 ×100%

按入舍母鸭计算：

入舍母鸭产蛋率 =（统计期内总蛋产量/入舍母鸭数）

/统计日数 ×100%

（4）蛋重　平均蛋重：从300日龄开始计算，个体记录连续称取3枚以上达标蛋，求平均值；群体记录时，则连续称取3天总产蛋平均值。大型鸭场按日产蛋量的5%称量蛋重，并取平均值。

总蛋重：指一只种母鸭在一个产蛋周期内的产蛋总量。

总蛋重 = 平均蛋重 × 平均产蛋量

（5）蛋鸭存活率　入舍母鸭数减去死亡数和淘汰数后的存活数占的百分比。

母鸭存活率 =（入舍母鸭数 – 死亡数 – 淘汰数）/入舍母鸭数

×100%

4. 蛋的品质

测定蛋数不少于50枚，每批种蛋应在产出后24小时内进行测定。

（1）蛋形指数　用游标卡尺测定蛋的纵径与最大横径，精确到0.5毫米。

蛋形指数 = 纵径/横径

（2）蛋壳强度　用蛋壳强度测定仪测定。单位为千克/厘米^2。

（3）蛋壳厚度　用螺旋测微器测定，分别测量钝端、中部、锐端三个厚度，求平均值。测量时应剔除壳内膜，以毫米为单位，精确到0.01毫米。

（4）蛋的密度　以蛋在不同密度溶液的浮力来表示。蛋的密度级别高，则蛋壳厚、质地好。蛋的密度用盐水漂浮法测定。

（5）蛋黄色泽　按罗氏比色扇的15个蛋黄色泽等级比色。统计每批蛋各级的数量和百分比。

（6）蛋壳颜色　可分为白色、褐色和青色等。

（7）哈氏单位　用蛋白高度测定仪测定蛋黄边缘与浓蛋白边缘的中点，避开系带，测量三个等距离中点的平均值为蛋白高度。

（8）血斑率和肉斑率　在统计测定的总蛋数中血斑蛋和肉斑蛋的百分比。

血斑率和肉斑率＝血斑和肉斑总数/测定总蛋数×100%

5. 饲料转化率

产蛋期料蛋比＝产蛋期耗料量/总蛋重

第七章
鸭病防治方法

一、禽流感

禽流感是由A型流感病毒中引起禽类的一种感染综合征，本病于1878年首次发生于意大利，目前该病已遍布世界养禽国家和地区。高致病性禽流感一旦感染禽群，发病率、死亡率可达90%～100%，对养禽业危害严重。

【病原】A型流感病毒属于正黏病毒科、正黏病毒属。病毒粒子的大小80～120纳米，完整的病毒粒子一般呈球形，也有其他形状（如丝状等）；有囊膜，囊膜的表面有两种不同形状的纤突（糖蛋白），一种是血凝素（HA），另一种是神经氨酸酶（NA）。不同流感病毒HA与NA抗原性的不同，HA可分为16个亚型，NA分为9个亚型，HA与NA随机组合，从而构成流感病毒不同的血清亚型。当前高致病性毒株主要见于H5和H7亚型禽流感（如H5N1、H5N2、H5N5、H5N6、H5N8、H7N3、H7N9等），低致病性毒株主要见于H9N2、H7N9等。病毒对热敏感，56℃作用30分钟、72℃作用2分钟灭活；乙醚、氯仿、丙酮等有机溶剂能破坏病毒；对含碘消毒剂、次氯酸钠、氢氧化钠等消毒剂敏感；对低温抵抗力强，如病毒在-70℃可存活两年，粪便中的病毒在4℃的条件下1个月不失活。

【流行病学】鸡、火鸡对流感病毒的易感性最强，其次是野鸡、珠鸡和孔雀，鸭、鹅、鸽子、鹧鸪、鹌鹑、麻雀等也能感染。

病毒能从病鸭或带毒鸭的呼吸道、眼结膜及粪便中排出，污染空气、饲料、饮水、器具、地面、笼具等，易感鸭通过呼吸、饮食及与病鸭接触等均可感染该病毒，造成发病。哺乳动物、昆虫、运输车辆等也可以机械性传播该病。该病一年四季均能发生，以冬春季节多发，尤其以秋冬、冬春季节交替时发病最为严重。温度过低、气候干燥、忽冷忽热、通风不良、通风量过大、寒流、大风、雾霾、拥挤、营养不良等因素均可促进该病的发生。

【症状】（1）高致病性禽流感　主要由高致病性禽流感毒株引起。发病后迅速死亡，死亡率可达90%～100%（图7-1）。发病稍慢的出现精神沉郁、羽毛蓬松（图7-2），采食量急剧下降，体温升高，呼吸困难；病鸭排黄白色、黄绿色、绿色稀粪；头、颈出现水肿，腿部皮肤出血（图7-3），后期出现神经症状，表现为扭头、转圈、歪头、斜头等（图7-4），产蛋鸭出现产蛋率急剧下降。

图7-1　感染高致病性禽流感死亡的鸭（刁有祥 摄）

图7-2　病鸭精神沉郁，羽毛蓬松（刁有祥 摄）

图7-3　病鸭腿部皮肤出血
（刁有祥 摄）

图7-4　病鸭头颈扭转
（刁有祥 摄）

（2）低致病性禽流感　主要由低致病性禽流感毒引起。鸭突然发病，体温升高，达42℃以上。精神委顿，嗜睡，眼睛半闭，采食量急剧下降。随着病情的发展，病鸭出现呼吸道症状，主要表现为呼吸困难、伸颈张口气喘，甩头，眼肿胀、流泪，初期流浆液性带泡沫的眼泪（图7-5）、后期流黄白色脓性液体。产蛋鸭感染后出现产蛋率下降，1～2周内产蛋率降至5%～10%，严重的甚至停产。蛋的质量下降，软壳蛋、退色蛋、沙壳蛋、无壳蛋等增多（图7-6），持续1～2个月后产蛋率逐渐回升，但恢复不到原来的水平。种鸭感染后，种蛋的受精率、孵化率下降，孵化过程中死胚增多（图7-7），出壳后的雏

图7-5　病鸭流带泡沫的眼泪
（刁有祥 摄）

图7-6　病鸭所产畸形蛋
（刁有祥 摄）

图7-7　大量死亡的鸭胚
（刁有祥　摄）

图7-8　死亡的雏鸭
（刁有祥　摄）

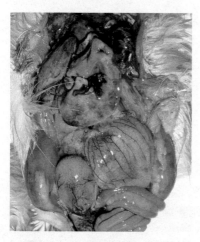

图7-9　死亡雏鸭卵黄吸收不良
（刁有祥　摄）

鸭弱雏较多，1～10日龄的雏鸭死亡率较高（图7-8），剖检卵黄吸收不良（图7-9），且易继发大肠杆菌和鸭疫里氏杆菌感染。

【病理变化】（1）高致病性禽流感　主要以全身的浆膜、黏膜出血为主。表现为喉头、气管、肺脏出血（图7-10、图7-11）；心冠脂肪、心内膜、心外膜有出血点，心肌纤维有黄白色条纹状坏死（图7-12、图7-13）；胸部、腹部脂肪有出血点；腺胃乳头出血，腺胃与肌胃交界处、肌胃角质膜下出血（图7-14、图7-15）；胰腺有黄白色坏死斑点、出血或液化（图7-16、图7-17）；十二指肠、盲肠扁桃体出血等（图7-18）。产蛋的鸭卵泡变形、出血、破裂，卵黄散落到腹腔中，形成卵黄性腹膜炎（图7-19）。输卵管黏膜充血、出血、水肿，管腔内有浆液性、黏液性或干酪样物渗出（图7-20）。

图7-10　鸭气管环弥漫性出血
（刁有祥　摄）

图7-11　鸭肺脏出血
（刁有祥　摄）

图7-12　鸭心冠脂肪有大小不一
的出血点（刁有祥　摄）

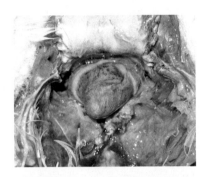

图7-13　鸭心肌纤维有黄白色条
纹状坏死（刁有祥　摄）

图7-14　鸭腺胃出血
（刁有祥　摄）

图7-15　鸭肌胃角质膜下出血
（刁有祥　摄）

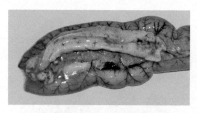

图7-16　鸭胰腺出血
（刁有祥 摄）

图7-17　鸭胰腺液化
（刁有祥 摄）

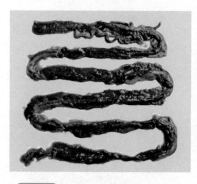

图7-18　肠黏膜弥漫性出血（刁
有祥 摄）

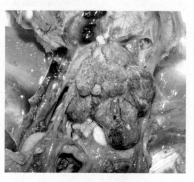

图7-19　蛋鸭卵泡变形
（刁有祥 摄）

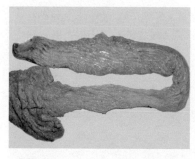

图7-20　产蛋鸭输卵管黏膜水肿
（刁有祥 摄）

图7-21　鸭气管环出血
（刁有祥 摄）

　　（2）低致病性禽流感　喉头、气管环出血，肺脏出血（图7-21、图7-22）；胰腺液化、出血；产蛋鸭卵泡变形、出血，严重者卵泡破裂，形成卵黄性腹膜炎（图7-23）。输卵管黏膜水肿、充血，管腔内有浆液性、黏液性或干酪样物渗出。若在育成期感染禽流感，引起输卵管炎（图7-24），这种鸭开产后则不产蛋。

【诊断】根据该病的流行病学、症状、剖检变化，可作出初步诊断。由于该病在临床特点上与很多病相似，且该病的血清型多，若要确诊，需要进行实验室诊断。

【预防】主要采取综合性的预防措施。

① 加强饲养管理，做好卫生消毒工作。实行全进全出的饲养管理模式，控制人员及外来车辆的出入，严格卫生和消毒制度；避免鸭群与野鸟接触，防止水源和饲料被污染；不从疫区引进雏鸭和种蛋；做好灭蝇、灭鼠工作；鸭舍周围的环境、地面等要严格消毒，饲养管理人员、技术人员消毒后才能进入鸭舍。

② 加强监督工作。加强对禽类饲养、运输、交易等活动的监督检查，落实屠宰

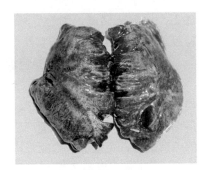

图7-22 鸭肺脏出血
（刁有祥 摄）

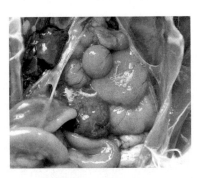

图7-23 蛋鸭卵泡变形
（刁有祥 摄）

图7-24 育成鸭输卵管炎
（刁有祥 摄）

加工、运输、储藏、销售等环节的监督，严格产地检疫和屠宰检疫，禁止经营和运输病禽及产品。

③ 做好粪便的处理。养鸭场的粪便、污物应进行堆积发酵。

④ 免疫预防。疫苗免疫是控制禽流感的措施之一，目前使用的禽流感疫苗主要有H9N2、H7N9和H5（Re-11、Re-12）灭活苗，疫苗接种后两周就能产生免疫保护力，能够抵抗该血清型的流感病毒，免疫保护力能维持10周以上。推荐免疫程序如下。

a. 种鸭、商品蛋鸭：首免15～20日龄，每只注射禽流感H9N2、H7N9和H5灭活苗各0.3毫升；二免45～50日龄，每只注射禽流感H9N2、H7N9和H5灭活苗各0.5毫升；开产前2～3周，每只注射禽流感H9N2、H7N9和H5灭活苗各0.6～0.7毫升。

b. 商品肉鸭：7～8日龄，每只颈部皮下注射禽流感H9N2、H7N9和H5灭活苗各0.3毫升。

【治疗】（1）高致病性禽流感 一旦发现可疑病例，应及时向当地兽医主管部门上报疫情，同时对病鸭进行隔离。一旦确诊，立即在有关部门的指导下划定疫点、疫区和受威胁区，严格封锁。扑杀疫点内所有受到感染的禽类，扑杀和死亡的禽只以及相关产品必须做无害化处理。受威胁地区，尤其是3～5千米范围内的家禽实施紧急免疫。同时要对疫点、疫区受威胁地区彻底消毒，消毒后21天，如受威胁地区的禽类不再出现新病例，可解除封锁。

（2）低致病性禽流感 在严密隔离的条件下，进行对症治疗，减少损失。对症治疗可采用以下方法。

① 抗病毒中药，用板蓝根、大青叶粉碎后拌料。也可用金丝桃素或黄芪多糖饮水，连用4～5天。

② 添加适当的抗菌药物，防止大肠杆菌或鸭疫里氏杆菌等继发或混合感染，如可添加环丙沙星、恩诺沙星等。

二、副黏病毒病

鸭副黏病毒病是由禽副黏病毒（即新城疫病毒）引起的一

种水禽的急性病毒性传染病，不同日龄、不同品种的水禽均易感，发病率和死亡率高。

【病原】副黏病毒属于副黏病毒科、副黏病毒亚科、腮腺炎病毒属，属于禽副黏病毒Ⅰ型。病毒能凝集鸡、火鸡、鸭、鹅、鸽子等禽类的红细胞以及所有两栖类、爬行类的红细胞，因此实验室中可根据血凝-血凝抑制试验来鉴定该病毒。病毒对热敏感；在酸性或碱性溶液中易被破坏；对乙醚、氯仿等有机溶剂敏感；对一般消毒剂的抵抗力不强，2%氢氧化钠、1%来苏儿、3%石炭酸、1%～2%的甲醛溶液中几分钟就能杀死该病毒。

【流行病学】不同品种、不同日龄的鸭都能发病，传染源是病鸭、带毒鸭；呼吸道、消化道、皮肤或黏膜的损伤均可引起感染。患病鸭的蛋中能分离到该病毒，因此本病可能会垂直传播。一年四季均可发生，冬春季节多发。

【症状】病初表现为食欲降低、饮水量增加、缩颈闭目、两腿无力、离群呆立；初期排白色水样稀粪，中期变为红色，后期粪便颜色变绿或变黑；有的病鸭呼吸困难，口中有黏液；有的出现转圈或角弓反张等神经症状（图7-25）。产蛋鸭感染后产蛋率下降，软壳蛋、无壳蛋增多。

图7-25 雏鸭感染副黏病毒后出现神经症状（刁有祥 摄）

【病理变化】心冠脂肪有大小不一的出血点；气管环出血（图7-26），肺脏出血（图7-27）。肝脏肿大，呈紫红色。脾脏肿大，有大小不一

图7-26 鸭气管环出血（刁有祥 摄）

的白色坏死灶（图7-28）。腺胃出血（图7-29），腺胃与肌胃交界处有出血点；十二指肠、空肠、回肠黏膜局灶性出血、溃疡（图7-30）。产蛋鸭卵泡变形，严重的破裂。

【诊断】根据流行病学、症状和剖检变化可以作出初步诊断。本病的症状主要是消化道症状明显，排稀粪，有的表现神经症状。病理变化特点主要是肠道出血、溃疡，脾脏有白色坏死灶等。

【预防】（1）实行严格的生物安全措施　科学选址，建立、健全卫生防疫制度及饲养管理制度。

（2）免疫接种　使用副黏病毒油乳剂灭活苗，对易感鸭群

图7-27　鸭肺脏出血
（刁有祥　摄）

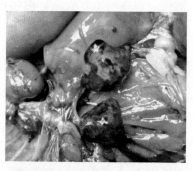

图7-28　鸭脾脏肿大，表面有坏死灶（刁有祥　摄）

图7-29　鸭腺胃出血
（刁有祥　摄）

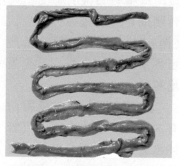

图7-30　鸭回肠黏膜局灶性出血（刁有祥　摄）

进行免疫。

① 种鸭的免疫。产蛋前2周，每只皮下注射或肌内注射油乳剂灭活苗0.5～1.0毫升，抗体维持半年左右。

② 雏鸭的免疫。7日龄每只皮下注射或肌内注射油乳剂灭活苗0.3～0.5毫升，接种后10天内隔离饲养。首免后2个月进行二次免疫。

【治疗】鸭群发病后可进行紧急接种，用副黏病毒油乳剂灭活苗进行紧急接种试验。

三、呼肠孤病毒感染

禽呼肠孤病毒感染是由呼肠孤病毒引起的多种疾病类型的疾病。番鸭感染后引起肝脏、脾脏等内脏器官有白色坏死点，也称为白点病；樱桃谷肉鸭感染后引起脾脏坏死，也称为脾坏死症。

【病原】呼肠孤病毒属于呼肠孤病毒科、正呼肠孤病毒属、禽呼肠孤病毒成员。该病毒无囊膜，病毒粒子的大小约75纳米，不凝胶禽类及哺乳动物的红细胞。禽呼肠孤病毒有11个血清型，且水禽呼肠孤病毒的抗原性密切。病毒对热、乙醚、氯仿等有抵抗力；对2%的来苏儿、3%的甲醛有抵抗力；对2%～3%的氢氧化钠、70%的乙醇敏感。

【流行病学】呼肠孤病毒主要感染10～25日龄的番鸭、樱桃谷肉鸭，发病率和死亡率与鸭的日龄密切相关，日龄越小，发病率、死亡率越高。发病或带毒的鸭是主要的传染源，本病主要通过呼吸道或消化道感染，也能垂直传播。

【症状】患病鸭主要表现为食欲减退，羽毛蓬乱，脚软，两腿无力，多蹲伏（图7-31）。腹泻，排白色或绿色稀粪，病鸭机体脱水、消瘦，最后衰竭而死，死亡鸭的喙呈紫黑色（图7-32）。病毒也能侵害关节，导致跗关节肿大（图7-33），鸭跛行（图7-34）。

【病理变化】主要病变为肝脏肿大，表面有黄白色坏死（图

图7-31 发病鸭精神沉郁
（刁有祥 摄）

图7-32 死亡鸭的喙呈紫黑色
（刁有祥 摄）

图7-33 病鸭跗关节肿大
（刁有祥 摄）

图7-34 病鸭跛行（刁有祥 摄）

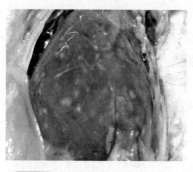

图7-35 肝脏肿大，表面有黄白色坏死（刁有祥 摄）

7-35）、脾脏肿大（图7-36），有针尖到米粒大小散在的灰白色坏死灶；肺脏出血（图7-37）；肾脏苍白，有出血点和坏死点；有时胰脏水肿，有白色坏死点。侵害关节的，关节肿大，皮下出血（图7-38），关节腔中有黄白色脓性渗出物（图7-39）。

【诊断】根据流行病学、

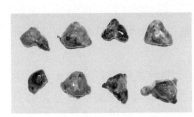

图7-36 鸭脾脏肿大
（刁有祥 摄）

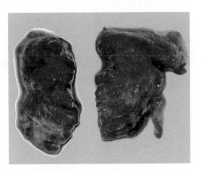

图7-37 鸭肺脏出血
（刁有祥 摄）

图7-38 关节肿大，皮下出血
（刁有祥 摄）

图7-39 关节腔中有黄白色脓性
渗出物（刁有祥 摄）

症状及病理变化特点可以作出初步诊断。确诊需要进行病毒分离培养，采用ELISA、中和试验、琼脂扩散试验等进行病毒的鉴定。

【预防】① 采取严格的生物安全措施，加强环境的卫生消毒工作，减少病原的污染。

② 种鸭可在开产前15天左右进行油乳剂灭活苗的免疫，既可以消除垂直传播，又可以使其后代获得较高水平的母源抗体，防止发生早期感染。

【治疗】对发病的鸭采用高免血清或卵黄抗体进行治疗。同时配合使用抗生素以防止继发感染。

第七章 鸭病防治方法

261

四、鸭病毒性肝炎

鸭病毒性肝炎是由鸭肝炎病毒引起雏鸭的一种急性、高度致死性、高度传播性传染病。该病的主要特征是发病鸭肝脏肿大、表面有大小不一的出血斑点。

【病原】鸭病毒性肝炎的病原是鸭肝炎病毒，历史上该病毒分为3个血清型，即血清Ⅰ型、Ⅱ型、Ⅲ型。国际病毒分类委员会（ICTV）第八次分类报告及最新的研究结果表明，鸭病毒性肝炎是由鸭甲肝病毒和鸭星状病毒引起的，鸭甲肝病毒包括传统的血清Ⅰ型、"台湾新型"和"韩国新型"，鸭星状病毒包括鸭星状病毒-1型（即传统的血清Ⅱ型）和鸭星状病毒-2型（即传统的血清Ⅲ型）。

（1）鸭甲肝病毒　病毒呈球形或类球形，直径为20～40纳米，无囊膜。病毒对氯仿、乙醚、甲醇等有机溶剂有抵抗力，能耐受胰蛋白酶和pH值为3的酸性环境。对热的抵抗力较强，如56℃加热60分钟仍可存活，37℃可存活21天以上。4℃条件下能存活2年以上，-20℃条件下可存活数年。对常用消毒剂的抵抗力较强。

（2）星状病毒　病毒粒子的形状为带有顶角的星形，直径27～30纳米。能耐受氯仿和pH值为3的酸性环境，50℃60分钟不能杀灭病毒。

【流行病学】本病主要发生于5周龄以内的雏鸭，其危害程度与雏鸭的日龄密切相关。1周龄以内的雏鸭发病率和死亡率可达90%以上，1～3周龄的雏鸭病死率为50%左右，5周龄以上的雏鸭很少发病死亡，成年鸭呈隐性感染。病鸭和隐性带毒鸭是主要的传染源。自然条件下，本病主要通过消化道和呼吸道传播，易感鸭群与病鸭或带毒鸭直接接触也能感染该病，鼠类也可机械性地传播本病。本病一年四季均可发生，饲养管理不良，鸭舍阴暗潮湿，卫生条件差，饲养密度过大，缺乏维生素和矿物质等都能促进本病的发生。

【症状】该病的潜伏期1～2天，发病急、传播快、病程短。发病初期主要表现为精神沉郁、食欲下降、缩颈、行动呆滞、眼半闭呈昏睡状（图7-40）。随着病程的发展，病鸭很快出现神经症状，主要表现为运动失调，身体倒向一侧，翅膀下垂，两脚痉挛性地反复踢蹬（图7-41），全身性抽搐；有时在地上旋转，抽搐约十几分钟或几小时后便死亡。死时头颈向后背部扭曲，呈角弓反张，俗称"背脖病"（图7-42）。

【病理变化】该病的特征性病变在肝脏，主要表现为肝脏肿大，质脆易碎，有大小不等的出血点或出血斑（图7-43、图7-44）；10日龄以内发病的雏鸭肝脏常呈土黄色或红黄色，10～30日龄发病的常呈灰红色或黄红色。胆囊肿胀呈长卵圆形，充满胆汁，胆汁呈褐色或淡茶色。脾脏肿大呈斑驳状（图7-45）；肾脏有时肿胀充血，肺脏出血（图7-46）。

【诊断】根据本病发病

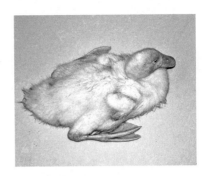

图7-40 病鸭精神沉郁
（刁有祥 摄）

图7-41 病鸭临死前的神经症状
（刁有祥 摄）

图7-42 病鸭死后角弓反张
（刁有祥 摄）

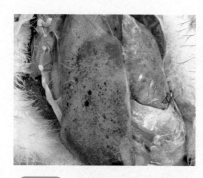

图7-43 病鸭肝脏肿大，表面有大小不一的出血斑（一）（刁有祥 摄）

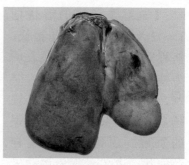

图7-44 病鸭肝脏肿大，表面有大小不一的出血斑（二）（刁有祥 摄）

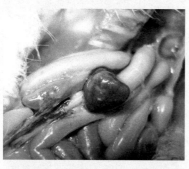

图7-45 病鸭脾脏肿大，表面有大小不一的坏死斑点（刁有祥 摄）

图7-46 病鸭肺脏出血（刁有祥 摄）

急、传播快、病程短的流行病学特点，结合雏鸭的发病日龄、发病后特征性的神经症状以及肝脏肿大、出血的病变特点，可对本病作出初步诊断。

【预防】（1）加强饲养管理 5周龄以下的雏鸭隔离饲养、定期消毒，以防早期感染。严格全进全出及卫生消毒制度，消灭疫病的传播媒介、切断病原的传播途径。

（2）免疫预防 目前常用的疫苗有鸭肝炎鸡胚化弱毒疫苗和鸭肝炎油佐剂灭活苗。建议免疫程序：种鸭开产前12周、8周、4周接种弱毒苗，其后代雏鸭可产生良好的被动免疫；发病严重的鸭场在完成上述免疫后用弱毒苗每隔3个月免疫1次。

【治疗】对发病或受威胁的雏鸭，肌内注射康复鸭血清或高免血清0.5毫升，能够防止传染发病和降低鸭群的死亡率。高免卵黄抗体也可用于该病的预防和治疗。

五、番鸭细小病毒病

番鸭细小病毒病，又称雏番鸭"三周病"，是由番鸭细小病毒引起的一种急性、败血性、高度传染性的疾病，主要侵害1～3周龄的雏番鸭，以腹泻、呼吸困难和软脚为主要症状，发病率和死亡率高。

【病原】雏番鸭细小病毒属于细小病毒科细小病毒属的成员，病毒粒子有实心和空心两种类型，无囊膜。病毒对各种动物的红细胞均无凝集作用。病毒能在番鸭胚或鹅胚中增殖，并引起胚体死亡。病毒对乙醚、胰蛋白酶、酸和热等均有很强的抵抗力，但对紫外线敏感。病毒60℃水浴120分钟、65℃水浴60分钟、70℃水浴15分钟，其毒力均没有明显变化。

【流行病学】雏番鸭是唯一能自然感染发病的动物，其发病率和死亡率与日龄密切相关，日龄越小，发病率、死亡率越高。3周龄以内雏番鸭的发病率为27%～62%，病死率为22%～43%。20日龄以后，表现为零星发病。麻鸭、北京鸭、半番鸭、樱桃谷鸭、鹅和鸡均未见自然感染的病例，与病番鸭混养或人工接种病毒也不出现临床症状。

病番鸭和带毒番鸭是主要的传染源，其分泌物和排泄物能排出大量病毒，污染饲料、饮水、器具、工作人员等，易感番鸭主要通过消化道感染，引起发病，造成疾病的传播。种蛋被污染，使出壳的雏番鸭发病。本病发生没有明显的季节性，但是冬春季节的发病率和死亡率较高。

【症状】本病的潜伏期为4～9天，病程2～7天，病程的长短与发病日龄密切相关。根据病程长短可将本病分为最急性型、急性型和亚急性型。

（1）最急性型　主要发生于6日龄以内的雏番鸭，发病急，病程短，只持续数小时。多数病雏没有表现出特征性症状就衰竭、倒地死亡。临死时两腿乱划，头颈向一侧扭曲。

（2）急性型　多发生于7～14日龄雏番鸭。主要表现为精神委顿，羽毛松乱，两翅下垂，尾端向下弯曲，行动无力，懒于走动，厌食，离群呆立；腹泻，排出灰白色或淡绿色的稀粪，黏附于肛门周围；呼吸困难，喙端发绀；后期常常蹲伏，张口呼吸。病程一般为2～4天，临死前，病雏两腿麻痹，倒地，衰竭而死。

（3）亚急性型　多发生于发病日龄较大的雏鸭。主要表现为精神委顿，蹲伏，两腿无力，行走迟缓，排灰白色或黄绿色稀粪，黏附于肛门周围。病程一般为5～7天，病死率较低，大部分病愈鸭出现颈部、尾部脱毛，嘴变短，生长发育受阻，成为僵鸭。

【病理变化】（1）最急性型　病程短，病理变化不明显，仅仅在肠道内出现急性卡他性炎症。

（2）急性型和亚急性型　特征性病变主要表现为空肠中、后段显著膨胀，剖开肠管可见一小段质地松软的黄绿色黏稠渗出物，长3～5厘米，主要由脱落的肠黏膜、炎性渗出物和肠内容物组成；肠黏膜有不同程度的充血和点状出血，尤其是十二指肠和直肠后段（图7-47）；心脏变圆，心壁松弛，左心室病变明显；肝脏、肾、脾稍肿大；胰脏肿大，表面有针尖大的灰白色病灶（图7-48）。

图7-47　病鸭肠黏膜出血（黄瑜　摄）

图7-48　病鸭胰脏表面有灰白色病灶（黄瑜　摄）

彩色图解科学养鸭技术

【诊断】根据流行病学、临诊症状和病理变化可以作出初步诊断。由于本病经常与鸭病毒性肝炎、小鹅瘟和鸭疫里氏杆菌混合感染，因此需要结合实验室诊断进行鉴别。

【预防】（1）严格消毒　采取严格的生物安全措施，加强饲养管理和卫生消毒工作，减少病原的污染，提高雏番鸭的抵抗力。种蛋、孵坊、孵化用具、育雏室等要严格消毒，刚出壳的雏番鸭避免与新购入的种蛋接触，若孵坊已被污染，应立即停止孵化，彻底消毒。

（2）免疫接种　用雏番鸭细小病毒活疫苗1日龄雏番鸭肌内注射0.2毫升，可获得较高水平的免疫保护力，保护其在易感期内不发病；或者种鸭免疫，其后代也可以获得较高水平的母源抗体，使其后代的成活率大大提高，可达到95%以上。

【治疗】雏番鸭细小病毒病高免血清可用于本病的预防，能大大减少发病率，用量为每只雏鸭皮下注射1毫升；也可用于对发病鸭进行治疗，使用剂量为每只雏鸭皮下注射2～3毫升，治愈率70%以上。

六、坦布苏病毒感染

坦布苏病毒感染是由坦布苏病毒引起的一种急性传染病。该病于2010年春夏之交首先在我国江浙一带发生，随后迅速蔓延至福建、广东、广西、江西、山东、河北、河南、安徽、江苏、北京等地。主要特点是雏鸭瘫痪，死淘率增加；产蛋鸭产蛋率严重下降，给养鸭业造成巨大的经济损失。

【病原】坦布苏病毒属于黄病毒科、黄病毒属、恩塔亚病毒群的成员，形态呈圆形或椭圆形，直径40～55纳米（图7-49）。病毒能在鸡胚、鸭胚中增殖，一般3～5天引起胚体死亡，死亡胚体的尿囊膜增厚，胚体水肿、出血，胚肝出血、坏死。病毒对热敏感，56℃30分钟即可灭活；对酸敏感，pH值越低，病毒滴度下降越明显；不能耐受氯仿、丙酮等有机溶剂。

【流行病学】坦布苏病毒可感染多个品种的蛋鸭、肉鸭，蛋

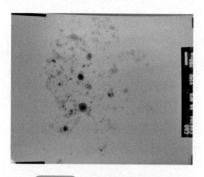

图7-49 坦布苏病毒粒子
（刁有祥 摄）

鸭如康贝尔鸭、麻鸭、绍兴鸭、金定鸭、台湾白改鸭、缙云麻鸭，肉种鸭如樱桃谷鸭、北京鸭及野鸭等。10～25日龄的肉鸭和产蛋鸭的易感性更强。除鸭外，鸡、鹅、鸽子等禽类也有感染该病毒的报道，尤其是鹅，对该病毒的易感性也很强。

坦布苏病毒属于虫媒病毒，蚊子、麻雀在该病毒传播过程中可能起着重要的媒介作用。病鸭可经粪便排毒，从而污染环境、饲料、饮水、器具、运输工具等造成传播；也能垂直感染，带毒鸭在不同地区调运能引起该病大范围快速的传播。该病一年四季均能发生，尤其是秋冬季节发病严重。饲养管理不良、气候突变等也能促进该病的发生。

【症状】（1）雏鸭　以病毒性脑炎为特征，病鸭发病初期表现为采食量下降，排白绿色稀粪；后期主要出现神经症状，如瘫痪（图7-50），站立不稳，头部震颤，走路呈"八"字脚、容易翻滚、腹部朝上（图7-51）、两腿呈游泳状挣扎等。病情严重

图7-50 病鸭瘫痪
（刁有祥 摄）

图7-51 病鸭容易翻滚，腹部朝上（刁有祥 摄）

者采食困难，痉挛、倒地不起，两腿向后踢蹬，最后衰竭而死。

（2）育成鸭 症状轻微，出现一过性的精神沉郁、采食量下降，很快耐过。

（3）产蛋鸭 以产蛋量下降为特征。大群鸭精神尚好，采食量下降，个别鸭体温升高，精神沉郁，羽毛蓬松（图7-52），排绿色稀粪，眼肿胀、流泪（图7-53）。产蛋大幅下降，1～2周内由80%～90%下降至10%以下，每日降幅可达5%～20%，30～35天后产蛋率逐渐恢复。发病率高达100%，死淘率5%～15%，继发感染时死淘率可达30%。流行早期，病鸭一般不出现神经症状；流行后期，神经症状明显，出现瘫痪、步态不稳、共济失调（图7-54）。种蛋受精率降低10%左右。

【病理变化】（1）雏鸭脑水肿，脑膜充血、有大小不一的出血点（图7-55）。肾脏红肿或有尿酸盐沉积；心包积液；肝脏肿大呈土黄色（图7-56）；腺胃黏膜出血（图

图7-52 产蛋鸭精神沉郁、羽毛蓬松（刁有祥 摄）

图7-53 产蛋鸭眼肿胀、流泪（刁有祥 摄）

图7-54 产蛋鸭瘫痪（刁有祥 摄）

7-57）；肠黏膜弥漫性出血；肺脏水肿、出血（图7-58）。

（2）育成鸭　脑组织有轻微的水肿，有时可见轻微的充血。

（3）产蛋鸭　主要病变在卵巢，表现为卵泡变形、萎缩，卵黄变稀，严重的卵泡膜充血、出血、变形、破裂，形成卵黄性腹膜炎（图7-59、图7-60）。腺胃出血；胰腺出血、液化（图7-61）；肝脏肿大、呈浅黄色；脾脏肿大、出血；心肌苍白，心冠脂肪有大小不一的出血点（图7-62）。公鸭可见睾丸体积缩小，重量减轻，输精管萎缩。

图7-55　雏鸭脑膜充血
（刁有祥　摄）

图7-56　雏鸭肝脏肿大，呈土黄色（刁有祥　摄）

图7-57　雏鸭腺胃黏膜出血
（刁有祥　摄）

图7-58　雏鸭肺脏水肿、出血
（刁有祥　摄）

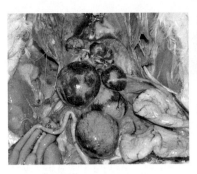

图7-59 鸭卵泡膜出血
（刁有祥 摄）

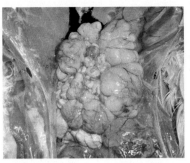

图7-60 卵泡变形（刁有祥 摄）

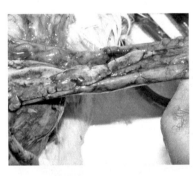

图7-61 鸭胰腺液化
（刁有祥 摄）

图7-62 心冠脂肪出血点
（刁有祥 摄）

【诊断】根据该病的流行病学、临床症状及病理变化特点进行初步诊断，但该病的临床表现与禽流感相似，确诊需要进行实验室诊断。

【预防】①加强饲养管理，减少应激因素，定期消毒，提高鸭的抵抗力。及时灭蚊、灭蝇、灭虫，以避免蚊虫的叮咬；防止野鸟与鸭的接触。

②疫苗预防，可使用坦布苏病毒病弱毒活苗免疫接种。种鸭可在10周龄和14周龄各免疫一次。商品肉鸭可在4～5周龄免疫一次。

【治疗】该病目前尚无有效的特异性治疗措施，发病后可采用对症治疗。饲料或饮水中添加多维、抗病毒中药，提高鸭的抵抗力；为防止继发感染，可添加抗生素（如环丙沙星、头孢类药物等）拌料或饮水，连用4～5天。

七、鸭瘟

鸭瘟是由鸭瘟病毒引起的鸭的一种急性败血性传染病。临床特征主要表现为体温升高，两腿发软无力，绿色下痢，流泪及部分病鸭头颈肿大；剖检可见食管黏膜出血，有灰黄色的伪膜或溃疡，泄殖腔黏膜出血、坏死，肝脏有出血点和坏死点等。本病传播快、发病率和病死率高，给养鸭业造成非常严重的经济损失。

【病原】鸭瘟病毒又称鸭疱疹病毒Ⅰ型，属于疱疹病毒科、疱疹病毒属中的病毒。病毒粒子呈球形，有囊膜。病毒存在于病鸭的内脏器官、血液、骨髓、分泌物和排泄物中。病毒对热敏感，80℃ 5分钟病毒死亡，夏季阳光照射9小时病毒毒力消失；对低温抵抗力较强；对乙醚和氯仿敏感；在pH7.8～9.0的条件下经6小时病毒滴度不降低，在pH值为3和pH值为11时，病毒迅速被灭活；常用的化学消毒剂均能杀灭鸭瘟病毒。

【流行病学】不同日龄、品种的鸭均可感染，其中番鸭、麻鸭、绵鸭易感性最高，北京鸭次之。自然条件下，成年鸭和产蛋母鸭发病和死亡较为严重，1月龄以下雏鸭发病较少。人工感染时，雏鸭却比成年鸭更易感，死亡率也很高。

鸭瘟的传染源主要是病鸭、病鹅，潜伏期及病愈不久的带毒鸭、带毒鹅。被病鸭、病鹅、带毒鸭和带毒鹅污染的饲料、饮水、用具和运输工具等，都是造成鸭瘟传播的重要因素。某些野生水禽和飞鸟可能感染或携带病毒，因此有可能成为传播本病的自然疫源和媒介。在购销和运输鸭群时，也会使本病从一个地区传播至另一个地区。

鸭瘟的主要传播途径是通过消化道传染，也可以通过交配、眼结膜和呼吸道传播，吸血昆虫也能成为本病的传播媒介。本病一年四季均可发生，一般春夏之交和秋季流行最为严重。

【症状】发病初期，病鸭表现为体温升高，一般可升高到42～43℃，甚至达44℃，呈稽留热；病鸭精神沉郁，食欲下降或废绝，饮水增加，常离群呆立，头颈蜷缩，羽毛松乱（图7-63），两翅下垂；两脚麻痹无力，走路困难，行动迟缓，严重者伏卧在地不愿走动，驱赶时，两翅扑地走动，走几步后又蹲伏于地上；病鸭两脚完全麻痹时，便会伏卧不起。

图7-63　病鸭精神沉郁，头颈蜷缩，羽毛松乱（刁有祥 摄）

病鸭出现流泪和眼睑水肿，这是鸭瘟的一个特征性症状。初期流的是浆液性分泌物，眼睛周围的羽毛被沾湿，之后出现黏液性或脓性分泌物，使眼睑粘连而不能张开（图7-64）。严重者眼睑水肿或外翻，眼结膜充血或有小的出血点，甚至形成小溃疡。自然病例和人工感染时，均可出现部分病鸭头颈部肿胀（图7-65），故本病又俗称为"大头瘟"。病鸭的鼻腔流出稀薄和黏稠的分泌物，呼吸困难，呼吸时发出鼻塞音，叫声嘶哑，个别病鸭出血频频咳嗽。

图7-64　病鸭眼睛流黏液性或脓性分泌物，眼睑粘连（刁有祥 摄）

图7-65　病鸭头颈部肿胀（刁有祥 摄）

图7-66 口腔黏膜溃疡，舌黏膜溃疡（刁有祥 摄）

图7-67 食管黏膜出血点（刁有祥 摄）

图7-68 食管黏膜溃疡（刁有祥 摄）

病鸭出现下痢，排出绿色或灰白色稀粪，肛门周围的羽毛被污染并结块。泄殖腔黏膜充血、出血、水肿。翻开肛门，能见到泄殖腔黏膜有黄绿色的伪膜，难以剥离；有的鸭有吐料现象，采食饲料后很快吐出来。

发病后期，病鸭体温降低，精神高度沉郁，不久便死亡，病程一般为2～5天。自然流行时，病死率平均在90%以上。少数不死的则转为慢性病例，消瘦、生长发育不良，特征性症状是一侧性角膜混浊，严重者形成溃疡。

【病理变化】鸭瘟特征性的病理变化为口腔黏膜溃疡，舌黏膜溃疡（图7-66），食管黏膜上有纵行排列的灰黄色伪膜或出血点，食管黏膜溃疡（图7-67、图7-68）。泄殖腔黏膜表面覆盖一层灰褐色或黄绿色的伪膜，不易剥离，黏膜水肿、有出血斑点（图7-69）。腺胃与食管膨大部的交界处有灰黄色坏死带或出血带（图7-70），肌胃角质层下充血、出血。肠黏膜充血、出血，特别是空肠和回肠黏

图7-69 泄殖腔黏膜出血
（刁有祥 摄）

图7-70 腺胃与食管膨大部交界
处有出血带（刁有祥 摄）

膜上出现的环状出血带也是鸭瘟的特征性病变（图7-71）。头颈肿胀的病例，皮下组织有黄色胶胨样浸润（图7-72）。肝脏肿大，肝表面和切面有大小不等的出血点和灰黄色或灰白色坏死点（图7-73），少数坏死点的中间有小出血点或其周围有环状出血带，这种病变具有诊断意义。

胆囊充满胆汁；脾脏肿大，有的有大小不一的灰白色坏死点；胰脏有时出现细小的出血点或灰色的坏死灶；脑膜有时轻度充血；产蛋母鸭的卵巢充血、出血，卵泡破裂，形成卵黄性腹膜炎（图7-74）。

【诊断】根据本病的流行病学特点、特征性症状和病理变化

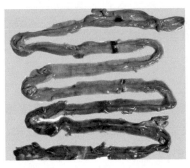

图7-71 鸭空肠和回肠黏膜环状
出血带（刁有祥 摄）

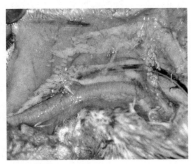

图7-72 鸭头颈部皮下组织有黄
色胶胨样浸润（刁有祥 摄）

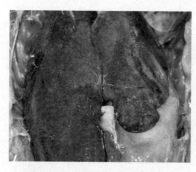
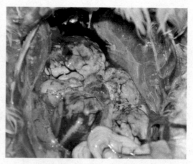

图7-73　肝脏肿大，表面有大小　　　　图7-74　产蛋鸭卵巢充血
不等的出血点、坏死点　　　　　　　　　　　（刁有祥 摄）
（刁有祥 摄）

特点可作出初步诊断。

【预防】① 加强饲养管理和卫生消毒制度，坚持自繁自养。不从疫区引进鸭子，对鸭舍、运动场和饲养用具等经常消毒。

② 定期接种鸭瘟疫苗。肉鸭，7日龄左右进行首免，肌内注射0.5头份/只；20日龄左右二免，肌内注射1头份/只。种鸭和产蛋鸭，7日龄左右进行首免，肌内注射0.5头份/只；20日龄左右二免，肌内注射1头份/只；开产前10～15天，肌内注射2头份/只，以后每隔3～4个月加强免疫1次。

【治疗】一旦发生鸭瘟时，立即采取隔离、消毒和紧急接种等措施。紧急接种时越早越好，对可疑感染和受威胁的鸭群立即注射鸭瘟弱毒苗，一般在接种后1周内死亡率显著降低，迅速控制住疫情。

八、鸭短喙侏儒综合征

鸭短喙侏儒综合征是由新型鹅细小病毒引起的以患鸭喙部变短、舌外伸和发育不良为主要症状的传染病。该病以短喙、发育不良为特征症状的鸭只，给肉鸭养殖户和养殖企业造成了严重损失。

【病原】本病的病原为新型鹅细小病毒，为细小病毒科，依赖病毒属成员。该病毒为单股线状DNA病毒，电镜下发现有空心和实心两种病毒粒子，呈球形或六角形，圆形等轴二十面体对称，无囊膜，病毒能在鸭胚或其制备的原代细胞中增殖，随着传代次数的增加，胚体出现轻微出血和绒毛尿囊膜增厚现象，但胚体无死亡。病毒对常见禽类红细胞无凝集能力。本病毒对环境的抵抗力较强，65℃加热30分钟、56℃作用3小时其毒力无明显变化；在冷冻的状态下至少可以存活2年；能抵抗乙醚、氯仿、胰酶和pH值3.0的酸性环境等。

【流行病学】该病的感染宿主包括半番鸭、绿头鸭、番鸭、白改鸭、褐莱鸭和樱桃谷肉鸭。该病感染率极高，最高可达100%，但几乎不造成患鸭死亡。患鸭发病在13～40日龄，发病率通常在5%～20%，严重者达50%左右。发病鸭群日龄越小，鸭的发病率越高。

该病毒可能有较强的水平传播和垂直传播能力，通过粪便污染饲料、饮水、饲养设备、饲养员等，被污染的用具和人员与易感动物接触导致该病的传播。也可以通过污染的种蛋垂直传播。

【症状】病鸭精神沉郁，排白色稀便（图7-75）。患鸭主要表现为喙部短小，舌头外伸弯曲（图7-76），部分患鸭出现单侧行走困难、瘫痪等症状（图7-77）。个体发育不良，骨质疏松，

图7-75 病鸭精神沉郁，排白色稀便（刁有祥 摄）

图7-76 患鸭喙短，舌外伸弯曲（刁有祥 摄）

患鸭出栏时体重仅为正常鸭的70%～80%，病程较长者体重仅为正常鸭的50%；病程较长的患鸭胫骨和翅部骨骼容易发生骨折，胫骨较正常鸭变短变粗（图7-78）。

【病理变化】剖检变化表现为舌肿大，胸腺肿大、有出血点（图7-79），部分患鸭有肝脾轻微出血现象，其余脏器无明显病变。组织学表现为舌间质炎性细胞浸润，结缔组织基质疏松、水肿；胸腺髓质淋巴细胞坏死，炎性细胞浸润，组织间质明显出血、水肿；肾小管间质出血，并伴有大量炎性细胞浸润，肾小管上皮细胞崩解凋亡，肾小管管腔狭小、水肿；肺间质出血，炎性细胞浸润。

图7-77 患鸭行走困难
（刁有祥 摄）

图7-78 胫骨短粗
（下侧为正常胫骨）

图7-79 胸腺肿大，有出血点
（刁有祥 摄）

【诊断】根据本病的流行病学，临床症状和病理变化，可作出初步诊断。确诊则需要靠实验室检查。

【预防】（1）彻底消毒 预防鸭舍的消毒要保证彻底，无死角，尤其是采食、饮水设备要定期消毒。该病可能在种蛋的孵化过程进行传播，因此在种蛋孵化前需用甲醛熏蒸消毒，孵化设备使用前严格消毒，若孵化设备已被污染，应立即停止孵化，彻底消毒后再继续孵化。

（2）加强免疫　种鸭在开产前20～30天接种细小病毒灭活疫苗，每只注射0.5毫升。或雏鸭出壳后及时注射小鹅瘟高免卵黄抗体，具有较好的预防效果。

【治疗】一旦发病，治疗效果较差，可使用维生素D_3拌料，有一定的治疗效果。

九、大肠杆菌病

大肠杆菌病是由某些具有致病性血清型的大肠杆菌引起的疾病的总称，其特征性病变主要表现为心包炎、肝周炎、气囊炎、腹膜炎、输卵管炎、滑膜炎、脐炎及大肠杆菌性肉芽肿和败血症等。

【病原】大肠杆菌属肠道杆菌科、埃希菌属的大肠埃希菌。该菌为两端钝圆的中等杆菌，有时近球形。单独散在，不形成链或其他规则形状。有鞭毛，运动活泼，革兰染色呈阴性。本菌为需氧或兼性厌氧，对营养要求不严格，在普通培养基上生长良好，在普通琼脂培养基上培养18～24小时，形成乳白色、边缘整齐、光滑、凸起的中等偏大菌落。在伊红美蓝琼脂上产生紫黑色金属光泽的菌落。本菌具有中等抵抗力，60℃加热30分钟可被杀死。在室温下存活1～2个月，在土壤和水中可达数月之久。对氯敏感，因此，可用漂白粉作为饮水消毒。5%石炭酸、3%来苏儿等5分钟可将其杀死。对丁胺卡那霉素、阿普霉素、庆大霉素、卡那霉素、新霉素、多黏菌素、头孢类药物等敏感。但本菌易产生耐药性。

【流行特点】大肠杆菌是家禽肠道和环境中常在菌，在卫生条件好的养殖场，本病造成的损失较小，但在卫生条件差、通风不良、饲养管理水平较低的养殖场，可造成严重的经济损失。鸭、鹅由于环境改变或者疾病等造成机体衰弱，消化道内菌群破坏或病原菌经口腔、鼻腔或者其他途径进入机体，造成大肠杆菌在局部器官或组织内大量增殖，最终引起鸭、鹅发病。该病发生与下列因素有关：环境不卫生、饲养环境差、过高或过低的湿度或温度、饲养密度过大、通风不良、通风量过大、饲料霉变、油脂变质。此外，本病常继发于慢性呼吸道病、禽流感、传染性浆膜炎、坦布苏病毒感染等疾病，导致死亡率升高。

【症状】由于大肠杆菌侵害部位、日龄等情况不同，在临床表现的症状也不一样。共同症状特点为精神沉郁、食欲下降、羽毛粗乱、消瘦。胚胎期感染主要表现为死胚增加，尿囊液浑浊，卵黄稀薄。卵黄囊感染的雏鸭主要表现为脐炎，育雏期间精神沉郁、行动迟缓呆滞，腹泻以及泄殖腔周围沾染粪便等。通过呼吸道感染后出现呼吸困难、黏膜发绀，通过消化道感染后出现腹泻、排绿色或黄绿色稀便。成年鸭大肠杆菌性腹膜炎多发生于产蛋高峰期之后，表现为精神沉郁、喜卧、不愿走动，行走时腹部有明显的下垂感。种（蛋）鸭生殖道型大肠杆菌病常表现为产蛋量下降或达不到产蛋高峰，出现软壳蛋、薄壳蛋等畸形蛋。

【病理变化】胚胎期感染大肠杆菌孵化的雏鸭可见腹部膨胀，卵黄吸收不良以及肝脏肿大等（图7-80）。大肠杆菌引起的雏鸭或青年鸭败血症，以肝周炎、心包炎、气囊炎、纤维素性肺炎为特征性病变（图7-81～图7-83）。肠黏膜弥散性充血、出血。肾脏肿大，呈紫红色。肺脏出血、水肿，表面有黄白色纤维蛋白渗出（图7-84）。脑膜充血，个别可见出血点。

卵黄性腹膜炎多见于成

图7-80　雏鸭卵黄吸收不良（刁有祥　摄）

图7-81 鸭肝脏表面有黄白色纤维蛋白渗出（刁有祥 摄）

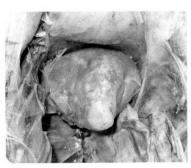

图7-82 鸭心脏表面有黄白色纤维蛋白渗出（刁有祥 摄）

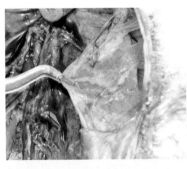

图7-83 鸭气囊有黄白色纤维蛋白渗出（刁有祥 摄）

图7-84 鸭肺脏出血，表面有黄白色纤维蛋白渗出（刁有祥 摄）

年母鸭，可见腹膜增厚，腹腔内有少量淡黄色腥臭的混浊液体和干酪样渗出物。患输卵管炎时可见输卵管肿胀，管腔中充满大小不一的黄白色渗出，输卵管黏膜出血（图7-85）。育成期的鸭感染大肠杆菌，输卵管中有柱状渗出（图7-86）。

【诊断】临床症状和剖检变化仅作为初步诊断，确诊需通过实验室检测方法进行细菌的分离鉴定。

【预防】加强饲养管理。大肠杆菌是一种条件致病菌，预防该病的关键在于加强饲养管理，改善饲养环境条件，减少各种应激因素。

【治疗】发生该病后，可以用药物进行治疗。但大肠杆菌易

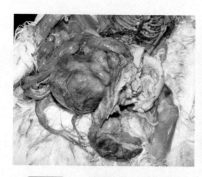

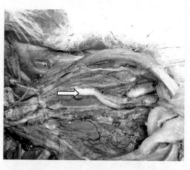

图7-85 鸭输卵管中有黄白色渗出（刁有祥 摄）

图7-86 鸭输卵管中有柱状渗出（刁有祥 摄）

产生耐药性，因此，在投放治疗药物前应进行药物敏感试验，选择高敏药物进行治疗。此外，还应注意交替用药，给药时间要尽早，以控制早期感染和预防大群感染。安普霉素、新霉素、黏杆菌素、环丙沙星等有较好的治疗效果，可用0.01%环丙沙星饮水，连用3～5天。

十、沙门菌病

鸭沙门菌病又称为鸭副伤寒，是由多种沙门菌引起的疾病的总称。该病对雏鸭的危害较大，呈急性或亚急性经过，表现出腹泻、结膜炎、消瘦等症状，成年鸭多呈慢性或隐性感染。

【病原】该病的病原为沙门菌中多种有鞭毛结构的细菌，最主要的为鼠伤寒沙门菌、革兰阴性菌。菌体单个存在，无芽孢，能够运动。该菌抵抗力不强，对热和常用消毒药物敏感，60℃下5分钟死亡，0.005%的高锰酸钾、0.3%的来苏儿、0.2%福尔马林和3%的石炭酸溶液20分钟内即可灭活。本菌在粪便和土壤中能够长期存活达数月之久，甚至3～4年。在孵化场绒毛中的沙门菌可存活5年之久。

【流行特点】由于本菌自然宿主广泛，包括鸡、鸭、鹅、火鸡、鹌鹑等多种禽类，猪、牛、羊等多种家畜以及鼠等，分布极为广泛，因此，该病原传播途径多、迅速。以1～3周龄雏鸭最为易发，死亡率在10%～20%。本菌不仅水平传播，亦可垂直传播，带菌鸭、种蛋等是主要的传染源。此外，鸭舍较差的卫生条件和饲养管理不良能够促进该病的发生。

【症状】（1）急性型　多见于3周龄内的雏鸭。一般多于出壳数日后出现死亡，死亡数量逐渐增加，至1～3周龄达到死亡高峰。病鸭精神沉郁、食欲减退至废绝，不愿走动，两眼流泪或有黏性渗出物。腹泻，粪便稀薄带气泡呈黄绿色。常离群张嘴呼吸，两翅下垂，呆立，嗜睡，缩颈闭眼，羽毛蓬松。体温升高至42℃以上。后期出现神经症状，颤抖、共济失调，角弓反张，全身痉挛抽搐而死。病程2～5天。

（2）亚急性型　常见于4周龄左右的雏鸭和青年鸭。表现为精神萎靡不振，食欲下降，粪便细软，严重时下痢带血，消瘦，羽毛蓬松、凌乱，有些亦有气喘、关节肿胀和跛行等症状。通常死亡率不高，但在其他病毒性或细菌性疾病激发感染情况下，死亡率骤增。

（3）隐性经过　成年鸭感染本菌多呈隐性经过，一般不表现出症状或较轻微，但粪便和种蛋等携带该菌，不但影响孵化率，也可能导致该病的流行。

【病理变化】剖检可见卵黄囊吸收不良，肝脏肿大，呈青铜色（图7-87），表面有细小的灰白色坏死点（图7-88）。胆囊肿

图7-87　鸭肝脏肿大，呈青铜色（刁有祥 摄）

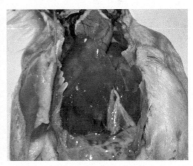

图7-88　鸭肝脏表面有细小的灰白色坏死点（刁有祥 摄）

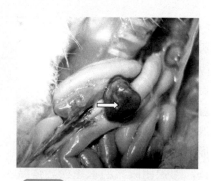

图7-89 脾脏肿大，表面有大小不一的坏死点（刁有祥 摄）

大，肠黏膜充血呈卡他性肠炎，有点状或块状出血。气囊轻微混浊，脾脏肿大呈紫红色，表面有大小不一的坏死点（图7-89）。

亚急性病例主要表现为肠黏膜坏死，带菌的种（蛋）鸭可见卵巢及输卵管变形，个别出现腹膜炎，角膜混浊，后期出现神经症状，摇头和角弓反张，全身痉挛，抽搐而死。

【诊断】根据发病症状、病理变化和流行病学可以作出初步诊断，确诊需进行细菌的分离鉴定。

【预防】① 种蛋应随时收集，蛋壳表面附有污染物（如粪便等）不能用作种蛋，收集种蛋时人员和器具应消毒。保存时蛋与蛋之间保留空隙，防止接触性污染。种蛋储存温度以10～15℃为宜，不宜超过7天。种蛋孵化前应进行消毒，以甲醛熏蒸为最佳，按照每立方米空间需要高锰酸钾21.5克和40%的甲醛43毫升，熏蒸时温度高于21℃，密闭空间熏蒸时间要在20分钟以上。

② 为防止在育雏期发生副伤寒，进入鸭舍的人员需穿着消毒处理的衣物，严防其他动物的侵入。料槽、水槽、饲料和饮水等应防止被粪便污染，地面用3%～4%的福尔马林消毒，每隔3天进行带鸭消毒。

③ 定期对禽舍垫料、粪便、器具和泄殖腔等进行监测，同时应该定期对大群进行消毒。

【治疗】发病时可用环丙沙星按0.01%饮水，连用3～5天；氟甲砜霉素按0.01%～0.02%拌料使用，连用4～5天。此外，新霉素、安普霉素等拌料饮水使用也有良好的治疗效果。

十一、葡萄球菌病

葡萄球菌病是由金黄色葡萄球菌引起的一种急性或慢性传染病。雏鸭感染发病后呈败血症经过，常表现出化脓性关节炎、皮炎、滑膜炎等特征性症状，发病率高，死亡严重。青年鸭和成年鸭感染后多表现出关节炎。

【病原】本病原为金黄色葡萄球菌，革兰阳性球菌。镜检为圆形或椭圆形，呈单个、成对或葡萄状排列。在普通琼脂培养基上可以生长，形成湿润、表面光滑、隆起的圆形菌落，不同菌株颜色不一，大多初呈灰白色，继而为金黄色、白色或柠檬色。若加入血清或全血生长情况更好，致病性菌株在血液琼脂板上能够形成明显的溶血环。本菌抵抗力较强，在干燥的结痂中可存活数月之久，60℃ 30分钟以上或煮沸可杀死该菌。3%～5%的石炭酸溶液5～15分钟内可杀死该菌。

【流行病学】金黄色葡萄球菌在自然界中广泛分布，如空气、地面、动物体表、粪便中等。鸡、鸭、鹅、猪、牛、羊等和人均可感染本菌，该病没有明显的季节性，但夏季多雨季节多发。各个日龄的鸭均可发生，但多发于开产以后的鸭。鸭对葡萄球菌的易感性与表皮或黏膜创伤的有无、机体抵抗力强弱、葡萄球菌污染严重程度和养殖环境密切相关。创伤是主要感染途径，也可以通过消化道和呼吸道传播。此外，雏鸭可通过脐孔感染，引起脐炎。造成创伤的因素很多，如地面有尖锐物、铁丝、啄食癖，疫苗接种以及昆虫叮咬等。有的运动场撒干石灰，易将皮肤灼伤，而继发葡萄球菌感染。

【症状】根据家禽感染程度和部位可分为以下几种症状。

（1）急性败血型　主要感染雏鸭，表现为精神萎靡，下痢，粪便呈灰绿色，胸、翅、腿部皮下出血，羽毛脱落（图7-90）。有时在胸部龙骨处出现浆液性滑膜炎。

（2）脐炎型　常发生于1周龄内的雏鸭。由于某些因素，新出壳雏禽脐孔闭合不全，葡萄球菌感染后引起脐炎。病鸭表现

图7-90 鸭羽毛脱落
（刁有祥 摄）

出腹部膨大，脐孔发炎，局部呈黄色、紫黑色，质地稍硬，流脓性分泌物，味臭，脐炎病雏常在出壳后2～5天内死亡。

（3）关节炎型　常发生于成年个体，可见多个关节肿胀，尤其是跗、趾关节，呈紫红色或紫黑色（图7-91）。患鸭出现跛行，不愿走动，卧地不起（图7-92），因采食困难，逐渐消瘦，最后衰弱而亡。

【病理变化】（1）急性败血型　病死鸭胸部、腹部皮肤呈紫黑色或浅绿色水肿，皮下充血、溶血，积有大量胶胨样粉红色或黄红色黏液，手触有波动感。肝脏肿大，呈紫红色或紫黑色（图7-93）。肾脏肿大，输尿管中充满白色尿酸盐结晶。脾脏肿大呈紫黑色（图7-94）。心包积液，心外膜和心冠脂肪出血。腹腔内有腹水或纤维样渗出物。

（2）脐炎型　卵黄囊吸收不良，呈绿色或褐色。腹腔内器官呈灰黄色，脐孔皮下局部有胶胨样渗出。肝脏表面常有出血点。

图7-91 鸭关节肿胀
（刁有祥 摄）

图7-92 患鸭卧地不起
（刁有祥 摄）

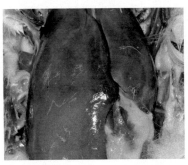

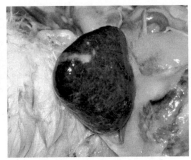

图7-93 肝脏肿大，呈紫红色或紫黑色（刁有祥 摄）

图7-94 脾脏肿大，呈紫黑色（刁有祥 摄）

（3）关节炎型 关节肿大，滑膜增厚、充血或出血，关节囊内有浆液或黄色脓样或纤维素样渗出物（图7-95）。

【诊断】根据发病症状、病理变化和流行病学可以进行初步诊断，进一步确诊需要结合实验室检查进行综合诊断。可取病死鸭心、肝、

图7-95 关节囊内有浆液、黄色脓样或纤维素样渗出物（刁有祥 摄）

脾或关节囊渗出物进行细菌分离鉴定。

【预防】（1）加强饲养管理 饲料中要保证合适的营养物质，特别是要提供充足的维生素和矿物质等微量元素，保持良好的通风和湿度，合理的养殖密度，避免拥挤。及时清除禽舍和运动场中的尖锐物，避免外伤造成葡萄球菌感染。

（2）注意严格消毒 做好鸭舍、运动场、器具和饲养环境的清洁、卫生和消毒工作，以减少和消除传染源，降低感染风险，可采用0.03%过氧乙酸定期带鸭消毒，加强孵化人员和设备的消毒工作，保证种蛋清洁，减少粪便污染，做好育雏保温工作；疫苗免疫接种时做好针头的消毒。

【治疗】及时淘汰发病鸭，大群鸭用复方泰乐菌素2毫克/升

饮水，连用3～5天，有较好的治疗效果。

十二、禽霍乱

禽霍乱又称禽出血性败血病或禽巴氏杆菌病，是鸭的一种急性败血性传染病。本病的特征是急性败血症，排黄绿色稀便，发病率和死亡率都很高，浆膜和黏膜上有小出血点，肝脏上布满灰黄色点状坏死灶。

【病原】本病的病原是多杀性巴氏杆菌，革兰阴性，无鞭毛、不运动，镜检为单个、成对偶见链状或丝状的小球杆菌。在组织抹片或新分离培养物中的细菌用吉姆萨、瑞氏、美蓝染色，可见菌体呈两极浓染。本菌抵抗力不强，在干燥空气中2～3天死亡，60℃下20分钟可被杀死。在血液中保持毒力6～10天，舍内可存活1个月之久。本菌自溶，在无菌蒸馏水或生理盐水中迅速死亡。3%石炭酸1分钟，0.5%～1%的氢氧化钠、漂白粉，以及2%的来苏儿、福尔马林，几分钟内使本菌失活。

【流行病学】本菌对鸭、鹅、火鸡等多种家禽均具有较强的致病力，各日龄的鸭均可感染发病。患病鸭是本病的主要传染源，病鸭粪便、分泌物中含有大量的病原菌，可以通过污染饲料、饮水、器具、场地等使健康水禽发病。本病无明显季节性，但冷热交替、天气变化时易发，在秋季或秋冬之交流行较为严重。呈散发性或地方性流行。鸭群一旦感染本菌，发病率高，数天内大批感染死亡。成年鸭经长途运输，抗病能力下降，也易发该病。此外，饲养管理不善、寄生虫感染、营养缺乏等因素，均可促使该病的发生和流行。

【症状】（1）最急性型　常发生于该病流行初期，在鸭群无任何临床症状的情况下，常有个别突然死亡，例如在奔跑、交配、产蛋等。有时见晚间大群鸭饮食正常，次日清晨发现死亡病鸭。

（2）急性型　发病急，死亡快，出现症状后数小时到两天内死亡。病鸭采食量减少，精神沉郁，不愿下水游动，羽毛松乱，体温升高，饮水增多。蛋（种）鸭产蛋量下降。也有病鸭呼吸困难，气喘，甩头。口、鼻常流出白色黏液或泡沫。病鸭腹泻下痢，排稀薄的黄绿色粪便，有时带有血便，腥臭难闻。病程为2～3天，很快死亡，死亡率高达50%甚至更多。

（3）慢性型　一般发生于流行后期或本病常发地区。病鸭消瘦，腹泻，有关节炎症状的，关节肿胀、化脓、跛行，排泄物有一种特殊的臭味。

【病理变化】（1）最急性型　常见不到明显的变化，或仅表现为心外膜或心冠脂肪有针尖大小的出血点，肝脏有大小不一的坏死点。

（2）急性型　其特征性病变为肝脏肿大，呈土黄色或灰黄色，质地脆弱，表面散在大量针尖状出血点和坏死灶（图7-96），脾脏肿大。心外膜和心冠脂肪上有大小不一的出血点（图7-97），心内膜出血。心包积液增多，呈淡黄色透明状，有时可见纤维素样絮状物。气管环出血，肺脏充血、出血、水肿，或有纤维素渗出物。胆囊肿大，肠黏膜充血、出血（图7-98），部分肠段呈卡他性炎症，盲肠黏膜溃疡。

（3）慢性型　因病原菌侵害部位不同而表现的病变不同。侵害呼吸系统的，可

图7-96　鸭肝脏肿大，表面有大量出血点和坏死灶
（刁有祥 摄）

图7-97　心冠脂肪上有出血点
（刁有祥 摄）

图7-98　肠黏膜出血
（刁有祥 摄）

见鼻腔、鼻窦以及气管内有卡他性炎症，其内脏特征性病变是纤维素性坏死性肺炎，肺组织由于瘀血和出血呈暗紫色，局部胸膜上常有纤维素性凝块附着，胸腔中也常见淡黄色、干酪样化脓性或纤维素性凝块。侵害关节炎病例中，可见一侧或两侧的关节肿大、变形，关节腔内还有暗红色脓样或干酪样纤维素性渗出物。

【诊断】根据流行病学、发病症状和剖检变化可作出初步诊断，但确诊还需要进行病原的分离和鉴定来综合判定。

【预防】由于本病多呈散发或地区性流行。因此，在一些本病常发地区或发生过该病的养殖场，应定期进行免疫预防接种。

（1）油乳佐剂灭活苗　用于2月龄及以上鸭，按照1毫升/只皮下注射，能获得良好的免疫效果，保护期为6个月。

（2）禽霍乱氢氧化铝甲醛灭活苗　2月龄以上的鸭群按照2毫升/只肌内注射，隔10天加强免疫一次，免疫期为3个月。

（3）弱毒疫苗　通过不同途径对一些流行菌株进行致弱获得疫苗株，优点是免疫原性好，血清型之间交叉保护力较好，最佳免疫途径为气雾或饮水。

【治疗】青霉素、链霉素各2万单位/千克体重肌内注射，每天2次，连用3～4天，效果较好；或头孢噻呋按照15毫克/千克体重肌内注射，连用3天；或0.01%的环丙沙星饮水，连用3～5天。

十三、传染性浆膜炎

传染性浆膜炎又称鸭疫里默氏菌感染或鸭疫里默氏菌病，是由鸭疫里默氏菌引起雏鸭急性或慢性传染病。近几年，随着我国水禽养殖集约化、规模化的发展，该病在我国水禽养殖地区日趋严重。

【病原】本病的病原是鸭疫里默氏菌，目前为止，共发现有21个血清型，张大丙等通过对国内2400多株分离株进行分析，认为1型、2型、6型、10型是目前我国大多数地区的主要流行的血清型。本菌是一种革兰阴性菌，不运动，无芽孢，呈单个、成对，偶见丝状排列。瑞氏染色后，大多数细菌呈两极浓染。绝大多数鸭疫里默氏菌在37℃或室温条件下于培养基上存活不超过4天，2～8℃下液体培养基中可保存2～3天，55℃下培养12～16小时即可失活。在自来水和垫料中可存活13天和27天。本菌对多种抗生素药物敏感。

【流行病学】各种品种1～8周龄的鸭都易感，尤其以2～3周龄的雏鸭最为易感。本病在感染群中感染率和发病率都很高，有时可达90%甚至以上，死亡率为5%～80%。本病无明显的季节性，一年四季均可发生，但冬春季节发病率相对较高。本病主要经呼吸道或皮肤伤口感染。育雏密度过高，垫料潮湿污秽和反复使用，通风不良，饲养环境卫生条件不佳，育雏地面粗糙导致雏鸭脚掌擦伤而感染；饲养管理粗放，饲料中蛋白质水平、维生素或某些微量元素含量过低也易造成该病的发生和流行。此外，其他疫病的发生亦经常与该病并发或继发该病，如大肠杆菌病、禽流感等。

【症状】（1）最急性型　本病在雏鸭群中发病很急，常因受到应激后突然发病，看不到任何明显症状就很快死亡。

（2）急性型　鸭精神沉郁，离群独处，食欲减退至废绝，体温升高，闭眼并急促呼吸，眼、鼻中流出黏液，眼睑污秽（图7-99），出现明显的神经症状，摇头或嘴角触地，缩颈，运动失调，排黄绿色恶臭稀便。随着病程延长，鼻腔和鼻窦内充满干酪样物质，鸭摇头、点头或呈角弓反张状态，两脚作前后摆动，不久便抽搐而亡。

（3）亚急性和慢性经过　该型多数发生于日龄较大的雏鸭，

病程长达1周左右，主要表现为精神沉郁，食欲减退，伏地不起或不愿走动。常伴有神经症状，摇头摆尾，前仰后合，头颈震颤。遇到其他应激时，不断鸣叫，颈部扭曲（图7-100），发育严重受阻，最后衰竭而亡。该病的死亡率与饲养管理水平和应激因素密切相关。

【病理变化】鸭疫里默氏菌病的特征性病变为全身广泛性纤维素性炎症。心包内可见淡黄色液体或纤维素样渗出物，心包膜与心外膜粘连（图7-101）。肝脏肿大，表面常覆有一层灰白色或灰黄色纤维素性渗出物，肝脏呈灰黄色或红褐色（图7-102）。胆囊伴有肿大，充满胆汁。气囊浑浊，壁增厚，覆有

图7-99　病鸭眼睑污秽圈
（刁有祥　摄）

图7-100　病鸭颈部扭曲
（刁有祥　摄）

图7-101　心包炎，心脏表面有黄白色渗出物（刁有祥　摄）

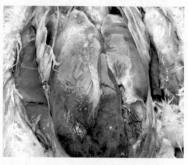

图7-102　肝脏表面有灰黄色纤维素性渗出物（刁有祥　摄）

大量的纤维素样或干酪样渗出物（图7-103），以颈胸气囊最为明显。脾脏肿大瘀血，表面覆有白色或灰白色纤维素样薄膜，外观呈大理石状（图7-104）。胸腺、法氏囊明显萎缩，同时可见胸腺出血。肺脏充血、出血，表面覆盖一层纤维素样灰黄色或灰白色薄膜（图7-105）。肾脏充血肿大，实质较脆，手触易碎。个别病例出现输卵管炎，输卵管膨大，管腔内积有黄色纤维素样物质。表现出神经症状的死亡患禽剖检可见纤维素样脑膜炎，脑膜充血、出血（图7-106）。

慢性或亚急性病例可见跗关节、跗关节一侧或两侧肿大，关节腔积液，手触有波动感，剖开可见大量液体流出。

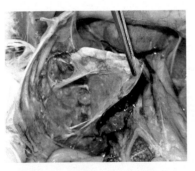

图7-103　气囊中有纤维素样或干酪样渗出物（刁有祥　摄）

图7-104　脾脏肿大瘀血，外观呈大理石状（刁有祥　摄）

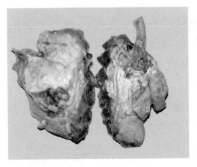

图7-105　鸭肺脏表面有灰黄色或灰白色薄膜（刁有祥　摄）

图7-106　脑膜出血（刁有祥　摄）

【诊断】根据流行病学、症状、病理变化等可作出初步诊断，但确诊还需要通过实验室诊断。

【预防】（1）加强饲养管理　采取"全进全出"的饲养管理制度。由于该病的发生和流行与环境卫生条件和天气变化有密切的关系，因此，改善饲养管理条件和禽舍及运动场环境卫生是最重要的预防措施。清除地面的尖锐物和铁丝等，防止脚部受到损伤；育雏期间保证良好的温度、通风条件。定期清洗料槽、饮水器等，定期消毒。

（2）疫苗接种　疫苗接种是预防该病的有效措施，目前常用的传染性浆膜炎疫苗主要有油乳剂灭活苗、蜂胶灭活苗、铝胶灭活苗以及鸭疫里默氏菌/大肠杆菌二联苗和组织灭活苗等。肉鸭多于4～7日龄颈部皮下注射鸭疫里氏杆菌-大肠杆菌油乳剂灭活二联苗；蛋鸭于10日龄左右按照0.2～0.5毫升/只肌内注射或皮下注射灭活疫苗，2周后按照0.5～1毫升/羽进行二免；父母代种鸭可于产蛋前进行二免，并于二免后5～6个月进行第三次免疫，以提高子代雏鸭的母源抗体水平。

【治疗】饲料中添加0.01%的环丙沙星，连用3天，效果较好；硫酸新霉素按照0.01%～0.02%饮水，连用3天，用药前禁水1小时。

十四、坏死性肠炎

坏死性肠炎是由产气荚膜梭状芽孢杆菌引起的鸭的一种消化道疾病。该病以体质衰弱、食欲降低、突然死亡为特征性症状。病变特征为肠黏膜坏死（故称烂肠病）。该病在种鸭场中发生极为普遍。

【病原】产气荚膜梭状芽孢杆菌革兰染色为阳性，两头钝圆的兼性厌氧的短杆菌。根据主要致死型毒素和抗毒素的中和试验结果，该菌可分为A、B、C、D和E五种血清型。在自然界中缓慢形成芽孢，呈卵圆形，位于菌体的中央或近端，在机体内常形成荚膜，没有鞭毛，不能运动。该菌芽孢抵抗能力较强，在90℃处理30分钟或100℃处理5分钟死亡，食物中的菌株芽孢可耐煮沸1～3小时。健康禽群的肠道中以及发病养殖场中的粪便、器具等均可分离到该菌，其致病性与环境和机体的状态密切相关。

【流行病学】本病主要感染种鸭，粪便、土壤、污染的饲料、垫料以及肠内容物中均含有该菌，带菌鸭和耐过鸭均为该病的重要传染源。该病主要经过消化道感染或由于机体免疫功能下降导致肠道中菌群失调而发病。球虫感染及肠黏膜损伤是引起或促进本病发生的重要因素。在一些饲养管理不良的养殖场，某些应激因素（如饲料中蛋白质含量的升高、抗生素的滥用、感染流感病毒、坦布苏病毒等）均可促进该病的发生。

【症状】鸭患病后，精神沉郁、不能站立，在大群中常被孤立或踩踏而造成头部、背部和翅羽毛脱落。食欲减退至废绝，腹泻，常呈急性死亡。有的鸭肢体痉挛，腿呈左右劈叉状，伴有呼吸困难等症状。

【病理变化】病变主要在小肠后段，肠管增粗，尤其是回肠和空肠部分，肠壁变薄、扩张（图7-107）。严重者可见整个空肠和回肠充满血样液体，病变呈弥漫性，十二指肠黏膜出血（图7-108）。病程后期肠内充满恶臭气体，空肠和回肠黏膜增

图7-107 空肠、回肠肠壁变薄、扩张（刁有祥 摄）

图7-108 肠道充血（刁有祥 摄）

厚，表面覆有一层黄绿色或灰白色伪膜。个别病例气管有黏液，喉头出血。母鸭的输卵管中常见有干酪样物质，肝脏肿大呈土黄色，表面有大小不一的黄白色坏死斑，脾脏肿大，呈紫黑色。

【诊断】临床上可根据症状及典型的剖检及组织学病变作出初步诊断。进一步确诊还需要进行实验室诊断。

【预防】由于产气荚膜梭菌为条件性致病菌，因此，预防该病的最重要措施是加强饲养管理，改善鸭舍卫生条件，严格消毒，在多雨和湿热季节应适当增加消毒次数。发现病鸭后应立即隔离饲养并进行治疗。适当调节日粮中蛋白质含量，避免使用劣质的骨粉、鱼粉等。此外，一些酶制剂和微生态制剂等有助于预防该病的发生。

【治疗】多种抗生素（如新霉素、泰乐霉素、林可霉素、环丙沙星、恩诺沙星以及头孢类药物）对该病均有良好的治疗效果和预防作用。对于发病初期的鸭群采用饮水或拌料均可，病程较长且发病严重的可采用肌内注射的方式，同时注意及时补充电解质等。

十五、曲霉菌病

曲霉菌病是发生在多种禽类和哺乳动物的一种真菌性疾病。以呼吸困难以及肺和气囊形成小结节为主要特征。本病主要发生于雏禽，发病率高，发病后多呈急性经过，造成大批雏禽死亡，给养禽业造成较大的经济损失。

【病原】引起鸭发生曲霉菌病的病原主要为黄曲霉、烟曲霉和黑曲霉。烟曲霉和黄曲霉没有有性阶段，病原特征也不一致。烟曲霉的繁殖菌丝呈圆柱状，色泽由绿色、暗绿色至熏烟色。本菌在沙氏葡萄糖琼脂培养基上生长迅速，初为白色绒毛状，之后变为深绿色或绿色，随着培养时间的延长，最终为接近黑色绒状。黄曲霉在多种培养基上均可生长，菌落为扁平状，偶见放射状，初期略带黄色，然后变为黄绿色，久之颜色变暗。该菌能够产生黄曲霉毒素，该毒素具有强烈的肝脏毒性。黑曲霉分生孢子头球状，褐黑色。菌落蔓延迅速，初为白色，后变成鲜黄色直至黑色厚绒状。

曲霉菌孢子抵抗力很强，煮沸后5分钟才能杀死，一般消毒剂需要1～3小时才能杀死孢子。一般的抗生素和化学药物不敏感。制霉菌素、两性霉素、碘化钾、硫酸铜等对本菌具有一定的抑制作用。

【流行病学】曲霉菌和其产生的孢子在自然界中分布广泛，鸭、鹅、鸡及其他禽类均易感。雏鸭通过接触发霉的垫料、饲料、用具或一些农作物秸秆等经呼吸道或消化道而感染，也可经皮肤伤口感染。雏鸭感染后多呈群发性和急性经过，成年鸭仅为散发。出壳后的雏鸭进入被曲霉菌污染的育雏室，48小时后即开始出现发病死亡，4～12日龄是发病高峰期，之后逐渐降低，至1月龄基本停止死亡。育雏阶段的饲养管理和卫生条件不良是本病暴发的主要诱因。育雏室日夜温差较大，通风不良，饲养密度过大、阴暗潮湿等因素，均可促进本病的发生和流行。此外，在孵化室中孵化器污染严重时，霉菌可透过蛋壳而使胚胎感染，刚孵化的雏鸭很快出现呼吸困难等症状而迅速死亡。目前在推广使用的生物发酵床养殖，若发酵床霉变，则极易发生曲霉菌感染。

【症状】鸭精神萎靡、不愿走动，多伏卧，食欲废绝，羽毛松乱无光泽，呼吸急促，常见张口呼吸，鼻腔常流出浆液性分泌物，腹泻，迅速消瘦，对外界刺激反应冷漠，通常在出现症状后2～5天内死亡。慢性病例病程较长，鸭呼吸困难，伸颈呼吸，食欲减退甚至废绝，饮欲增加，迅速消瘦，体温升高，后期表现为腹泻。常离群独处，闭眼昏睡，精神萎靡，羽毛松乱（图7-109）。部分雏鸭出现神经症状，表现为摇头、共济失调、头颈无规则扭转以及腿、翅麻痹等。病原侵害眼时，结膜充血、肿眼、眼睑封闭，严重者失明。病程约为1周，若不及时治疗，死亡率可高达50%甚至以上。成年鸭发生本病时多呈慢性经过，死亡率较低。产蛋鸭感染主要表现出产蛋量下降甚至停产，病

图7-109 发病鸭精神萎靡，羽毛松乱（刁有祥 摄）

程可长达数周。

【病理变化】肺部病变最为常见，肺、气囊和胸腔浆膜上有针尖至粟粒大小的霉菌结节（图7-110），多呈中间凹陷的圆盘状，灰白色、黄白色或淡黄色，切面可见干酪样内容物。肺脏可见多个结节而使肺组织实变，弹性消失。此外，在鼻、喉、气管和支气管黏膜充血，有浅灰色渗出物。肝脏瘀血和脂肪变性。严重的在鼻腔、喉、气管、胸腔腹膜可见灰绿色或浅黄色霉菌斑。脑炎型病例在脑的表面有界线清楚的黄白色坏死（图7-111）。

【诊断】根据流行特点结合该病特征性病变，肺和气囊等部位出现黄白色结节等，可作出初步诊断，但进一步确诊还要进行实验室诊断。

【预防】（1）加强饲养管理，搞好环境卫生　选用干净的谷壳、秸秆等作垫料。垫料要经常翻晒，阴雨天气时注意更换垫料，防止霉菌的滋生。饲料要存放在干燥仓库，避免无序堆放造成局部湿度过大而发霉。育雏室应注意通风换气和卫生消毒，

图7-110 肺脏表面大小不一的霉菌结节（刁有祥 摄）

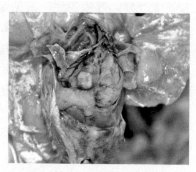

图7-111 鸭脑表面有黄白色坏死（刁有祥 摄）

保持室内干燥、整洁。育雏期间要保持合理的密度，做好防寒保温，避免昼夜温差过大。

（2）饲料中添加防霉剂　包括多种有机酸，如丙酸、醋酸、山梨酸、苯甲酸等。在我国长江流域和华南地区，在梅雨季节要特别注意垫料和饲料的霉变情况，一旦发现，立即处理。

【治疗】制霉菌素等具有一定的治疗效果。喷雾或制霉菌素拌料，雏鸭按照5000～8000单位/千克体重，成年鸭按照2万～4万单位/千克体重使用，每天2次，连用3～5天。也可用0.5%的硫酸铜溶液饮水，连用2～3天。5～10克碘化钾溶于1升水中，饮水，连用3～4天。

十六、念珠菌病

念珠菌病是指由白色念珠菌引起的一种消化道真菌病，主要特征是上消化道（如口腔、咽、食管等）黏膜上有乳白色的伪膜或溃疡。

【病原】白色念珠菌为一种酵母样真菌，兼性厌氧，革兰染色为阳性，但内部着色不均匀。在病变组织、渗出物和普通培养基上产生芽孢和假菌丝，不形成有性孢子。本菌在吐温-80玉米琼脂培养基上可产生分支的菌丝体、厚膜孢子和芽生孢子。在沙氏琼脂培养基上，37℃培养24～48小时，形成白色、奶油状、凸起的菌落。幼龄培养物由卵圆形出芽的酵母细胞组成，老龄培养物显示菌丝有横隔，偶见球状的肿胀细胞，细胞膜增厚。

【流行病学】白色念珠菌是念珠菌属中的致病菌，广泛存在于自然界，同时常寄生于健康畜禽和人的口腔、上呼吸道和消化道黏膜上，是一种条件性致病菌。当机体营养不良，抵抗力下降，饲料配比不当，消化道正常菌群失调，维生素缺乏、免疫抑制剂以及其他应激因素，导致机体内微生态平衡遭到破坏，容易引起发病。本病多由于饮水或饲料被白色念珠菌污染被鸭误食，消化道黏膜有损伤而造成病原的侵入。本病主要见于6周龄以内的雏鸭，人也可以感染。成年鸭发生该病，主要是长期使用抗生素致使机体抵抗力下降而继发感染。

【症状】该病无特征性的症状，鸭生长发育不良，精神萎靡，羽毛粗乱。食欲减退，消化功能障碍。雏鸭病例多表现出呼吸困难，气喘。一旦全身感染，食欲废绝后约2天死亡。

图7-112　鸭食管黏膜表面有灰白色、隆起的溃疡病灶（刁有祥 摄）

【病理变化】剖检可见病变多位于上消化道，如口腔和食管等，黏膜增厚，表面形成灰白色、隆起的溃疡病灶，形似散落的凝固牛乳，黏膜表面常见伪膜性斑块和易刮落的坏死物质，剥离后黏膜面光滑（图7-112）。口腔黏膜表面常形成黄色、干酪样的典型"鹅口疮"。偶见腺胃黏膜肿胀、出血，表面覆有黏液性或坏死性渗出物，肌胃角质层糜烂。

【诊断】根据患禽上消化道黏膜的伪膜和溃疡病灶，可以作出初步诊断。确诊需进行实验室诊断。

【预防】首先要加强饲养管理，改善卫生条件。本病的发生和环境卫生有密切关系，因此要确保禽舍通风良好，环境干燥，控制合理的饲养密度。加强消毒，可用2%的福尔马林或1%的氢氧化钠进行消毒，有时需用碘制剂处理种蛋防止垂直传播。此外，可在饲料中适当添加制霉菌素或饮水中添加硫酸铜。

【治疗】一旦发生该病，可采用以下方案进行治疗。每千克饲料中添加0.22克制霉菌素拌料使用，连用5～7天。按照1克克霉唑用于100只雏鸭拌料，连用5～7天。1：2000硫酸铜饮水，连用5天。对于病情严重病例，可轻轻撕去口腔伪膜，涂碘甘油。

十七、传染性窦炎

传染性窦炎又称为水禽支原体病或水禽慢呼吸道病，主要由支原体引起的以慢呼吸道疾病为特征的疾病。该病广泛发生于世界各地的水禽养殖地区。

【病原】目前国内已鉴定多种支原体，其中对鸭致病的主要为鸭支原体、滑液支原体和败血支原体，具有致病性的主要为滑液支原体和败血支原体，均属霉形体属。支原体对营养要求较高，且生长缓慢，2～6天才长出用低倍显微镜才能观察到的小菌落。支原体对多种理化因素敏感，45℃下15～30分钟或55℃下5～15分钟即被杀死，对新霉素、磺胺类药物、结晶紫和亚硝酸盐等具有较强的抵抗力，对其他消毒剂（如石炭酸、来苏儿等）敏感。革兰染色弱阴性，吉姆萨染色着色较好。

【流行病学】本病可发生于各日龄的鸭，但以2～4周龄的雏鸭最为易感，成年鸭较少发病。发病鸭和隐性感染鸭是重要的传染源，鸭舍和运动场不良的卫生条件也是该病发生和流行的重要诱因。病原可通过空气、飞沫和尘埃颗粒等途径水平传播，也可以通过种蛋垂直传播。传播方式的多样性决定了该病在生产中发生和流行的普遍性。鸭群一旦发生该病，极易在鸭舍循环发病。发病率可高达80%以上，但死亡率不高，主要为慢性经过，本病在新发鸭舍传播较快，而在疫区呈慢性经过。疾病的严重程度与饲养管理、环境卫生、营养、其他疫病的继发或并发感染有密切关系。该病没有明显的季节性，但在寒冷季节由于保温和通风等因素的控制不当而造成该病的流行严重。

【症状】本病一般多呈慢性经过，鸭一侧或两侧眶下窦肿胀，引起眼睑肿胀（图7-113）。发病初期手触柔软，有波动感，窦内充满浆液性渗出物，部分鸭还表现出结膜炎。随着病程的发展逐渐

图7-113 鸭眶下窦肿胀
（刁有祥 摄）

形成浆液性、黏液性和脓样渗出物，病程后期形成干酪样物质，肿胀部位变硬，渗出物减少。鼻腔内也有分泌物，导致呼吸不畅，鸭常努力甩头，有的鸭眼内也充满分泌物，甚至造成失明。蛋（种）鸭感染后多造成产蛋量下降和孵化率降低，孵化弱雏较多，常继发大肠杆菌感染，出现食欲减退和腹泻等症状。

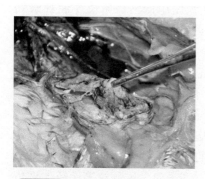

图7-114 鸭气囊表面有黄白色干酪样渗出物（刁有祥 摄）

【病理变化】剖检可见鸭鼻腔、气管、支气管内有混浊的黏稠状或卡他性渗出物，个别病例症状较轻不易观察。发生气囊炎可导致气囊壁增厚、混浊，严重者表面覆有黄白色大小不一的干酪样渗出物（图7-114）。眶下窦黏膜充血增厚。自然病例多为混合感染，可见呼吸道黏膜充血、水肿、增厚，窦腔内充满黏液性和干酪样渗出物，严重时在气囊和胸腔隔膜上覆有干酪样物质。若与大肠杆菌混合感染，可见纤维素性心包炎和肝周炎等。

【诊断】一般根据临床症状和剖检变化可进行初步诊断。进一步确诊需结合实验室诊断。本病易与其他呼吸道疾病混淆，但眶下窦肿胀是该病的特征性病变，可进行鉴别诊断。

【预防】加强饲养管理，保持禽舍的通风和良好的卫生条件，合理的饲养密度，避免大群拥挤，保证合理的营养比例是控制本病的重要措施。在育雏期间采取全进全出，空舍后彻底消毒，可以减少该病的发生。严禁从疫区或患病种鸭场引种。定期对种鸭进行支原体检测，阳性个体一旦发现，应立即淘汰。此外，还可以用一些抗生素在育雏期进行药物预防。

【治疗】对于发病鸭群可选择泰乐菌素、环丙沙星、强力霉素、泰妙霉素等进行治疗，为防止耐药性产生，最好选择2～3

种药物联合或交替使用，连用4～5天。

十八、球虫病

鸭球虫病是由不同属球虫寄生于肠道或肾脏引起的一种急性寄生虫病，该病可造成雏鸭大批发病和死亡，耐过鸭生长缓慢，生产性能下降。

【病原】鸭球虫病的病原种类较多，其中以毁灭泰泽球虫的致病力最强，其次是菲莱氏温扬球虫。毁灭泰泽球虫寄生于小肠，卵囊小，端椭圆形，壁薄，淡绿色，无卵膜孔。孢子化卵囊内无孢子囊，有8个游离的孢子，孢子化时间为17～19小时。菲莱氏温扬球虫寄生于小肠，卵囊较大，卵圆形，有卵膜孔。孢子化卵囊内有4个孢子囊，每个孢子囊内有4个小孢子，孢子化时间为24～33小时。

【流行病学】鸭通过摄入饲料或饮水、鸭舍以及运动场中的孢子化卵囊后而感染发病。某些昆虫和养殖人员均可以成为球虫的传播者。各个日龄的鸭均有易感性，幼龄鸭较为易感，感染率和发病率均较高，但死亡率较低。成年鸭多为隐性感染，是本病的重要传染源，此外，一些野生水禽也是该病的传染源。球虫卵囊对自然界各种不利因素的抵抗力较强，在土壤中可保持活力达86周之久，一般消毒剂不能杀死卵囊，但冰冻、日光照射和孵化器中的干燥环境对卵囊具有抑制杀灭作用。而26～32℃的潮湿环境有利于卵囊发育。饲养管理不良（如卫生条件恶劣、鸭舍潮湿、密度过大等）极易造成该病的发生。此外，一些细菌、病毒或寄生虫感染以及饲料中维生素A、维生素K的缺乏也可以促进本病的发生。该病具有明显的季节性，一般以6～9月份高温多雨季节多发，其他时间零星散发。

【症状】急性鸭球虫病多发于2～3周龄的雏鸭，于感染后第四天出现精神萎靡、缩颈、拒食、喜卧、渴欲增加等症状，发病初期腹泻，随后排暗红色或深紫色血便，随后两三天内发生急性死亡，死亡率在20%～70%。耐过病鸭逐渐恢复食欲，但生长缓慢，生产性能下降。慢性病例多呈隐性经过，偶见腹泻，常为球虫的携带者和传染源。

【病理变化】毁灭泰泽球虫感染鸭症状严重，剖检可见整个小肠呈广泛性出血性肠炎，尤其卵黄蒂前后的肠段病变最为明显。肠壁肿胀、出血，黏膜上有出血斑或密布针尖样大小的出血点，有的可见红白相间的小点，部分肠黏膜上覆有一层奶酪样或麸皮状黏液，或有淡红色或深红色胶胨状出血性黏液（图7-115）。

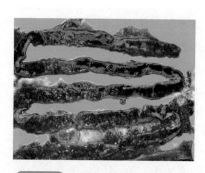

图7-115 鸭球虫病，肠道中充满红色内容物（刁有祥 摄）

【诊断】鸭群携带球虫现象较为普遍，所以不能仅根据粪便中有无卵囊作出诊断。应该结合症状、流行病学、病理变化结合病原检查综合判断是否为球虫感染。

【预防】加强饲养管理，禽舍应经常打扫、消毒，保持干燥清洁，患鸭应及时隔离治疗，防止该病的传播。

【治疗】磺胺间六甲氧嘧啶（SMM）按照0.1%拌料，或复方磺胺间六甲氧嘧啶（SMM+TMP，1∶5）按照0.02%～0.04%拌料，连用5天后，停用3天，再连用5天。磺胺甲基异噁唑（SMZ）按照0.1%拌料，或复方磺胺甲基异噁唑（SMZ+TMP，1∶5）按照0.02%～0.04%拌料，连用7天后，停用3天，再用3天。

十九、绦虫病

寄生于水禽肠道内的绦虫种类较多，其中最主要的是矛形剑带绦虫和皱褶绦虫。绦虫均寄生于水禽的小肠内，尤其是十二指肠。大量虫体增殖可造成鸭贫血、下痢、产蛋量下降甚至停产。

【病原】绦虫病的病原主要是矛形剑带绦虫和皱褶绦虫。矛形剑带绦虫虫体为乳白色，形似矛头，由20～40个节片组成，头节细小，附有4个吸盘，顶端有8个小钩，颈短。虫卵无色，呈椭圆形。矛形剑带绦虫以水生的剑水蚤为中间宿主，虫卵在剑水蚤体内发育成类囊尾蚴。皱褶绦虫为大型虫体，头节细小，易脱落。头节下有一扩张的假头节，由许多无生殖器官的节片组成，吻端有钩。虫卵为两端稍尖的椭圆形。

【流行病学】矛形剑带绦虫卵囊形成类囊尾蚴，鸭等水禽摄入含类囊尾蚴的剑水蚤而感染，在小肠内经2～3周发育为成虫。雏鸭易感，严重者可导致死亡。成年鸭多为带虫传染源。皱褶绦虫与矛形剑带绦虫感染宿主过程相似。目前该病在我国多个省份均有报道。该病多发生于中间宿主活跃的4～9月份。各种水禽均可感染该病，但以25～40日龄的雏鸭发病率和死亡率最高。

【症状】雏鸭感染后首先出现消化功能障碍的症状，排泄有白色节片的白色稀便。后期患禽食欲下降至废绝，渴欲增加，生长缓慢，消瘦，精神不振，不愿运动，常离群独处，两翅下垂，羽毛粗乱。有时可见运动失调，两腿无力，走路不稳，常突然侧向一方跌倒，站立困难。夜间鸭伸颈张口呼吸，作划水状。发病后一般经过1～5天死亡，若有其他疾病并发或继发感染，则可导致较高的死亡率。

【病理变化】雏鸭消瘦，部分患禽心外膜有出血，肝脏略肿大，胆囊充盈，胆汁稀薄，肠道黏膜充血、出血，呈卡他性炎症，十二指肠和空肠内可见大量虫体（图7-116），有时甚至堵塞肠腔，肌胃内容物较少，角质膜呈淡绿色。

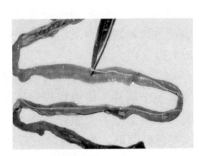

图7-116 鸭肠内绦虫
（刁有祥 摄）

【诊断】采集鸭粪便中的白色米粒样孕卵节片，轻碾后作涂片镜检，可见大量虫卵。也可以对部分病情严重的鸭进行剖检，结合小肠剖检变化综合诊断。

【预防】首先要改善鸭舍环境卫生，对粪便和污水进行生物处理和无害化处理，养殖过程中注意观察感染情况。对成年鸭进行定期驱虫，一般在春秋两季进行，以减少病原对环境的危害。

【治疗】治疗或预防驱虫可选用以下方案：按照每千克体重服用20～30毫克丙硫咪唑（抗蠕敏）；按照每千克体重服用150～200毫克硫双二氯酚（别丁），隔4天后再用一次；按照每千克体重服用100～150毫克氯硝柳胺（灭绦灵）。

二十、线虫病

鸭线虫病是由线虫纲中的线虫引起的一种寄生虫病，线虫的生活史多种多样，一般可分为直接发育和间接发育两种，直接发育的线虫不需要中间宿主，雌虫直接将卵排出体外，在适宜的条件下，孵育成幼虫并经两次蜕皮变为感染性幼虫，被易感动物摄入后，在其体内发育为成虫。间接发育的线虫则需要软体动物、昆虫作为中间宿主。线虫是对鸭危害最为严重的蠕虫。感染鸭的线虫主要包括蛔虫、异刺线虫。

1. 蛔虫病

鸭蛔虫病是由蛔虫寄生于小肠内的一种常见寄生虫病，本病在全国各地均有发生，主要造成雏禽的发育不良，严重时造成大批死亡。

【病原】蛔虫是寄生于鸭体内最大的线虫，呈淡黄白色，头端有三个唇片，雄虫尾端向腹部弯曲，有尾翼和尾乳突，一个圆形或椭圆形的泄殖腔前吸盘，两根交合刺长度相近。虫卵呈深灰色椭圆形，卵壳较厚，新排虫卵内含有一个椭圆形胚细胞。受精后雌虫将卵随粪便排出体外，虫卵对外界环境和常用消毒药物抵抗力很强，但在干燥、高温和粪便堆肥等情况下很快死亡。虫卵在适宜条件下发育成为感染性虫卵，可存活6个月之久。鸭由于摄入污染有感染性虫卵的饲料和饮水，虫卵进入小肠内蜕壳发育为成虫。

【流行病学】由于该病的发生与蛔虫的生活世代周期密切相关，因此，3～4周龄的雏鸭最为易感和发病，成年鸭多为带虫者传染源。

【症状】患病雏鸭多表现为生长发育受阻，精神萎靡，行动迟缓，食欲减退，消瘦，腹泻，偶见粪便中掺有黏液性血块，羽毛松乱，贫血，黏膜苍白，最终可因衰竭而亡。严重病例可导致肠道堵塞而死亡。

【病理变化】剖检可见小肠黏膜发炎、出血，肠壁上有颗粒样化脓灶或结节。严重感染病例可见大量虫体聚集，相互缠绕如麻绳状，造成肠道堵塞，甚至肠管破裂和腹膜炎。

【诊断】根据症状和剖检变化可作出初步诊断，此外，结合饱和盐水漂浮法检查粪便中虫卵或小肠、腺胃和肌胃中虫体于低倍显微镜下观察可以确诊。

【预防】搞好鸭舍的环境卫生，及时清理粪便；对粪便进行堆积发酵，杀死虫卵；对鸭群定期进行预防性驱虫，每年2～3次。

【治疗】一旦发生该病，应及时进行治疗。可采用以下方案。

① 丙硫咪唑：每千克体重10～20毫克，一次服用。
② 左旋咪唑：每千克体重20～30毫克，一次服用。
③ 噻苯唑：每千克体重500毫克，配成20%悬液内服。
④ 枸橼酸哌嗪：每千克体重250毫克，一次服用。

2. 异刺线虫病

鸭的异刺线虫病是由异刺线虫寄生于鸭的盲肠内引起的一种寄生虫病。该虫也可寄生在鸡、火鸡等其他家禽的盲肠内。此外，其虫卵还可能携带组织滴虫，引起禽类发生盲肠肝炎。

【病原】异刺线虫又称盲肠虫，虫体呈淡黄白色。雄虫长7～13毫米，尾部有两根长短不一的交合刺。雌虫长10～15毫米。虫卵较小，呈椭圆形，灰褐色，随粪便排出体外。在适宜的条件下经2周左右发育成感染性虫卵。虫卵污染的饲料、饮水被鸭吞食后，虫卵到达小肠孵化为幼虫，后进入盲肠黏膜内，经2～5天发育后返回盲肠肠腔，最后经过1个月左右发育为成虫。

【流行病学】异刺线虫不仅可以感染鸭、鹅，也可以感染鸡、鸽等家禽。

【症状】患病雏禽表现为食欲减退至废绝，消瘦，生长发育不良，腹泻，逐渐消瘦而亡。产蛋母鹅产蛋量下降，甚至停产。

【病理变化】剖检可见盲肠肿大，肠壁明显发炎、增厚，有时可见溃疡灶，也可见在黏膜或黏膜下层形成结节。盲肠内可见虫体，尤其以盲肠末端虫体最多。

【诊断】可以根据临床症状和病理变化作出初步诊断。确诊需采集患鸭粪便，用饱和盐水浮集法检查粪便中的虫卵。

【防治】该病的治疗可采用以下方案：①丙硫咪唑：每千克体重10～20毫克，一次服用；②左旋咪唑：每千克体重20～30毫克，一次服用；③噻苯唑：每千克体重500毫克，配成20%悬液内服；④枸橼酸哌嗪：每千克体重250毫克，一次服用。

二十一、吸虫病

1. 前殖吸虫病

前殖吸虫病是由前殖科前殖属的多种吸虫寄生于鸭等多种禽类的直肠、泄殖腔、法氏囊和输卵管等引起的一种寄生虫病。该病常引起产蛋家禽产蛋异常，严重者甚至死亡。

【病原】虫体呈棕红色，扁平梨形或卵圆形，体长3～6毫米。成虫在寄生部位产卵，随粪便排出体外，被第一个中间宿主淡水螺类吞食，孵化成为毛蚴，之后进入螺肝内发育为胞蚴，进而发育成尾蚴并离开，再进入蜻蜓幼虫和稚虫体内发育为囊蚴，禽类通过摄入含有囊蚴的蜻蜓幼虫或成虫即被感染，感染后在禽体内经1～2周发育为成虫。

【流行病学】本病呈地方性流行，发病与蜻蜓出现的季节一致，春、夏季节多发。温暖和潮湿的气候可以促进本病的发生。各日龄的鸭以及其他禽类均可感染该病。

【症状】发病初期没有明显的症状，但陆续开始出现产薄壳蛋。随着病程的发展，产蛋量逐渐下降甚至停产。鸭精神萎靡，食欲减退，消瘦，体温升高，渴欲增加，泄殖腔突出，肛门周围潮红。个别病例由于继发腹膜炎，在3～5天内很快死亡。

【病理变化】剖检可见输卵管和泄殖腔发炎，黏膜充血、肿胀、增厚，在管壁上可见红色的虫体。有的输卵管变薄甚至破裂，引起卵黄性腹膜炎，腹腔中充满黄色和白色的液体，脏器之间互相粘连。

【诊断】结合生产上畸形蛋、薄壳蛋及其他品质较差的蛋和剖检可见输卵管特征性病变可作出初步诊断。确诊需要通过进一步在病变部位观察虫体，粪便中观察虫卵。

【预防】在养殖集中地区的禽群进行定期检查。及时清理粪便，堆积发酵，以杀灭粪便中的虫卵。驱赶禽舍及周边的蜻蜓，防止鸭食入蜻蜓幼虫等而发病。在多发季节即春、秋两季定期驱虫。

【治疗】可采用以下治疗方案进行治疗。

① 阿苯达唑按照10～20毫克/千克体重，一次服用或拌料使用。

② 丙硫咪唑按照30～50毫克/千克体重或噻苯唑按照500毫克/千克体重，一次服用，有较好的治疗效果。

③ 吡喹酮按照60毫克/千克体重拌料，一次服用，连用2天。

2. 棘口吸虫病

卷棘口吸虫寄生于鸭直肠和盲肠内引起的一种寄生虫病。

该虫亦可感染鸡及其他多种禽类。

【病原】卷棘口吸虫，虫体呈淡红色，长叶状，体表有小刺。虫体长7.6～12.6毫米。具有头棘结构。成虫在禽的直肠或盲肠内产卵，随粪便排到体外。在31～32℃的水中10天左右孵化为毛蚴，进入第一宿主折叠萝卜螺、小土蜗或凸旋螺后，经过32天左右先后形成胞蚴、雷蚴和尾蚴，后离开螺体，在水中再次遇到第一宿主——蝌蚪或其他生物后进入第二宿主并在其体内形成囊蚴。鸭摄入含感染性囊蚴的第二宿主而感染，囊蚴进入消化道，童虫逸出，吸附于肠壁，经过16～22天发育为成虫。

【流行病学】该病多发生于长江流域和华南地区，放养的水禽或使用水生植物的鸭发病率较高。对雏鸭的危害较为严重。该病一年四季均可发生，但以6～8月为感染的高峰期。

【症状】本病对雏禽危害较为严重。由于虫体的机械性刺激和毒素作用，患禽消化功能障碍，表现为食欲减退，消化不良，下痢，粪便中可见黏液和血丝，贫血、消瘦，生长发育不良，甚至造成患禽死亡。成年个体多为体重下降和产蛋量下降。

【病理变化】剖检可见盲肠、直肠和泄殖腔出血性发炎，黏膜点状出血，肠内容物充满黏液，黏液中可见虫体相互缠绕成团堵塞肠腔。

【诊断和防治】该病的诊断方法和防治措施与前殖吸虫病相似。

二十二、虱病

虱属节肢动物门、昆虫纲，是各种家禽常见的外寄生虫病。该虫常寄生在鸭的体表和附于羽毛、绒毛上。此外，虱还能传播疾病。该病严重危害鸭群健康和生产性能，造成巨大的经济损失。

【病原】虱个体较小，一般为1～5毫米，呈淡黄色或淡灰色椭圆形，由头、胸、腹三部分组成，咀嚼式口器，头部较宽，有一对触角，游散对足，无翅。虱的种类多种多样，其形态和生活史较为相似。虱属于永久性寄生虫，其发育为不完全变态。虫卵常簇结成块，黏附于羽毛上，经过5～8天孵化为幼虫，外形与成虫相似。在2～3周内经过3～5次蜕皮变为成虫。其寿命仅为数月，一旦离开宿主，存活时间较短。

【流行病学】虱的传播方式主要是直接接触传播，可感染多种家禽（如鸭、鹅、鸡等）。一年四季均可发生，冬季较为严重。饲养期较长的鸭、鹅更易感染该病。虱主要以羽毛和皮屑为食，一般并不吸血。该病的主要传染源是患禽。

【症状】虱以禽类羽毛、皮屑为食，造成羽毛脱落和折断。大量寄生时，鸭受到羽毛和体表的刺激而表现出奇痒，啄羽，影响正常的饮食和作息。产蛋鸭的产蛋量下降，消瘦、贫血。有时虱吸血且产生毒素，也可影响鸭的生长发育和生产性能。常见皮肤由于啄羽造成的出血斑或伤口结痂。

【病理变化】该病由于感染鸭的个体差异没有特征性病变，但各器官、组织由于营养不良而呈现不同程度的发育受阻或萎缩。

【诊断】通过检查鸭皮肤和羽毛上的虱及其卵进行确诊。

【预防】主要通过加强饲养管理，改善鸭舍环境，同时对禽舍、器具、料槽、水线等和环境进行彻底的杀虫和消毒。鸭、鹅等水禽要多让其下水以清洁体表。平时应注意定期杀虱。

【治疗】根据季节、药物剂型和鸭群感染程度等选择合理的方法杀灭体表的虱。

① 20%的杀灭菊酯乳油按照0.02毫升/米^3，用带有烟雾发生器的喷雾机喷雾。处理后密闭2～4小时。

② 20%杀灭菊酯乳油按照3000～4000倍用水稀释或10%的二氯苯醚菊酯乳油按照4000～5000倍用水稀释，直接大群喷洒，具有良好的效果。由于一次治疗不彻底，应间隔7～10天后再用药一次。

二十三、蜱病

蜱是寄生于鸭体表的常见暂时性吸血寄生虫，亦可以感染牛、羊、犬等哺乳动物和人，其不仅能直接影响鸭的生产性能，也是许多疾病的传播媒介。

【病原】寄生于禽类的主要为波斯锐缘蜱，虫体扁平，呈卵圆形，淡灰黄色，假头位于前部腹面，体缘薄锐，呈条纹状或方块状。背面和腹面以缝线分界。背面无盾板，有一层凹凸不平的颗粒状角质层。吸血后虫体呈灰黑色。幼虫三对足，若虫和成虫四对足。蜱的发育经虫卵、幼虫、若虫和成虫四个阶段。由虫卵孵化幼虫，在温暖季节需要6～10天，凉爽季节需3个月之久。幼虫在4～5日龄寻找宿主吸血，4～5分钟后离开宿主，经3～9天蜕皮变成一期若虫，再次吸血10～45分钟，离开宿主后经5～8天，蜕皮成为二期若虫，再经过5～15天吸血15～75分钟，经12～15天蜕皮发育为成虫。经过1周左右，雌虫和成虫可交配产卵。整个生活史需7～8天。

【流行病学】蜱为暂时性寄生虫，平时栖息于禽舍的墙壁、顶棚、器具等缝隙中，并在这些隐蔽的场所进行繁殖。当鸭、鹅等休息时，不同发育阶段的幼虫、若虫和成虫移行到体表通过叮咬吸血。该病以夏秋季节多发。

【症状】蜱的吸血量较大。少量感染时，没有明显症状。但大量蜱附于鸭体表吸血时，患禽表现出不安，羽毛松乱，食欲减退，消瘦，贫血，发育生长缓慢，饲料利用率和转化率下降，产蛋量下降等。部分个体表现出蜱性麻痹，严重者造成死亡。

【病理变化】由于蜱常造成其他传染病的发生，因此，在剖检变化上无特征性病变。

【诊断】通过观察鸭体表蜱的存在即可确诊该病。

【防治】该病的防治措施可以参考虱病。

二十四、痛风

痛风是由于多种原因引起的尿酸在血液中大量积聚，造成关节、内脏和皮下结缔组织发生尿酸盐沉积而引起的一种营养代谢病。以行动迟缓、关节肿大、跛行、厌食、腹泻为特征。

本病多发生于青绿饲料缺乏的冬春季节，不同品种的鸭均可发生，多见于雏鸭。

【病因】痛风有多方面的因素，各种外源性、内源性因素导致血液中尿酸水平升高和肾功能障碍，血液中尿酸水平升高的同时肾脏排出尿酸量增加而损伤，造成尿酸盐的排泄受阻，反过来又促使血液中尿酸水平升高，如此恶性循环造成该病愈发严重。常见的有以下几方面。

（1）营养性因素

① 核蛋白和嘌呤碱基饲料过多。豆粕、鱼粉、肉骨粉等含核蛋白和嘌呤较多。这些蛋白质类物质代谢终产物中尿酸比例较高，超出机体排出能力，大量的尿酸盐就会沉积在内脏或关节而形成痛风。

② 可溶性钙盐含量过高。饲料中添加的贝壳粉或石粉过多，超出机体需求和排泄能力，钙盐从血液中析出，沉积在不同部位造成钙盐性痛风。

③ 饮水量不足。夏季或运输过程中饮水不足，造成机体脱水，代谢产物无法随尿液排出造成尿酸盐沉积。其他如维生素A、维生素D等缺乏和矿物质比例不当也可诱发该病。

（2）中毒性因素　许多药物对肾脏有损害作用，如磺胺类和氨基糖苷类等抗生素通过肾脏进行排泄，具有肾脏毒性，若持续过量用药则易导致肾脏损伤。长期使用磺胺类药物，不配合碳酸氢钠等碱性药物，药物易结晶析出沉积于肾脏和输尿管中，影响肾和输尿管的排泄功能，造成尿酸盐沉积，诱发该病。

此外，一些传染性因素，如禽肾炎病毒，感染后导致肾脏代谢功能障碍后也可以诱发此病。

【症状】根据尿酸盐沉积部位不同，可分为关节痛风和内脏痛风。关节痛风主要见于青年鸭和成年鸭，病鸭脚和腿关节肿胀，触之较硬，站立姿势奇特，跛行甚至瘫痪。结节破裂后渗出灰黄色黏稠或干酪样尿酸盐结晶，剥落后可见出血性溃疡。内脏痛风多见于15日龄以内雏禽，偶见于青年鸭或成年鸭。病鸭精神萎靡，缩颈，两翅下垂，食欲减退甚至废绝，消瘦，蹼干燥，排白色黏液样或石灰样粪便。肛门周围布满白色糊状物，严重者突然死亡。产蛋鸭产蛋量下降甚至停产。内脏型患禽死亡率较高。

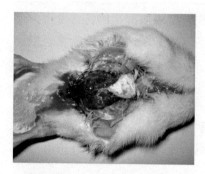

图7-117 鸭内脏器官有尿酸盐沉积（刁有祥 摄）

【病理变化】内脏型病例剖检可见内脏器官表面有大量的尿酸盐沉积（图7-117），输尿管变粗，管壁增厚，管腔内充满石灰样沉积物。肾脏肿大，颜色变淡甚至出现肾结石和输尿管堵塞。严重病例在多个脏器、浆膜、气囊和肌肉表面均有白色尿酸盐沉积。关节型病例可见病变关节肿胀，关节腔内有白色尿酸盐沉积。

【预防】预防该病的关键在于科学合理地配制日粮，保持合理的钙、磷比例，适当添加维生素A，给予充足的饮水。加强饲养管理，合理、慎重选择药物，避免长期过量使用损伤肾脏的药物。

【治疗】首先要找出诱因，对症治疗。减少日粮饲喂量，每日20%逐步递减，连续5天，同时补充多种维生素、青绿饲料，保证充足饮水，促进尿酸盐的排出。此外，饮水中可加入乌洛托品、别嘌呤醇等，提高肾脏排泄尿酸盐的能力，也可使用0.2%～0.3%小苏打饮水，连用4～5天。

二十五、维生素B$_1$缺乏症

维生素B$_1$缺乏症又称多发性神经炎，是由于饲料中维生素B$_1$含量不足引起鸭的一种营养代谢性疾病。维生素B$_1$是体内多种酶的辅酶，在调节糖类代谢、促进生长发育和保持正常的神经和消化功能等方面具有重要的作用。

【病因】饲料中的维生素B_1在加热和碱性环境中易遭到破坏，或者饲料中含有硫胺素酶、氧硫胺素等而使维生素B_1受到破坏。饲料储存时间过久，储存条件不当或发生霉变等造成维生素B_1的损失。消化功能障碍会影响维生素B_1的吸收和利用。此外，氨丙啉等抗球虫药物的过量使用也可造成维生素B_1的缺乏。

【症状】雏鸭日粮中缺乏维生素B_1时，一般一周左右开始出现症状。鸭食欲下降，生长发育受阻，羽毛松乱，无光泽，精神不振。随着病程的发展，两脚无力，腹泻，不愿走动。行动不稳，失去平衡感，行走过程中常跌倒在地，有时出现侧倒或仰卧，两腿呈划水状前后摆动，很难再次站立。头颈常偏向一侧或扭转，无目的性地转圈奔跑。这种症状多为阵发性，且日益严重，最后抽搐而亡。成年鸭缺乏维生素B_1时症状不明显，产蛋量下降，孵化率降低。

【病理变化】胃肠壁严重萎缩，十二指肠溃疡，肠黏膜明显炎症。雏禽生殖器官萎缩，皮肤水肿。心脏轻度萎缩。

【预防】保证日粮中维生素B_1的含量充足，在生长发育和产蛋期应适当增加豆粕、糠麸、酵母粉以及青绿饲料等。雏鸭出壳后，可在饮水中添加适量的电解多维。在使用抗生素和磺胺类药物治疗疾病时，应增加饲料或饮水中维生素B_1的比例。

【治疗】增加饲料中维生素B_1的含量。出现可疑病例时，可在每千克饲料中加入$10 \sim 20$毫克维生素B_1粉剂，连用$7 \sim 10$天。按照每1000羽雏鸭使用500毫升维生素B_1溶液饮水，连用$2 \sim 3$天。对于病情严重的鸭，可按成年鸭5毫克，雏鸭$1 \sim 3$毫克肌内注射，每天1次，连用$3 \sim 5$天。

二十六、维生素B_2缺乏症

维生素B_2缺乏症是由于维生素B_2缺乏或不足引起机体新陈代谢中生物氧化功能障碍性疾病。维生素B_2又称核黄素，是机体内多种酶的辅基，与机体的生长和组织修复密切相关。由于体内合成量较少，多由饲料中外源性维生素B$_2$提供以维持机体正常的新陈代谢功能。

【病因】饲料中维生素B$_2$含量不足，由于所需维生素B$_2$在机体内合成较少，主要依赖于饲料补充，主要饲料原料多为维生素B$_2$含量较低的玉米、豆粕、小麦等，有时经过紫外线照射等因素受到破坏。某些药物如氯丙嗪等能拮抗维生素B$_2$的吸收和利用。大群鸭在低温、应激等条件下对维生素B$_2$的需求增加，正常的添加量不能满足机体需要。胃肠道等消化功能障碍会影响维生素B$_2$的转化和吸收。饲料中脂类含量增加，维生素B$_2$的含量也应适当提高。

【症状】本病主要发生于2周龄至1月龄雏鸭。鸭生长发育受阻，食欲下降，增重缓慢并逐渐消瘦。羽毛松乱无光泽，行动缓慢。病情严重的鸭表现出明显症状，趾爪向内弯曲呈握拳状（图7-118），瘫痪多以飞节着地，或以两翅伏地以保持平衡，腿部肌肉萎缩，皮肤干燥。有时可见眼睛结膜炎和角膜炎，腹泻。病程后期患鸭多卧地不起，不能行走，脱水，但仍能就近采食，若离料槽、水线等较远，则可因无法饮食造成虚脱而亡。成年鸭仅表现出生产性能下降。

【病理变化】患鸭内脏器官没有明显变化。整个消化道空虚，肠道内有些泡沫状内容物，肠壁变薄，黏膜萎缩。重症病例可见坐骨神经肿大，为正常的4～5倍。种鸭缺乏维生素B$_2$可导致出壳后的雏鸭颈部皮下水肿，前期死淘率较高。

【预防】保证饲料中补充维生素B$_2$，尤其在生长发育阶段和产蛋期，可适当添加酵母粉、干草粉、鱼粉、乳制品和各种新鲜青绿饲料等，

图7-118 鸭趾爪向内弯曲
（刁有祥 摄）

或按照每千克饲料中添加10～20毫克维生素B$_2$。饲料应合理储存，防止因潮湿、霉变等破坏维生素B$_2$。雏鸭出壳后应在饲料或饮水中添加适当的电解多维。

【治疗】当鸭群发生该病时，增加饲料中的维生素B$_2$的含量，可按每千克饲料中添加10～20毫克维生素B$_2$粉剂，连用7～10天；也可按照1000只雏禽饮水中加入500毫升复合维生素B溶液，连用2～3天。病情严重的可按照成年鸭5毫克、雏鸭1～3毫克肌内注射进行治疗，连用3～5天。

二十七、维生素B$_5$缺乏症

维生素B$_5$（又称泛酸）缺乏症是由维生素B$_3$缺乏或不足引起脂肪、糖、蛋白质代谢障碍。临床上多以羽毛发育不良、脱落，出现皮炎为特征性症状。泛酸在小肠吸收后，通过肠黏膜进入血液循环供机体利用，在肝脏和肾脏中浓度较高，是构成辅酶A的主要成分，进而参与机体碳水化合物、脂肪、蛋白质的代谢过程。

【病因】泛酸参与体内抗坏血酸的合成，因此，一定量的抗坏血酸可以降低机体对泛酸的需求量。一般全价饲料不易发生泛酸的缺乏，但当长时间处于100℃以上高温和酸性或碱性条件下，极易遭到破坏。某些品种的鹅单一饲喂玉米也极易引起泛酸缺乏。种鸭饲料中维生素B$_{12}$缺乏时，也能够导致泛酸的缺乏。

【症状】鸭羽毛发育不良、粗乱，甚至头部和颈部羽毛脱落。鸭日渐消瘦，口角、眼睑和肛门周围有局限性小结痂，眼睑常被黏性渗出物粘连而变得狭小，影响鸭的视力。脚趾之间及脚底有小裂口，结痂、水肿或出血。随着裂口的加深，鸭行走困难，腿部皮肤增厚、粗糙、角质化甚至脱落。骨短粗，甚至发生滑膜炎。雏鸭表现为生长缓慢，病死率较高。成年鸭症状不明显，但种蛋的孵化率明显降低，孵化过程中死胚率增加，胚体皮下水肿和出血。

【病理变化】剖检可见病鸭口腔内有脓样分泌物，腺胃中有灰白色的渗出物。肝脏肿大，呈浅黄色至深黄色。脾脏轻度萎缩。脊髓变性。

【防治】平时要注意配制饲料，添加富含B族维生素的糠麸、酵母、动物肝脏、优质干草、豆粕等，保证日粮中泛酸含量满足机体需求。发病后，可在每千克饲料中添加20～30毫克泛酸钙，连用2周，治疗效果较好。在添加泛酸的同时，要注意同时补充维生素B_{12}等。可按照每日每次10～20毫克泛酸，口服或者肌内注射，每天1～2次，连用2～3天，效果不错。

二十八、胆碱缺乏症

胆碱缺乏症是由维生素B_4（又称胆碱）缺乏或不足造成家禽脂肪代谢障碍。胆碱是磷脂、乙酰胆碱等物质的组成成分。

【病因】集约化生产中，日粮中能量和脂肪含量较高，禽类采食量下降，使胆碱摄入不足。叶酸或维生素B_{12}缺乏也能造成胆碱缺乏。胆碱的需求量主要取决于叶酸和维生素B_{12}的供给，两者在动物体内利用蛋氨酸和丝氨酸可以合成胆碱。成年鸭、鹅一般不易缺少胆碱，但雏禽体内胆碱的合成速度不能满足其快速生长发育的需要，应在日粮中适当添加。

【症状】该病多发生于雏鸭，成年鸭较少发病。饲料中胆碱不足时，鸭生长缓慢甚至停滞，表现出明显的胫骨短粗症。发病初期可见跗关节周围有针尖样出血点和肿大，继而胫跗关节由于跗骨的扭曲而变平，跗骨进一步扭曲则会变弯或呈弓形。患腿失去支撑能力，关节软骨严重变形。后期多跛行，严重者甚至瘫痪。成年鸭出现产蛋量下降，且由于饲料中脂类含量较高，不易吸收而造成脂肪肝，治疗不及时可死亡。

【病理变化】剖检可见肝肿大，色泽变黄，表面有出血点，质脆。有的肝被膜破裂，甚至发生肝破裂，肝表面和体腔中有凝血块。肾脏及其他器官有脂肪浸润和变性。关节扭曲剖开可见胫骨和跗骨变形，跟腱滑脱等。

【防治】鱼粉、动物肝脏、酵母等动物源性和花生饼、豆粕、菜籽饼等植物源性细胞中含有丰富的胆碱，为预防该病，可在饲料中适当添加这些原料，同时在饲料中添加0.1%的氯化胆碱。发病后可在饲料中添加足量甚至2～3倍量的胆碱可以治疗该病。发生跟腱滑落的重症患禽没有治疗价值，应及时淘汰。

二十九、生物素缺乏症

生物素缺乏症是由于生物素（维生素B_7或维生素H）缺乏或不足引起机体糖、脂肪和蛋白质三大物质代谢障碍的营养缺乏性疾病。生物素又称维生素H，广泛存在动植物体内，以大豆、豌豆、奶汁和蛋黄中含量较高。生物素主要以辅酶的形式直接或间接参与蛋白质、脂肪和碳水化合物等许多代谢过程。

【病因】谷物类中生物素含量较低，饲料主要成分是谷物类饲料，长期使用就容易发生缺乏。家禽肠道微生物能够合成生物素，但不能满足机体的生长发育，应在日粮中适当添加生物素。颗粒饲料在加工过程中经高温挤压，生物素易受到破坏。鸭、鹅发生消化道疾病时，对生物素的吸收和利用率降低。长期使用抗生素等造成肠道菌群失调，合成生物素的细菌受到抑制，也能够造成生物素的缺乏。

【症状】该病与泛酸缺乏症极易混淆，但在形成结痂的时间和次序有所差别。泛酸缺乏症患禽结痂多从嘴角和面部开始，而生物素缺乏症患禽结痂多从脚部开始。食欲减退，羽毛干燥、质脆、易折断，生长发育受阻，增重缓慢，蹼、胫、眼角、口角等多处皮肤发炎、角质化、开裂出血并形成结痂。眼睑肿胀，分泌炎性渗出物，造成眼睑粘连而影响视力。种鸭产蛋率没有明显变化，但孵化率降低，胚胎发育不良，形成并趾，不能出壳的胚胎表现为软骨营养不良，体形较小，骨发育不良甚至畸形，胚胎死亡两个高峰期集中在孵化第一周和出壳前3天。雏鸭发生胫骨弯曲，脚部、喙部、眼部、肛门等多处发生皮炎。

【病理变化】剖检可见肝脏肿大，脂肪增多，呈淡黄色。肾脏肿大。肌胃和小肠内有褐色内容物。胫骨切面可见密度提高，骨形异常，胫骨中部骨干皮质的正中侧比外侧要厚。

【防治】注意补充青绿饲料和动物源性蛋白质饲料（如糠麸、鱼粉、酵母等），可以防止生物素缺乏症。发病后可在每千克饲料中添加0.1毫克生物素进行治疗。此外，在治疗疾病时应减少长时间使用磺胺类药物和抗生素药物等。

三十、烟酸缺乏症

烟酸又名尼克酸（维生素B_3或维生素PP），包括烟酸（吡啶-3-羧酸）和烟酰胺（动物体内烟酸的主要存在形式）两种物质，均具有烟酸活性。烟酸在能量的生成、储存以及组织生长方面具有重要作用。另外，烟酸对机体脂肪代谢有重要作用。

【病因】① 饲料中长期缺乏色氨酸，体内烟酸合成减少。由于玉米等谷物类原料含色氨酸很低，不额外添加即会发生烟酸缺乏症。

② 长期使用某种抗菌药物，或患有寄生虫病、腹泻病、肝脏、胰脏和消化道等功能障碍时，可引起肠道微生物烟酸合成减少。

③ 其他营养物，如日粮中核黄素和吡哆醇的缺乏，也会影响烟酸的合成，造成烟酸需要量的增加。

④ 饲料原料中的结合态烟酸不能通过正常的消化作用而被机体利用。饲料通过消化道的速度很快，因胃肠道黏膜上皮发生病理变化从而抑制吸收，导致烟酸在肠道中的吸收率低下。在应激条件下，需要在日粮中添加高水平的烟酸以便释放出养分中的能量，同时也需要较高水平的烟酸来确保能量代谢的进行。

【症状】缺乏烟酸时，鸭胫跗关节肿大，双腿弯曲，羽毛生长不良，爪和头部出现皮炎。典型的烟酸缺乏症是"黑舌"病，从2周龄开始，口腔以及食管发炎，生长迟缓，采食量降低。雏鸭缺乏烟酸的主要症状为胫跗关节肿大，胫骨短粗，羽毛蓬乱和皮炎，两腿内弯（图7-119），骨质坚硬，内弯程度因烟酸缺乏程度而异，行走时，两腿交叉呈模特步（图7-120）。严重时不能行走，导致跛行，直至瘫痪（图7-121）。成年鸭发生缺乏症，其症状为羽毛蓬乱无光甚至脱落。产蛋鸭缺乏烟酸时体重减轻，产蛋量和孵化率下降，可见足和皮肤有鳞状皮炎。

图7-119　鸭两腿向内弯曲（刁有祥 摄）

【病理变化】剖检可见口腔、食管黏膜表面有炎性渗出物，胃肠充血，十二指肠、胰腺溃疡。产蛋鸭肝脏颜色变黄、易碎、肝细胞内充满大量脂滴，细胞器严重受损，数量减少，从而导致脂肪肝。

【诊断】根据症状可作出初步诊断，但应注意鉴别。

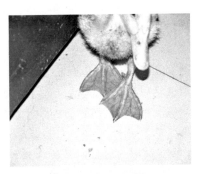

图7-120　鸭行走时两腿交叉（刁有祥 摄）

【防治】避免饲料原料单一，尽可能使用富含B族维生素的酵母、麦麸、米糠和豆饼、鱼粉等，调整日粮中玉米比例。对本病的治疗可内服烟酸1～2毫克/只，3次/天，连用10～15天。或添加烟酸30～40毫克/千克饲料，连续饲喂，或在饲料中给予治疗剂量。预防量为在日粮

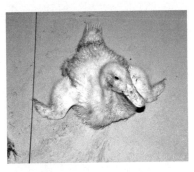

图7-121　鸭瘫痪（刁有祥 摄）

中添加烟酸20～30克/吨饲料。

三十一、维生素A缺乏症

维生素A缺乏症是由于缺乏维生素A引起的疾病。维生素A可维持视觉、上皮组织和神经系统的正常功能，保护黏膜的完整性。还可以促进食欲和机体消化功能，提高机体对多种传染病和寄生虫病的抵抗力，提高生长率、繁殖力和孵化率。

【病因】饲料中维生素A或胡萝卜素的缺乏是该病发生的原发性因素。某些疾病造成机体对维生素A吸收不良。当鸭患有寄生虫等疾病时，可以破坏肠黏膜上的微绒毛，造成机体对维生素A的吸收能力减弱。当胆囊发炎或肠道发炎时也会影响脂肪的吸收，这种情况下维生素A也不能被充分吸收、利用，大群亦可发病。饲料中维生素A由于日光暴晒、紫外线照射、湿热、霉变及不饱和脂肪酸、混合饲料储存时间过久而造成维生素A活性降低或失活。人工配制日粮中误差导致种禽饲料中维生素A的缺乏，黄豆中的胡萝卜素氧化酶破坏了维生素A和胡萝卜素。此外，由于维生素A、维生素E有协同作用，当维生素E缺乏或受到破坏时，维生素A也易受到破坏。

【症状】雏鸭维生素A缺乏时，表现为严重的生长发育受阻，体重增加缓慢，甚至不再增长。鸭精神不振，食欲减退，羽毛松乱，鼻腔流出黏液性鼻液，久之形成干酪样物质堵塞鼻腔造成呼吸困难。骨骼发育障碍，两腿变软，瘫痪。喙部和腿部黄色素变淡。眼结膜充血、流泪（图7-122），眼内和眼睑下积有黄白色干酪样物质，造成角膜混浊，继而角膜穿孔和眼房液流出，最后眼球内陷，失

图7-122　鸭眼流泪
（刁有祥　摄）

明，直至死亡。成年鸭缺乏时多呈慢性经过，抵抗力下降，易继发其他疾病。产蛋量明显下降，蛋黄颜色变淡，孵化率降低，死胚增加，弱雏较多。

【病理变化】以消化道黏膜上皮角质化为特征性病变。鼻腔、口腔、咽、食管黏膜表面可见一种白色小结节，数量较多，不易剥落。随着病程的发展，结节变大并逐渐融合成一层灰黄白色的伪膜覆盖于黏膜表面，剥离后不出血，黏膜变薄，光滑，呈苍白色。在食管黏膜溃疡灶附近有炎性渗出物。肾脏呈灰白色，肾小管充满白色尿酸盐，输尿管扩张，管内积有白色尿酸盐沉淀物。

【预防】首先要保证日粮中有足够的维生素A和胡萝卜素，必要时可在鸭饲料中加入鱼肝油或维生素A等添加剂。谷物饲料不宜储存过久，以免胡萝卜素受到破坏，也不宜将维生素A等过早拌料作储备饲料，拌料后应尽快食用。

【治疗】当鸭群发生维生素A缺乏症时，应按照每千克饲料中加入8000～15000单位的维生素A，每天3次，连用2周，由于维生素A在机体内吸收很快，疗效显著。还可以按照每千克饲料中加入2～4毫升鱼肝油，拌料并立即饲喂，连用7～10天。病情严重者，雏鸭按照0.5毫升/只，成年鸭按照1～1.5毫升/只维生素A肌内注射，或者分3次内服使用，效果较好。种鸭在缺乏维生素A时，通过及时治疗，在1个月左右即可恢复生产性能。

三十二、维生素D缺乏症

维生素D缺乏症时钙、磷吸收和代谢障碍，骨骼、蛋壳形成受阻，导致鸭出现佝偻病和缺钙症状为特征的营养缺乏症。

【病因】造成维生素D缺乏的原因较多。①饲料中维生素D的含量少不能满足机体正常生长发育需求；②日粮中钙磷比例不当，饲料中的钙磷比例以2：1为最佳，比例不当时会增加维生素D的需求量；③日光照射不足，雏鸭每日有11～45分钟日晒就可防止佝偻病的发生，若日照不足，易造成维生素D的缺乏；④机体发生其他疾病，造成消化功能障碍或肾损伤，脂肪性腹泻等也可发生该病。此外，当发生霉菌毒素中毒时，鸭群维生素D的需求量也大大增加。

【症状】雏鸭发生该病多在1周龄左右，表现为生长停滞、发育不良，体弱消瘦，羽毛松乱，两腿无力，喙部和腿部颜色变淡。骨骼软，易变形（图7-123），常导致佝偻，行走摇摆，以飞节着地，直至瘫痪，不能行走。产蛋鸭缺乏维生素D时，初期薄壳蛋、软壳蛋，蛋壳多孔隙、不致密，随后产蛋量下降甚至停产。种蛋孵化率降低。弱雏增多，严重者胸骨变形、弯曲，行走困难甚至瘫痪。长骨由于缺钙而质脆，易骨折。

【病理变化】雏鸭股骨、胫骨的骨质薄而软，跗关节骨端粗大（图7-124）。肋骨和脊椎连接处呈现串珠样肿大。成年鸭喙部和胸骨变软，肋骨、胸骨和脊椎结合处内陷，肋骨沿胸廓向内呈弧形凹陷（图7-125）。

图7-123　鸭骨骼软，易变形
（刁有祥 摄）

图7-124　跗关节骨端粗大
（刁有祥 摄）

图7-125　肋骨凹陷
（刁有祥 摄）

【防治】预防该病主要通过补充日粮中维生素D的含量或增加机体的合成。种鸭可在饲料中添加鱼肝油、糠麸等，同时要保证充足的光照时间。舍养的肉鸭应在饲料中添加维生素D，按照每次饲喂500单位/次，每天1～2次，连用2天，或每500千克饲料中加入250克维生素AD粉，连用7～10天。保证饲料中合理的钙、磷比例。患病鸭应单独饲养，以防止踩踏造成死亡。

三十三、维生素E缺乏症

维生素E缺乏症是以脑软化症、渗出性素质、白肌病和繁殖障碍为特征的营养缺乏性疾病。维生素E不稳定，易被氧化分解，在饲料中可受到矿物质和不饱和脂肪酸的氧化而失活；与鱼肝油的混合也可因氧化而失活。

【病因】饲料中维生素E含量不足，在配方不当或加工过程不当的情况下，经常造成饲料中维生素E被氧化破坏。矿物质、多价不饱和脂肪酸、酵母、硫酸铵制剂等拮抗物质刺激脂肪过氧化，制粒工艺不当等均可造成维生素E的损失。人工干燥温度过高、饲料储存时间过久等也可破坏维生素E。当肝、胆功能障碍或蛋白质缺乏时，可影响机体对维生素E的吸收。饲料中含有盐类或碱性物质时，对维生素E有破坏作用，硒的含量不足也会导致该病的发生。

【症状】根据临床症状不同可分为三类。

（1）脑软化症　多因微量元素硒和维生素E同时缺乏引起。以神经功能紊乱为主，多发生于1周龄雏鸭，主要表现为运动失调，步态不稳，食欲减退，头向一侧倒或向后方仰，角弓反张，两腿痉挛，无目的地奔跑或转圈，最终衰竭而死亡。

（2）渗出性素质　常见于2～6周龄雏鸭，表现为羽毛粗乱，生长发育不良，精神不振，食欲减退。颈部、胸部皮下水肿，腹部皮下积有大量液体甚至水肿，呈淡紫色或淡绿色，与葡萄球菌感染相似。

（3）肌营养不良　多发生于青年鸭或成年鸭，患禽消瘦、无力，运动失调。胸肌、腿肌等部位贫血而发白。产蛋鸭产蛋量下降，孵化率降低，胚胎死亡（图7-126）。维生素E-硒缺乏时，孵化出的鸭小脑部骨骼闭合不全，脑呈暴露状态（图7-127）。

【病理变化】由于症状不同，患禽病理变化也不一样。脑软化症患禽剖检可见小脑发生软化和肿胀，脑膜水肿，有时可见出血斑，常有散在的出血点。严重病例可见小脑质软变形，切开流出糜状液体。渗出性素质患禽可见腹部皮下积有大量液体，呈淡蓝色，胸部和腿部肌肉、胸壁有出血斑，心包积液（图7-128）、扩张。白肌病患禽可见骨骼肌特别是腿肌、胸肌和心肌、肌胃等因营养不良呈苍白色，有灰色条纹（图7-129）。种

图7-126 孵化后期种鸭胚大量死亡（刁有祥 摄）

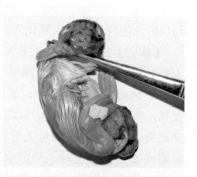

图7-127 孵出的雏鸭小脑部骨骼闭合不全,脑呈暴露状态(刁有祥 摄)

图7-128 心包积液（刁有祥 摄）

图7-129 腿肌呈苍白色，有灰色条纹（刁有祥 摄）

公禽生殖器官退化。

【防治】各种饲料中均含有维生素E，但储存过久或在饲料加工过程中导致维生素E含量降低，所以应注意饲料的加工和储存，适当添加新鲜的青绿饲料。在饲料中增加维生素E的剂量，每吨饲料中添加0.05～1克硒+维生素E粉或0.2～0.25克亚硒酸钠。除提高硒和维生素E的含量，还应增加含硫氨基酸的含量。对于病情严重的病例，按2.5毫克/只肌内注射或2～3毫克口服维生素E，连用3天可治愈。在饮水中加入0.005%亚硒酸钠维生素E注射液，效果较好。

三十四、脂肪肝综合征

脂肪肝综合征是指鸭体内脂肪代谢障碍，大量脂肪沉积于肝脏，造成肝脏发生脂肪变性的一种疾病。本病多发生于冬季和早春季节，多见于肉用雏鸭和蛋鸭。以个体肥胖、产蛋量下降，个别因肝脏破裂并出血为特征。

【病因】该病的发生是由多方面因素引起的。饲料单一，长期饲喂高能量低蛋白质日粮，是本病发生的主要原因。育雏室温度偏低，鸭舍潮湿，饮水不足、气温过高、应激因素、霉菌毒素以及长期使用抗生素也可以形成脂肪肝。饲料中钙不足导致产蛋鸭产蛋量下降，而采食量不变，摄入营养物质转变为脂肪储存在肝脏导致脂肪肝的发生。

【症状】育肥期的鸭和产蛋高峰期的鸭易发生该病。鸭体况较好，较为肥壮，突然死亡。蛋（种）鸭产蛋量显著下降，并出现突然死亡的情况。

【病理变化】鸭皮下脂肪较厚，皮肤、肌肉色淡苍白，贫血，腹腔、肠系膜以及直肠周围积有大量脂肪。肝脏肿大，呈黄褐色脂肪变性，质脆，触之易碎，表面散在出血点和白色坏死灶，严重者破裂，腹腔内有大量凝血块或肝脏表面布有一层出血厚膜（图7-130）。

【防治】合理配制日粮，增加蛋白质含量，降低碳水化合

图7-130 鸭肝脏肿大，呈黄褐色脂肪变性，表面布有出血厚膜（刁有祥 摄）

物。加强饲养管理，合理储存饲料，防止霉变，饲料中应适当添加多种维生素和微量元素。保证合理的鸭舍温度、湿度，适当增加种禽的活动量，减少应激因素的刺激。及时补充氯化胆碱和蛋氨酸等，每吨饲料中加入氯化胆碱300克。

三十五、锰缺乏症

锰缺乏症又称滑腱症或骨短粗症，以腿部骨骼生长畸形、腓肠肌腱向关节一侧脱出而引起雏鸭腿部疾病，如胫跗关节变粗，腿部弯曲呈"O"形或"X"形。锰是正常骨骼形成的必需元素。锰是多种酶类的组成成分或激活剂，参与三大物质代谢，促进机体的生长、发育和提高繁殖能力。

【病因】该病的发生与环境、营养因素和饲养管理有关。某些地区土壤中缺锰，在这些土壤中生长的植物锰含量较低，导致家禽发生该病。日粮中烟酸缺乏或钙磷比例失调，可影响机体对锰的吸收利用，造成机体吸收利用的可溶性锰含量不足。此外，当鸭患慢性胃肠道疾病时，也会造成肠道对锰吸收利用的能力减弱。

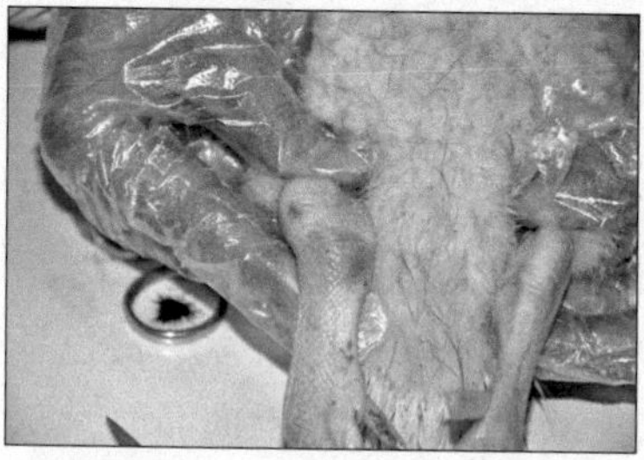

【症状】鸭生长发育受阻，跗关节变粗且宽，两腿弯曲呈扁平（图7-131），胫骨下端与距骨上端向外扭曲，长骨短而粗，腓肠肌腱从踝部滑落。鸭脚掌内翻，不能站立，行走困难（图7-132）。种鸭产蛋量下降，蛋壳硬度

图7-131 鸭跗关节变粗变宽，两腿弯曲呈扁平（刁有祥 摄）

降低，孵化率也降低。胚体多发育异常，孵出的雏禽骨骼发育迟缓，腿短粗，两翅较硬，头圆似球形，上下喙不成比例而呈鹦鹉嘴状，腹部膨大、突出。

图7-132　鸭脚掌内翻、瘫痪（刁有祥 摄）

【病理变化】跗跖骨短粗，近端粗大变宽，胫跗骨、腓肠肌腱移位甚至滑脱移向关节内侧（图7-133、图7-134）。跗跖骨关节处皮下有一层白色的结缔组织，因关节长期着地而造成该处皮肤变厚、粗糙。关节腔内有脓性液体流出，局部关节肿胀。

【防治】鸭对锰的需求量较大，预防该病最有效的方法是饲喂含有各种必需营养物质的饲料，特别是含锰、胆碱和B族维生素的饲料。要注意保证饲料中蛋白质和氨基酸的比例，多喂新鲜青绿饲料，保持合理的钙、磷比例。出现缺乏症病例时，可用1：20000的高锰酸钾饮水，连用2天，间歇2～3天后，再饮2天。对于病情严重的鸭（如骨骼扭转变形等）应及时淘汰。

图7-133　鸭关节肿大，肌腱滑脱（刁有祥 摄）

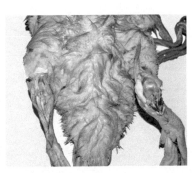

图7-134　鸭右侧关节肿大，肌腱滑脱，左侧为正常关节（刁有祥 摄）

三十六、黄曲霉毒素中毒

【病因】黄曲霉毒素主要由黄曲霉、寄生曲霉产生的，对人、畜、禽都有很强的毒性。黄曲霉菌在自然界广泛存在，玉米、花生、水稻、小麦等农作物都很容易滋生；豆饼、棉籽饼和麸皮等饲料原料也可以被黄曲霉菌污染，发生霉变。鸭中毒是由于采食了大量含有黄曲霉毒素的饲料和农副产品而导致的。

【症状】中毒后的症状在很大程度上取决于鸭的年龄及摄入的毒素量。雏鸭对黄曲霉毒素最敏感，中毒多呈急性经过。主要表现为精神沉郁（图7-135），食欲减退甚至废绝，排白色稀便（图7-136），生长不良，衰弱，步态不稳，共济失调，腿麻痹或跛行。严重的腿部皮肤呈紫黑色（图7-137），死前角弓反张（图7-138），死亡率较高。

成年鸭发病呈慢性经过，症状不明显，主要是食欲减少，消瘦，贫血，产蛋量下降，蛋小，孵化率降低。

图7-135　病鸭精神沉郁
（刁有祥　摄）

图7-136　病鸭排白色稀便
（刁有祥　摄）

图7-137　腿部皮肤呈紫黑色
（刁有祥　摄）

【病理变化】本病的特征性病变在肝脏。急性中毒者肝脏肿大，颜色变淡（图7-139），弥漫性出血和坏死；胆囊扩张，肾脏苍白和出血；十二指肠出现卡他性或出血性炎症；腿部皮下和肌肉有时出血（图7-140）。腺胃出血，肌胃呈褐色糜烂（图7-141、图7-142）。亚急性和

图7-138　病鸭死前角弓反张（刁有祥 摄）

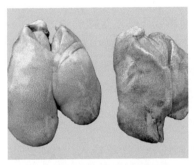

图7-139　肝脏肿大，颜色变淡，呈网状结构（刁有祥 摄）

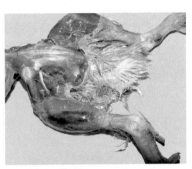

图7-140　鸭腿肌条纹状出血（刁有祥 摄）

图7-141　鸭腺胃出血，肌胃糜烂（刁有祥 摄）

图7-142　鸭肌胃角质膜糜烂，呈褐色（刁有祥 摄）

慢性中毒者，肝脏缩小，颜色变黄，质地坚硬，常有白色点状或结节状增生病灶。病程长达一年以上者，肝脏中可能出现肝癌结节。

【诊断】首先调查病史，检查饲料品质与霉变情况，然后结合症状和病理变化等进行综合分析，作出初步诊断。确诊需进一步做黄曲霉毒素的测定。

【预防】防止饲料发霉是预防本病的最根本性措施。收获时要充分晒干，放置通风干燥处，切勿放置阴暗潮湿处。为防止饲料在储存过程中发生霉变，可用化学熏蒸法，如选用环氧乙烷、二氯乙烷等熏蒸剂；或在饲料中添加防霉剂，如在饲料中加入0.3%丙酸钠或丙酸钙；也可用制霉菌素等防霉制剂。若场地已被污染，可用福尔马林熏蒸消毒或环氧乙烷喷洒消毒。

【治疗】目前本病尚无特效解毒药物，发现中毒要立即更换新鲜饲料，饮用5%的葡萄糖水，可在饮水中加入维生素C。也可以服用轻泻剂，促进肠道毒素的排出。

三十七、食盐中毒

食盐是家禽日粮中必需的营养成分，适量摄入，具有增进食欲、增强消化、维持体液渗透压和酸碱平衡等作用。但日粮中食盐含量过高或同时饮水不足，则会引起中毒。本病的症状主要表现为神经症状和消化功能紊乱，病理变化以消化道炎症、脑组织水肿、变性为特征。

【病因】正常情况下，日粮中食盐的添加量应为0.25%～0.5%，若食盐添加量达到3%或鸭摄取的食盐量超过3.5～4.5克/千克体重时，就会发生中毒。添加食盐后，拌料不均匀，也会造成部分鸭因摄入过多食盐而中毒。配料时所用的鱼干或鱼粉含盐量过高。鱼粉中通常含有3%～10%的食盐，不同来源鱼粉的食盐含量有所不同，不检测即使用，有时可引起中毒。超剂量使用口服补液盐，特别是在缺水口渴时饮用口服补液盐也会引起中毒。饮水中含盐量高，可引起食盐中毒。饲料中维生素E、钙、镁和含硫氨基酸缺乏，也使鸭对食盐敏感性提高。

【症状】中毒轻的病例主要表现口渴、饮水量异常增多，食欲减退，精神萎靡，生长发育缓慢。严重中毒病例典型症状是极度口渴、狂饮不止、不离水盆，食欲废绝，稍低头，口、鼻即流出大量黏液，食管膨大部肿胀，腹泻、排水样粪便；鸭精神沉郁，运动失调，步态蹒跚，甚至瘫痪；发病后期，呼吸困难，最终昏迷、衰竭死亡。

雏鸭中毒后，发病急、死亡快，常出现神经症状。不断鸣叫，无目的地冲撞，头仰向后方，两脚蹬踏，胸腹朝天，两腿作游泳状摆动，最终麻痹而死亡。

【病理变化】剖检病变主要在消化道，消化道黏膜出现出血性卡他性炎症。食管膨大部充满黏液，黏膜脱落；腺胃黏膜充血，表面有时形成伪膜；肌胃轻度充血、出血；小肠黏膜充血，有出血点；腹腔和心包积液，心外膜有出血点；肺充血、水肿；脑膜血管充血，有针尖大出血点；脑膜充血或有出血点；皮下水肿，呈胶胨样。

【诊断】通过分析养殖过程中是否存在过量饲喂食盐或限制饮水的行为、分析饲料配方的组成，并结合症状和剖检变化诊断。

【预防】调制饲料时，严格控制饲料中食盐的含量，不能过量，而且要混合均匀，特别是雏禽，要严格添加。在日粮中使用鱼粉时，确定其中食盐含量，并将其计入食盐总量之内，不要使用劣质掺盐鱼粉。

【治疗】① 发现中毒后立即停用含盐饲料，改喂无盐饲料。

② 中毒较轻的病例，要供给充足的新鲜饮水，饮水中可加3%的葡萄糖，一般会逐渐恢复。

③ 严重中毒的病例要控制饮水量，采用间断给水，每小时饮水10～20分钟。如果一次大量饮水，反而使症状加剧，诱发脑水肿，加快死亡。饮水中可加3%的葡萄糖、0.5%的醋酸钾和适量维生素C，连用3～4天。

三十八、聚醚类药物中毒

聚醚类药物是广谱高效抗球虫药，主要包括莫能菌素、盐霉素、拉沙里菌素、马杜拉霉素等抗生素。聚醚类抗生素可妨碍细胞内外阳离子的传递，抑制钾离子向细胞内转移、钙离子向细胞外转移，导致线粒体功能障碍，能量代谢障碍、对肌肉的损伤严重。家禽摄入该类抗生素过量，会引起体内阳离子代谢出现障碍而导致中毒。

【病因】药量过大或饲料混合不均匀导致发生中毒。或重复用药。

【症状】中毒较轻的病例表现精神沉郁，食欲降低、饮欲增强，羽毛蓬乱，腿软无力、走路不稳、喜卧，有的出现瘫痪，两腿向外侧伸展，爪、皮肤干燥，呈暗红色，排水样粪便。重症病例突然死亡或者表现食欲废绝，羽毛蓬乱，出现神经症状，如颈部扭曲、双翅下垂，或两腿后伸、伏地不起，或兴奋不安、乱跳。有的中毒鸭出现脚爪痉挛内收，脸发紫。

【病理变化】肠道黏膜充血、出血，尤以十二指肠严重；肌胃角质层容易剥离，肌层有出血；肾脏肿大、瘀血；肝脏肿大、表面有出血点；心冠脂肪有出血点，心外膜上有纤维素性斑块；腿部及背部肌肉苍白、萎缩。

【诊断】根据中毒鸭的用药情况，结合临诊症状、病理剖检变化来进行综合诊断。

【预防】严格按规定的药物剂量用药，拌料时要均匀，同时避免多种聚醚类抗生素联合使用。

【治疗】发现中毒，应立即停用含聚醚类抗生素的饲料，更换新饲料。用电解多维和5%葡萄糖溶液饮水。

三十九、喹诺酮类药物中毒

喹诺酮类药物是一类高效、广谱、低毒的抗菌药物，在治疗中已经成为感染性疾病的首选药物，对沙门菌病、大肠杆菌病、巴氏杆菌病、支原体感染、葡萄球菌病等均有很好的疗效。目前临床上常用的有氧氟沙星、环丙沙星、恩诺沙星等。

【病因】喹诺酮类药物用量过大，就会导致中毒，中毒表现的神经症状及骨骼发育障碍与氟有关。

【症状】精神沉郁，羽毛松乱，缩颈，眼睛半开半闭，呈昏睡状态，采食及饮水均下降，病禽不愿走动，常常卧地，多侧瘫，喙、爪、肋骨柔软，易弯曲，不易折断，排石灰渣样稀粪，有时略带绿色。

【病理变化】肌胃角质层、腺胃与肌胃交界处出血溃疡，腺胃内有黏性液体；肠黏膜脱落、出血；肝瘀血、肿胀、出血；肾脏肿胀，呈暗红色，并有出血斑点；脑组织充血、水肿。

【治疗】发现中毒，应立即停用含喹诺酮类药物的饲料或饮水，更换新饲料或饮水。中毒鸭用电解多维和5%葡萄糖溶液饮水，也可经口滴服。

四十、硫酸铜中毒

硫酸铜是一种透明、蓝绿色、易溶于水及有机溶剂的化合物。硫酸铜中毒主要是腐蚀作用，对肝、心肌产生实质性损害。

【病因】在生产中，硫酸铜可用作微量元素添加剂，在饲料中添加硫酸铜可防止饲料发霉变质，当发生曲霉菌病时用硫酸铜治疗，但当硫酸铜用量过大或添加在饲料中搅拌不均匀时，常会引起鸭因摄入过量的硫酸铜而导致中毒。

【症状】急性中毒病例表现流涎，腹泻，呼吸困难，步态不稳，昏迷，最后虚脱而死。严重中毒病例表现先兴奋继而抑制，排出混有绿色黏液或脱落黏膜碎片的粪便，死亡前出现昏迷、麻痹等症状。轻度中毒病例仅表现精神不振，两翅下垂，羽毛松乱，肌肉营养不良，腿软弱无力。慢性中毒主要表现精神沉郁、贫血。

【病理变化】急性中毒病例的胃肠炎明显，腺胃、十二指肠黏膜充血、出血、溃疡；肌胃角质层脱落，肌肉层坏死；肝、肾实质器官变性。

慢性中毒病例主要表现全身性黄疸和溶血性贫血。血液呈巧克力色，排出血红蛋白尿；腹腔内积有大量淡黄色腹水；肝肿大、质脆、呈淡黄色；肾肿大呈古铜色、表面有出血斑点；心外膜有出血点；肠内容物呈深绿色。

【诊断】根据病史调查，结合症状、病理变化可作出诊断。

【预防】硫酸铜的用量小，有毒性，故用药时一定要计量准确，拌入饲料一定要均匀，如用水溶液时，其浓度不得超过1.5%。

【治疗】发现中毒，立即停用硫酸铜。轻度中毒，在停用硫酸铜后即可逐渐恢复。

急性中毒病例，可立即内服氧化镁，同时灌服少量牛奶，或在氧化镁中加入少量鸡蛋清拌匀后灌服，随后再灌服硫酸镁或硫酸钠。

四十一、氨气中毒

氨气中毒常发生于冬春季节，由于天气寒冷，为了保暖缺乏通风，导致舍内氨气浓度过高而发生中毒。家禽发生氨气中毒主要表现为眼睛红肿、流泪，呼吸困难，中枢神经系统麻痹，最后窒息死亡。

【病因】在鸭舍温度较高、湿度较大时，垫料、粪便以及混入其中的饲料等的有机物在微生物的作用下发酵产生氨气。如果通风不良，会造成氨气等有害气体的大量蓄积，导致家禽中毒。

【症状】鸭结膜红肿、畏光流泪，有分泌物。严重病例眼睛肿胀，角膜混浊，两眼闭合，并有黏性分泌物，视力逐渐消失。鼻孔流出黏液，咳嗽，呼吸困难，伸颈张口呼吸。

【病理变化】眼结膜充血、潮红，角膜混浊、坏死，常与周围组织粘连，不易剥离；气管、支气管黏膜充血、潮红，并有大量黏性分泌物。

【诊断】通过病史调查，发现禽舍内有强烈刺鼻、刺眼的氨气味，并结合疾病的群发症状和剖检变化即可诊断。

【预防】加强卫生管理，及时清扫粪便、更换垫料及清理舍内的其他污物，保持舍内清洁、干燥。鸭舍要安装良好的通风设备，定时通风，保证舍内空气新鲜。定期消毒，可进行带禽喷雾消毒，便于杀灭或减少禽体表或舍内空气中的微生物，并防止粪便的分解，避免氨气的产生。

【治疗】一旦发现鸭出现症状，应立即开启门窗、排气扇等通风设施，同时清除粪便、杂物，必要时将病禽转移至空气新鲜处。同时使用强力霉素、环丙沙星等抗生素以防止继发感染。眼部出现病变的可以采用1%的硼酸水溶液洗眼，然后用红霉素药水点眼，有较好的疗效。

四十二、氟中毒

氟是家禽生长发育必需的一种微量元素，参与机体的正常代谢。适量的氟可促进骨骼的钙化，但食入过量会引起一系列毒副作用，主要表现为关节肿大，腿畸形，运动障碍，种禽产蛋率、受精率和孵化率下降等。

【病因】若自然环境的水中、土壤中的氟含量过高，会引起人、畜、禽的中毒。磷酸氢钙是目前饲料生产中用量最大的磷补充剂之一，但大多数磷矿石中含有较高水平的氟。用这些磷矿石生产的饲料磷酸钙盐添加剂若不经脱氟处理，则含氟量会很高，添加到配合饲料中将对家禽产生较大危害。工业污染、高氟地区的牧草和饮水也可造成氟中毒。

【症状】发病率和死亡率与饲料含氟量、饲喂时间以及家禽日龄密切相关。急性中毒病例一般较少见，若一次摄入大量氟化物，可立即与胃酸作用产生氢氟酸，强烈刺激胃肠，引发胃肠炎。氟被胃肠吸收后迅速与血浆中钙离子结合形成氟化钙，导致出现低血钙症，表现呼吸困难、肌肉震颤、抽搐、虚脱、血凝障碍，一般几小时内即可死亡。

图7-143 鸭腹泻、瘫痪
（刁有祥 摄）

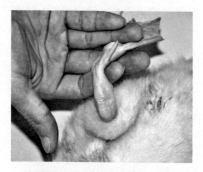

图7-144 鸭骨骼柔软，易弯曲
（刁有祥 摄）

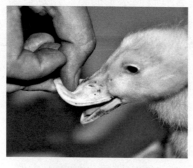

图7-145 鸭喙质软
（刁有祥 摄）

生产上一般多见慢性氟中毒病例，行走时双脚叉开，呈"八"字脚。跗关节肿大，严重的可出现跛行或瘫痪，腹泻（图7-143），蹼干燥，有的因腹泻、痉挛，最后倒地不起，衰竭死亡。产蛋鸭出现症状比较缓慢，采食高氟饲料6～10天或更长时间才会出现产蛋率下降。沙壳蛋、畸形蛋、破壳蛋增多。

【病理变化】急性氟中毒病例，主要表现急性胃肠炎，严重的出现出血性胃肠炎，胃肠黏膜潮红、肿胀并有斑点状出血；心、肝、肾等脏器瘀血、出血。慢性氟中毒病例表现幼禽消瘦，长骨和肋骨较柔软（图7-144），喙质软（图7-145）。有的禽出现心、肝、脂肪变性，肾脏肿胀，输尿管有尿酸盐沉积。

【诊断】开展病史调查，对磷酸氢钙的来源、质量进行调查，检查饲料氟含量是否超标。结合症状、剖检变化诊断。

【预防】保证饲料原料的质量，使用含氟量符合标准的磷酸氢钙。在饲料中添加植酸酶，植酸酶可提高植酸

彩色图解科学养鸭技术

磷的利用率；通过减少无机磷的使用量，降低饲料中氟的含量。

【治疗】目前对氟中毒尚未有特效解毒药。发现中毒，立即停用含氟高的饲料，换用符合标准的饲料。在饲料中添加硫酸铝800毫克/千克，减轻氟中毒。饲料中添加鱼肝油和多种维生素。饲料中添加1%～2%的骨粉和乳酸钙。

四十三、一氧化碳中毒

一氧化碳中毒又称煤气中毒，冬春季节多发。家禽吸入了一氧化碳气体，引机体缺氧而导致中毒。

【病因】冬季或早春季节，鸭舍和育雏室烧煤取暖时，若煤炭燃烧不全就会产生大量的一氧化碳，如果烟囱堵塞倒烟、门窗紧闭、通风不良等，导致一氧化碳不能及时排出。一般当空气中含有0.1%～0.2%的一氧化碳时，就会引起中毒；当含量超过3%时，可导致家禽窒息死亡。

一氧化碳是无色、无味、无刺激性气体，吸入后通过肺换气进入血液，与红细胞中的血红蛋白结合后不易分离，大大降低了红细胞运送氧气的功能，造成全身组织缺氧。

【症状】轻度中毒病例表现精神沉郁，不爱活动，反应迟钝，羽毛松乱，食欲减退，流泪，咳嗽，生长缓慢。严重病例表现烦躁不安，呼吸困难，运动失调，站立不稳，昏迷，继而侧卧并出现角弓反张，最后痉挛、抽搐死亡。

【病理变化】剖检可见血液呈鲜红色或樱桃红色，肺脏组织也呈鲜红色（图7-146～图7-148）。

【诊断】根据发病鸭症状和剖检变化即可诊断。

【预防】烧煤取暖时，应经常检查并及时解决烟囱漏

图7-146 鸭内脏器官呈鲜红色（刁有祥 摄）

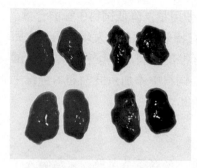

图7-147 鸭肺脏呈鲜红色
（刁有祥 摄）

图7-148 鸭肝脏呈鲜红色
（刁有祥 摄）

烟、堵塞、倒烟、无烟囱等问题，舍内要设有通风孔或安装换气扇，保持室内通风良好。

【治疗】发现中毒后，应立即打开门窗，或利用通风设备进行通风换气，换进新鲜空气，将中毒家禽转移到空气新鲜的禽舍。轻度中毒病例可以自行逐渐恢复，中毒较严重的病例可皮下注射糖盐水及强心剂，有一定疗效。

四十四、中暑

中暑又称热应激，是鸭在高温环境下，由于体温调节及生理功能紊乱而发生的一系列异常反应，生产性能下降，严重者导致热休克或死亡。

【病因】夏季气温过高，阳光的照射产生了大量的辐射热，热量大量进入鸭舍导致舍温升高。饲养密度过大，导致鸭舍通风不良，拥挤，饮水供应不足，均可引起中暑。禽舍热量散发出现障碍，如通风不良、停电、风扇损坏、空气湿度过高等均会导致舍内温度升高，引起中暑。

【症状】患鸭病初呼吸急促，张口喘气，翅膀张开下垂，体温升高。食欲下降，饮水增加，严重者不饮水。产蛋鸭产蛋量下降，产薄壳蛋、脆壳蛋，生长发育受阻。环境温度进一步升高时，家禽持续性喘息，食欲废绝，饮欲亢进，排水便，不能站立，痉挛倒地，虚脱而死。

【病理变化】血液凝固不良，肺脏瘀血、水肿（图7-149），胸膜、心包膜、肠黏膜有瘀血，脑膜有出血点，脑组织水肿，心冠脂肪出血（图7-150）。

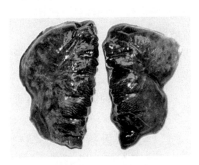

图7-149 肺脏瘀血、水肿
（刁有祥 摄）

图7-150 心冠脂肪出血
（刁有祥 摄）

【诊断】本病根据发病季节、症状及剖检病变可作出诊断。

【预防】鸭舍要设置水帘，使空气温度降低。气温很高时可以采用喷雾降温，也可用井水配消毒药喷洒降温。炎热的夏秋季节，可降低饲养密度，适当改变饲喂制度，改白天饲喂为早晚饲喂。适当调整饲料配比，减少脂肪含量，多喂青饲料。适当增加维生素的供应，并供给足够的饮水。日粮中可添加抗热应激添加剂。如加维生素C，每千克饲料加入200～400毫克；也可在饲料中添加氯化钾，每千克饲料可加入3～5克或每升水加入1.5～3.0克。

【治疗】一旦发现有中暑的鸭，应立即进行急救。将鸭转移至通风阴凉处，对其用冷水喷雾或浸湿体表，促进病鸭的恢复。

四十五、啄癖

啄癖是养禽生产中经常发生的一种疾病，常见的有啄肛癖、啄趾癖、啄羽癖、啄头癖和啄蛋癖等。啄癖常导致出现外伤，引起死亡或胴体质量降低，产蛋量减少等。

【病因】啄癖的原因有很多，主要有以下几个方面：舍内光照过强，鸭群兴奋互啄；饲养密度过大，通风不良，采食、饮水不足；皮肤有外伤或外寄生虫寄生；饲料中食盐含量不足、矿物质含量不足或含硫氨基酸（蛋氨酸、胱氨酸）不足。

【症状】（1）啄肛癖　多发生在产蛋鸭，产蛋后由于泄殖腔不能及时收缩回去而露在外面，造成啄肛。

（2）啄羽癖　幼鸭在生长新羽毛或换小毛时容易发生，产蛋鸭在换羽期也可发生（图7-151）。

图7-151　鸭啄羽（刁有祥　摄）

（3）啄趾癖　引起出血或跛行症状。

（4）啄蛋癖　由于饲料中钙或蛋白质含量不足。

【预防】加强饲养管理，定时供料、供水。饲养密度要适宜，保持禽舍良好的通风。降低强光的刺激，供给家禽全价日粮，尤其是注意添加适量的各种必需氨基酸、维生素、微量元素等。检查并调整日粮配方，找出缺乏的营养成分并及时补给。若蛋白质和氨基酸不足，则添加鱼粉、豆饼等；若缺盐，则在日粮中添加2%的食盐，保证充足的饮水，啄癖消失后，食盐添加量维持正常；若为缺硫，则在饲料中添加0.1%的蛋氨酸。

【治疗】有啄癖的和被啄伤的鸭，及时挑出，隔离饲养、治疗或淘汰。被啄的伤口可以涂布特殊气味的药物，如鱼石脂、松节油、碘酒等。

四十六、卵黄性腹膜炎

卵黄性腹膜炎是由于卵巢排出的卵黄落入腹腔而导致发生的腹膜炎。临床上表现为蛋鸭产蛋突然停止。

【病因】多种原因可引起卵黄性腹膜炎，如蛋鸭突然受到惊吓等应激因素的刺激；饲料中维生素A、维生素D、维生素E不足及钙、磷缺乏，蛋白质过多，代谢发生障碍，导致卵黄落入腹腔中；蛋鸭产蛋困难，导致输卵管破裂，卵黄从输卵管裂口掉入腹腔；大肠杆菌病、沙门菌病、新城疫、禽流感等疾病发生后，会发生卵泡变形、破裂，使卵黄直接落入腹腔中，而发生卵黄性腹膜炎。

【症状】病鸭表现为不产蛋，随后出现精神沉郁，食欲下降，行为迟缓，腹部逐渐膨大而下垂。触诊腹部，有疼痛感，有时出现波动感。有的病例出现贫血、腹泻，呈渐进性消瘦。有的病鸭虽然一直维持其体重，但最后多出现衰竭死亡。

【病理变化】腹腔中有大量凝固或半凝固的卵黄和纤维素性渗出物（图7-152），有时还会出现腹水。

【预防】保证日粮中各种营养成分的合理和平衡，供给适量的维生素、钙、磷及蛋白质。防止家禽受到惊吓等应激性刺激。做好沙门菌病、大肠杆菌病的防治。

【治疗】本病无治疗价值，一旦发现病鸭应及时淘汰。

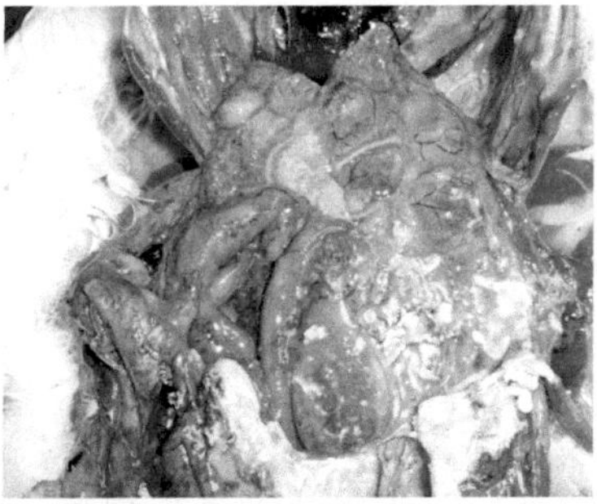

图7-152 鸭卵黄破裂，形成卵黄性腹膜炎（刁有祥 摄）

四十七、阴茎脱出

阴茎脱出俗称"掉鞭"，是公鸭常见的生殖器官疾病，主要是因为公鸭在交配后，阴茎不能缩回，常出现红肿、结痂等症状。严重者因为失去种用性能而不能继续留作种用，给养鸭业造成一定的经济损失。

【病因】公鸭配种时，阴茎被其他公鸭啄伤或交配时被粪便、泥沙等污染，导致阴茎不能回缩。天气寒冷时交配，阴茎因伸出时间较长导致冻伤。性早熟导致阴茎脱出。公、母鸭比例不合理，公鸭过多或过少，长期滥配导致脱出。

图7-153 鸭阴茎脱出
（刁有祥 摄）

【症状】病鸭主要表现精神沉郁，食欲下降，行动迟缓。阴茎充血、肿胀，表面可见到溃疡、坏死，有时形成黑色结痂。有时形成大小不一的黄色脓性或干酪样结节（图7-153）。

【诊断】根据病鸭表现的症状及病理变化，并结合鸭群的饲养情况可诊断。

【预防】加强饲养管理，饲料配比合理，使公鸭有良好的体况。鸭群中公、母鸭的比例适当，提早给公鸭补充精料。对青年种公鸭实施合理的饲喂制度，防止公鸭性早熟。加强卫生消毒工作。淘汰有啄癖的鸭。

【治疗】将病鸭及时隔离治疗，阴茎用0.1%高锰酸钾冲洗，涂磺胺软膏或红霉素软膏。当症状严重时，用抗生素或磺胺类药物进行消炎治疗。对无治疗价值的应及时淘汰。

四十八、光过敏症

鸭光过敏症是鸭子摄入了光过敏物质的饲料、野草、种子、某些药物或某些霉菌毒素等，经阳光照射一段时间后发生的一种疾病。本病的主要特征是身体上无毛部位受到阳光照射后发红、出现水疱，之后结痂，最终出现上喙变形、脚趾上翻等症状。发病率可达80%以上，严重者高达90%。

【病因】家禽食入含有光过敏性物质，如某些植物的种子或大软骨菜籽后，在阳光连续的照射后就会发病；某些霉菌毒素、药物也会引起光过敏症。

【症状】本病一般在5～10月份阳光充足的季节常发。病鸭主要表现精神沉郁，食欲减退，体重减轻。其特征性症状为病鸭上喙和蹼的外形、色泽都有不同程度的变形、变色，出现水疱，水疱破裂后出现溃疡并结痂（图7-154），结痂脱落后留下明显的疤痕，上喙逐渐变形，边缘卷缩。

【病理变化】病鸭上喙甲背面、蹼表面皮下有暗红色斑点状炎症，上喙甲变形严重，皮下血管断端有出血斑和胶胨样渗出物浸润。舌尖坏死，十二指肠卡他性炎症，肝脏有大小不一的坏死点等。

图7-154 喙出现溃疡并结痂
（刁有祥 摄）

【治疗】本病尚无特效药物，可采用对症治疗，以减轻症状。一旦发病，立即停喂可能含有光过敏性物质的饲料或药物，减少阳光的照射。在伤口和溃疡面可采用龙胆紫药水涂擦，再涂以碘甘油；若出现结膜炎，可用利福平眼药水进行冲洗。

四十九、肌胃糜烂症

肌胃糜烂症又称肌胃角质层炎，是由于饲喂过量的鱼粉而引起的一种消化道疾病。主要特征是肌胃出现糜烂、溃疡，甚至穿孔。

【病因】本病发病的主要原因是饲料中添加的鱼粉量过大或质量低劣。鱼粉在加工、储存过程中，会产生或污染一些有害物质，如组胺、溃疡素、细菌、霉菌毒素等。这些有害成分能使胃酸分泌亢进，引起肌胃糜烂和溃疡。

【症状】病鸭主要表现精神沉郁，食欲下降，闭眼缩颈，羽毛松乱，嗜睡。倒提病鸭口中流出黑褐色如酱油样液体，腹泻，排褐色或棕色软便。病情严重者迅速死亡，病程较长者出现渐进性消瘦，最后衰竭死亡。

【病理变化】腺胃、肌胃中有黑色内容物（图7-155）；腺胃松弛，用刀刮时流出褐色黏液；肌胃角质层呈黑色，胶质膜糜烂（图7-156）；腺胃与肌胃交界处胶质膜糜烂、溃疡，严重者腺胃、肌胃出现穿孔（图7-157），流出暗黑色黏稠的液体。肠道中充满黑色内容物，肠黏膜出血（图7-158）。

【诊断】根据发病特点、临床症状及剖检变化，同时结合饲料分析、鱼粉的含量、来源等检测的结果，进行综合判断。

【预防】在饲养中添加优质鱼粉，严格控制日粮中鱼粉的含量，严禁使用劣质鱼粉。在饲养管理中应密切观察鸭的生长情况。避免受密度过大、空气污染、饥饿、摄入发霉的饲料等诱因的刺激。

【治疗】立即停喂含有劣质鱼粉的饲料，更换优质鱼粉。可在饮水中添加0.2%碳酸氢钠，连用3天，饲养中可以添加维生素K和环丙沙星，效果良好。

图7-155　鸭肌胃、腺胃中有黑色内容物（刁有祥 摄）

图7-156　鸭肌胃胶质膜糜烂（刁有祥 摄）

图7-157　鸭肌胃穿孔（刁有祥 摄）

图7-158　鸭肠道中充满黑色内容物（刁有祥 摄）

参考文献

REFERENCES

[1] 陈国宏. 科学养鸭与疾病防治（第2版）[M]. 北京：中国农业出版社，2011.

[2] 程安春. 养鸭与鸭病防治（第2版）[M]. 北京：中国农业出版社，2005.

[3] 陈烈. 科学养鸭（修订版）[M]. 北京：金盾出版社，2009.

[4] 刘建钗. 生态高效养鸭实用技术 [M]. 北京：化学工业出版社，2014.

[5] 魏刚才. 鸭饲料配方手册 [M]. 北京：化学工业出版社，2014.

[6] 彭祥伟. 新编鸭鹅饲料配方600例 [M]. 北京：化学工业出版社，2017.

[7] 林化成. 肉用种鸭饲养管理与疾病防治 [M]. 合肥：安徽科学技术出版社，2013.

[8] 李月涛. 无公害鸭蛋安全生产技术 [M]. 北京：化学工业出版社，2014.

化学工业出版社同类优秀图书推荐

ISBN	书名	定价/元	出版时间
33919	彩色图解科学养兔技术	69.8	2019年7月
33697	彩色图解科学养羊技术	69.8	2019年6月
31926	彩色图解科学养牛技术	69.8	2018年10月
32585	彩色图解科学养鹅技术	69.8	2018年10月
31760	彩色图解科学养鸡技术	69.8	2018年7月
33432	犬病针灸按摩治疗图解	78	2019年6月
31070	牛病防治及安全用药	68	2018年4月
27720	羊病防治及安全用药	68	2016年11月
26768	猪病防治及安全用药	68	2016年7月
25590	鸭鹅病防治及安全用药	68	2016年5月
26196	鸡病防治及安全用药	68	2016年5月
25363	鸭解剖组织彩色图谱	69	2015年12月
30181	鹅解剖组织彩色图谱	75	2017年9月
01042A	畜禽病防治及安全用药兽医宝典（套装5册）	340	2018年9月

地址：北京市东城区青年湖南街13号化学工业出版社（100011）

销售电话：010-64518888

如要出版新著，请与编辑联系：qiyanp@126.com。

如需更多图书信息，请登录www.cip.com.cn。